U0265912

新型组合桩——
水泥土复合管桩理论与实践

New Type Composite Pile
Theory and Application on Pipe
Pile Embedded in Cement Soil

宋义仲　卜发东　程海涛　著

中国建筑工业出版社

图书在版编目（CIP）数据

新型组合桩——水泥土复合管桩理论与实践/宋义仲
等著.—北京：中国建筑工业出版社，2017.4
ISBN 978-7-112-20622-3

Ⅰ.①新… Ⅱ.①宋… Ⅲ.①水泥桩-研究 Ⅳ.
①TU472.3

中国版本图书馆 CIP 数据核字（2017）第 064879 号

本书全面阐述了水泥土复合管桩的相关内容，介绍了该新型组合桩技术作为桩基使用时的承载机理、设计、施工、质量检验与工程应用实例等。内容翔实、资料丰富、图文并茂、实用性强并具有一定理论深度。全书共分为 7 章，包括：绪论、研究方法、水泥土复合管桩承载机理、水泥土复合管桩设计与计算、水泥土复合管桩施工、水泥土复合管桩质量检验与工程验收及工程应用实例。

本书可供高等院校研究生、科研单位有关专业人员以及设计、施工、监理企业工程技术人员阅读参考。

※　　　※　　　※

责任编辑：王　梅　杨　允
责任设计：李志立
责任校对：焦　乐　刘　钰

新型组合桩——水泥土复合管桩理论与实践
宋义仲　卜发东　程海涛　著

*

中国建筑工业出版社出版、发行（北京海淀三里河路 9 号）
各地新华书店、建筑书店经销
北京佳捷真科技发展有限公司制版
环球东方（北京）印务有限公司印刷

*

开本：787×960 毫米　1/16　印张：17¼　字数：344 千字
2017 年 12 月第一版　　2017 年 12 月第一次印刷
定价：**58.00** 元
ISBN 978-7-112-20622-3
（30283）

序

　　1985 年 8 月 11 日至 16 日国际土力学及基础工程协会在美国旧金山召开了第十一届学术会议。适值该协会成立 50 周年，有 57 个国家的 1800 多位工程师和学者参加。Peck 在该会议出版的论文集中发表了"The last sixty years"一文，其中有一段写道："Terzaghi had on many occasions said that if a theory was not simple，it was of little use in soil mechanics"，译为中文即"太沙基曾多次指出，如果一项理论不是简单的，它在土力学中是无用的"。

　　土力学是一门实用科学，与一般的力学方法有许多不同之处。土力学需要一般力学的基本方法，但在实践中又会有许多与之不同的结果和结论，如土的压缩模量与变形模量理论与实际的差异、土的变形理所应当控制设计但实际上大都以承载力控制设计、基坑土压力计算参数三轴试验和直剪试验 c、φ 值的选用等问题都告诉我们：土力学一定是一项简单、实用的理论。大道至简，简单并非是贫乏。世上的事情难就难在简单，它要求人们能洞察事物的本质和相互关系，并在博采众长，融会贯通的基础上，去粗取精、去伪存真，剔除那些无效的、可有可无的、表面的、非本质的东西，抓住要害和根本，融合成少而精的东西，是个整合创新的过程，是化繁为简后的一种觉醒。

　　水泥土复合管桩技术是在生产实践中提出的，以试验研究为主并辅以理论分析，在全面研究分析已有技术、查阅相关文献的基础上，综合应用加载模拟、大比例模型试验、现场足尺试验、实际工程试点应用、理论及数值分析等一套完整的岩土工程实践研究方法，给出了令人信服的可应用于实际工程的研究成果。

　　宋义仲先生是我认识多年的老朋友，实践出真知是他的典型风格。《新型组合桩——水泥土复合管桩理论与实践》即将出版，从中可以看出宋先生的风格，我为他取得的成果表示祝贺，同时也自告奋勇地为这本书写"序"。虽然 20 多年前也曾经出过几本岩土工程方面的小册子，但为朋友出书写"序"还是第一次，此"序"非彼序，请大家多多包涵。

　　谢谢！

2017 年 3 月 6 日北京

前　言

　　水泥土复合管桩，又称管桩水泥土复合基桩，由高喷搅拌法形成的水泥土桩与同心植入的预应力高强混凝土管桩通过优化匹配复合而成，适用于素填土、粉土、黏性土、松散砂土、稍密—中密砂土等土层，尤其适用于软弱土层，为软弱土地区修建大型建（构）筑物提供了一种新型桩基。

　　水泥土复合管桩是山东省建筑科学研究院等单位在既有多种技术交叉融合基础上开发的一种新型组合桩，汲取了高压旋喷桩、水泥土搅拌桩、管桩等技术优势，具有大直径、长桩、高承载力、性价比高、施工效率高等特点。与灌注桩、管桩、水泥土桩等技术相比，水泥土复合管桩技术可大量节省钢材、砂石等原材料，施工现场无泥浆排放污染、噪声污染及挤土效应，是一种典型的"绿色建筑基础"，符合国家"四节一环保"政策。我国东部沿海及江河、湖相冲积平原地区分布着大量的深厚软弱土，水泥土复合管桩技术应用前景广阔，必将产生巨大的经济效益、社会效益、环境效益。

　　本书汇总了课题组多年的研究成果，全面阐述了水泥土复合管桩技术，旨在为广大读者奉献一本体系完整、内容翔实、资料丰富、图文并茂、实用性强并具有一定理论深度的组合桩技术专著。本书内容主要包括以下几个方面：

　　（1）基于室内外测试、数值计算等手段，研究了不同加载模式下水泥土复合管桩竖向抗压、竖向抗拔、水平承载机理，包括桩身结构参数优化匹配关系、不同性质荷载作用下的单桩承载性状与破坏模式、荷载传递规律、管桩与水泥土的荷载分担比与应力比、荷载影响范围。

　　（2）提出了水泥土复合管桩选型与布置原则，给出了桩身承载力、竖向抗压承载力、竖向抗拔承载力、水平承载力、桩基最终沉降量计算方法，推荐了桩与承台连接方式与构造做法。

　　（3）详细介绍了水泥土复合管桩施工机械与配套设备，结合工程实践经验给出了一套成熟的施工工艺方法、关键技术、常见问题及处理措施。

　　（4）提出了水泥土复合管桩分阶段质量检验标准及工程验收的具体要求。

　　（5）最后给出了水泥土复合管桩技术成功应用的工程实例。

　　本书撰写过程中，参考了大量文献资料和研究报告，特向提供资料的个人和单位表示由衷的感谢！特别要感谢山东聊建集团有限公司、山东鑫国基础工程有限公司对本项目科研工作的帮助与支持！山东省建筑科学研究院朱锋、马风生、

4

米春荣、孟炎、李文洲、刘彬、韩国梁等对本书完成提供了大量帮助，在此一并表示真诚的感谢！

作为一项新技术，水泥土复合管桩技术在施工机械、检测验收等诸多方面还有待持续改进，随着工程应用资料的积累以及桩工机械制造、检测技术等相关领域的发展，相信水泥土复合管桩技术必将日趋成熟。如书中出现谬误之处，请读者鉴谅，并愿与读者共同探讨。

目　　录

1 绪 论

1.1 组合桩分类与发展

根据不同的组合方式,组合桩可分为狭义组合桩与广义组合桩两种。狭义上,根据《建筑地基基础术语标准》GB/T 50941—2014[1] 规定,组合桩是指由不同材料制作的桩段组成桩身的桩。广义上,则将两种及两种以上工艺或桩型组合应用的桩都可以称为组合桩,即组合工艺桩或组合型桩。

由于组合桩采用了两种或两种以上的材料、工艺或桩型,能够充分发挥各自优势,取长补短,解决了单一材料、工艺或桩型无法克服的难点,提高了工程经济效益。例如,在抗压强度较低的水泥土桩中植入一定的强度高于水泥土的构件,如预应力高强混凝土管桩,形成水泥土复合管桩[2],提高了桩身截面强度,试验研究表明,单桩极限承载力显著高于相同尺寸的泥浆护壁成孔灌注桩,水泥土桩与土之间的摩阻力得到了充分发挥,相应地也体现了预应力高强混凝土管桩材料强度高的优势。

目前,组合桩种类繁多,发展迅速,具有强大的生命力和广阔的市场应用前景。多数组合桩作为增强体用于形成复合地基,少数直接作为桩基使用。本书所研究的水泥土复合管桩在复合地基和桩基中均可应用,由于篇幅所限,全书主要介绍该组合桩作为桩基使用时的承载机理、设计、施工、质量检验与工程应用等相关内容。

1.1.1 狭义组合桩

狭义上的组合桩,根据不同的组合方式,包括插芯组合桩、分段组合桩等形式。

(1)插芯组合桩

插芯组合桩一般指桩身同一横截面的内、外两部分由不同材料构成的桩,包括内芯桩和外围桩。内芯桩可采用预制混凝土桩、现浇混凝土桩、现浇预制相结合混凝土桩、钢桩等刚性桩,外围桩可采用水泥土桩、石灰桩、砂桩等柔性桩。通过变化内芯桩与外围桩的形状、材料、成桩方法以及它们的相对长度,可以形成多种类型的插芯组合桩,如图 1-1 所示。

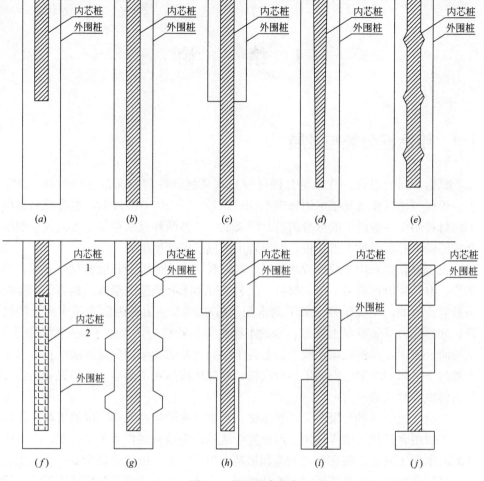

图 1-1　插芯组合桩

内芯桩采用预制混凝土桩或钢桩、外围桩采用水泥土桩所构成的水泥土插芯组合桩是目前最为常见的一种形式。对于这种形式的插芯组合桩，其内芯桩与外围桩的成桩方法可以有多种，如预制混凝土桩可采用混凝土实心桩、预应力混凝土管桩或空心方桩，水泥土桩可采用干法或湿法水泥土搅拌桩、旋喷桩、高喷搅拌水泥土桩、夯实水泥土桩。由此又可衍生出多种类型的水泥土插芯组合桩，如国内常用的劲性搅拌桩、混凝土芯水泥土组合桩、高喷插芯组合桩、刚性芯夯实水泥土桩、加芯搅拌桩、劲性复合桩、水泥土复合管桩等类型。

（2）分段组合桩

分段组合桩是指沿桩长方向不同桩段分别采用不同材料构成的桩。基于桩身荷载传递规律，桩身上部承受较大的竖向或水平荷载，因此分段组合桩一般为桩身上段材料强度高、下段材料强度低，实质上是一种变刚度桩。这种分段组合桩常见构造形式为内芯桩长度小于外围桩，内芯桩下端仍有一定长度的外围桩，如图 1-1（a）、（d）～（h）。此时，在内芯桩长度范围内，为插芯组合桩，但从整根桩来说，实际上也是两段组合桩。但也有内芯桩长度大于外围桩的构造形式，如图 1-1（c）、（i）～（j），该形式组合桩同样既可以看作插芯组合桩，又可以当作两段或多段组合桩。

其他常见的分段组合桩有：实散组合桩、挖孔—注浆组合桩、钢—混凝土组合桩、钢管复合桩，如图 1-2 所示。

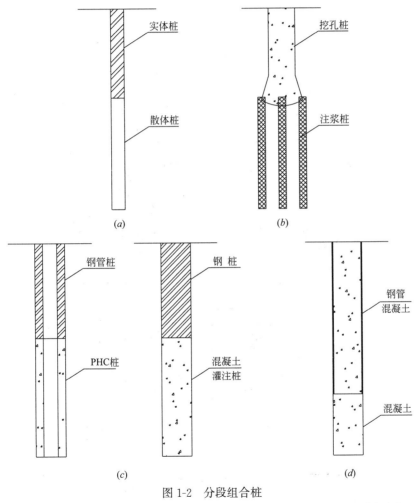

图 1-2 分段组合桩

（a）实散组合桩；（b）挖孔—注浆组合桩；（c）钢—混凝土组合桩；（d）钢管复合桩

实散组合桩[3,4] 的上段桩身可采用 CFG 桩、水泥土桩等实体桩，下段桩身可采用碎石桩、砂石桩等散体桩，克服了散体桩桩顶承载能力低和实体桩桩端无相对硬层时有刺入破坏的缺陷。

挖孔—注浆组合桩[5,6]的上段桩身为人工挖孔桩，人工挖孔桩底端以下通过静压注浆或高压旋喷法形成注浆体，改善桩端持力层性能，提高单桩承载力。

钢—混凝土组合桩[7]、钢管复合桩[8,9]上部采用钢桩或钢管混凝土桩，下部采用PHC桩或混凝土灌注桩，具有承载力高、抗弯性能好、延性好等特点。

1.1.2 广义组合桩

后注浆桩、长短组合桩、刚柔组合桩属于组合工艺桩或组合型桩，均可归入广义组合桩范畴，如图1-3所示。

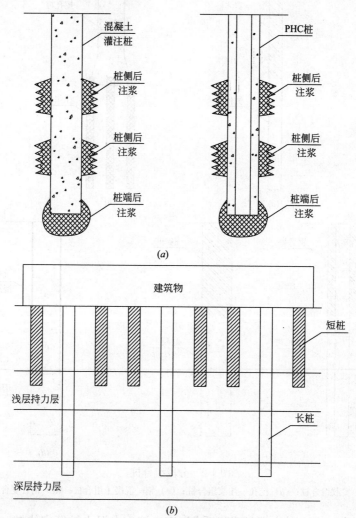

图 1-3 广义组合桩（一）

（a）后注浆桩；（b）长短组合桩

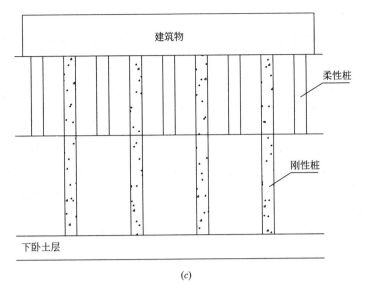

(c)

图 1-3 广义组合桩（二）

（c）刚柔组合桩

后注浆桩[10,11] 是在灌注桩或 PHC 桩成桩后一定时间，通过预设于桩身内的注浆导管及与之相连的桩端、桩侧注浆阀注入水泥浆，使桩端、桩侧土体得到加固，从而提高单桩承载力、减小沉降。后注浆桩属于将成桩与注浆两个工艺进行组合的桩。

长短组合桩[12] 是指采用不同长度桩体共同承担上部荷载，长桩和短桩可采用同一桩型或不同桩型，一般应用既有建筑地基基础加固或复合地基。

刚柔组合桩[13] 由刚性桩和柔性桩组合而成，一般作为复合地基的竖向增强体使用。在刚柔组合桩复合地基中，柔性桩较短，刚性桩较长，也是一种长短组合桩复合地基。刚性桩包括泥浆护壁成孔混凝土灌注桩、长螺旋钻孔压灌桩、沉管灌注桩、混凝土预制桩和钢管桩等，柔性桩包括水泥土搅拌桩和旋喷桩。实际上，除了以上刚柔组合桩复合地基，刚性桩与半刚性桩、半刚性桩与柔性桩也可组成二元组合型复合地基。当采用三种或以上不同刚度、强度、材料的加固体时，则可组成多元组合型复合地基，其中各桩体仍是传统桩型[14]。

1.2 水泥土插芯组合桩

水泥土插芯组合桩由外围水泥土桩和作为内芯使用的钢桩或混凝土桩组成。由于取材方便、造价低廉、施工工艺简单、质量可靠，水泥土插芯组合桩已成为目前最常见的一种插芯组合桩形式。

1.2.1　研究现状

1976 年，SMW 工法在日本问世[15]。该工法是在相互搭接的水泥土桩中插入 H 型钢或钢板桩，最终形成具有一定强度和刚度的连续完整的、无接缝的地下墙体，一般用于基坑支护工程。SMW 工法可算作是水泥土插芯组合桩的雏形。

1988 年，原冶金部建筑研究总院开始研究 SMW 工法（加筋水泥土地下连续墙工法），研制了适合我国国情的钢筋笼和轻型角钢组合骨架等加筋材料，为我国深基坑支护技术开辟了一条新途径，并于 1994 年底通过建设部鉴定[16]。

20 世纪 90 年代，日本开发出一种将深层搅拌技术与大直径灌注桩和钢管桩三者融为一体的肋形钢管水泥土桩，并形成了 HYSC 工法。该工法是先在地基中形成水泥土桩，然后在水泥土中插入直径略小的表面带有螺纹状肋条的钢管[17,18]。目前该桩型中水泥土桩直径一般为 1.0m～1.7m，钢管桩直径为 0.8m～1.5m，最大入土深度为 70m。

1994 年，沧州机械施工公司开展了插芯水泥土搅拌桩承载性能试验研究[19]。插芯水泥土搅拌桩极限承载力达到 450kN，远高于同条件水泥土搅拌桩极限承载力 160kN，芯桩混凝土在 2m 深度处被压碎。

1998 年，天津大学等单位开展了劲性搅拌桩试验与应用研究[19]。劲性搅拌桩单桩承载力高于同比混凝土钻孔灌注桩（1.36～1.54）倍，提高芯桩长度比、含芯率可提高单桩承载力，当芯桩选择适当时该桩具有刚性桩特性。

1998 年，上海现代设计集团等单位在上海万里小区开展了混凝土劲芯水泥土复合桩试验，2000 年应用于上海青浦区赵巷税务所综合楼工程，共计 67 根桩[20]。施工采用 SJB-5 型四轴搅拌桩机、DD-18 型柴油锤，单桩承载力均满足设计要求，最大沉降 11.24mm～12.73mm。

2000 年，河北工业大学等单位进行了 3 根模型桩试验[21]、8 组芯桩与水泥土摩阻力室内试验[22]，研究水泥土组合桩荷载传递规律。模型桩桩径 0.25m、桩长 2.0m，其中 2 根为内插上端边长 0.12m、下端边长 0.10m、总长 1.2m 锥形预制桩的水泥土组合桩，1 根为水泥土搅拌桩。水泥土组合桩的单桩竖向极限承载力明显高于水泥土搅拌桩，芯桩承担了约 80% 的桩顶荷载，芯桩和水泥土之间的极限侧阻力值可以达到 $0.194f_{cu}$ 以上。

2001 年，昆明理工大学等单位在昆明市黄土坡谷堆村进行了加芯搅拌桩与深层搅拌桩静载荷试验研究[23]。加芯搅拌桩承载力高于深层搅拌桩，可替代搅拌桩使用，芯桩选择适当时加芯搅拌桩具有刚性桩特性。

2002 年，河南大学开展了劲性搅拌桩应用技术研究，提出了水泥加固土变形模量确定方法、加劲水泥土地下连续墙的内力、变形、抗弯刚度和整体稳定性的分析和计算方法，部分成果应用于南京地铁一号线珠江路车站基坑工程[24,25]。

2004 年，江苏省高速公路建设指挥部将混凝土芯水泥土搅拌桩应用于南京至常州高速公路的软基处理中[26]。采用混凝土芯水泥土搅拌桩处理方案较水泥土搅拌桩处理方案路面沉降量降低约 43%，施工工期缩短约 40%，节省工程费用约 10%。

2004 年，天津市工程建设标准《劲性搅拌桩技术规程》DB 29—102—2004 颁布实施[27]。该规程包含劲性搅拌桩复合地基和劲性搅拌桩桩基设计、施工、质量检验和验收等内容。劲性搅拌桩可用作复合地基的增强体，也可作为桩基。

2005 年，河北省工程建设标准《混凝土芯水泥土组合桩复合地基技术规程》DB 13(J) 50—2005[28] 颁布实施。该规程包含混凝土芯水泥土组合桩复合地基设计、施工、质量检验和验收等内容。混凝土芯水泥土组合桩作为复合地基增强体使用。

2006 年，天津市工程建设标准《高喷插芯组合桩技术规程》DB/T 29—160—2006[29] 颁布实施。该规程包含高喷插芯组合桩设计、施工、质量检验和验收等内容。高喷插芯组合桩既可用作桩基，也可用作复合地基的增强体。

2007 年，河北省工程建设标准《刚性芯夯实水泥土桩复合地基技术规程》DB 13(J) 70—2007[30] 颁布实施。该规程包含刚性芯夯实水泥土桩复合地基设计、施工、监理、质量检验和验收等内容。刚性芯夯实水泥土桩作为复合地基增强体使用。

2007 年，云南省工程建设标准《加芯搅拌桩技术规程》DBJ 53/T 19—2007[31] 颁布实施。该规程包含加芯搅拌桩的勘察、设计、施工、质量检验和验收等内容。加芯搅拌桩可用作复合地基的增强体，也可用作桩基。

2008 年，山东省建筑科学研究院等单位开始研究水泥土插芯组合桩，开发出了具有大直径、长桩、高承载力、性价比高的管桩水泥土复合基桩，系统研究了其承载机理、设计、施工及质量检验和验收。

2009 年，南京工业大学等单位基于静载荷试验和数值计算研究了素混凝土劲性水泥土复合桩承载机理[32]。素混凝土劲性水泥土复合桩呈现复合地基性状，芯桩桩身应力集中显著，素混凝土芯比常规预制桩芯更能与水泥土协调匹配，不会刺入水泥土外芯的底端。

2010 年，河海大学等单位依托大型土工试验模型槽，进行了高喷插芯组合桩、灌注桩和高压旋喷水泥土桩静载荷对比试验[33]。高喷插芯组合桩与同桩长、同桩径灌注桩相比承载力高 30% 以上，桩身变形由芯桩控制，同一截面上芯桩和水泥土的轴力比值约为其弹性模量的比值，内界面摩阻力是外界面摩阻力的1.62 倍左右。

2011 年，山东省工程建设标准《管桩水泥土复合基桩技术规程》DBJ 14—

080—2011[34] 颁布实施。该规程包含管桩水泥土复合基桩的设计、施工、质量检验和验收等内容。管桩水泥土复合基桩按桩基进行设计使用。

2012年，河南理工大学基于理论计算对高喷插芯组合桩不同组合形式、水泥土厚度、水泥土弹性模量、刚度系数比等因素进行分析，研究了芯桩和水泥土轴力、第一、二界面的摩阻力分布规律[35]。实际工程施工中宜采用分段组合形式；水泥土厚度的增加有助于提高组合桩承载力，但水泥土厚度不宜大于芯桩半径；第一界面刚度与第二界面刚度比值不宜小于100才能达到水泥土与芯桩变形协调、提高承载力、减小沉降的目的。

2013年，江苏省工程建设标准《劲性复合桩技术规程》DGJ 32/TJ151—2013颁布实施[36]。该规程包含劲性复合桩的设计、施工、质量检测和验收等内容。劲性复合桩用作桩基。

2014年，工程建设行业标准《劲性复合桩技术规程》JGJ/T 327—2014颁布实施[37]。该规程包含劲性复合桩的设计、施工、质量检测和验收等内容。劲性复合桩可用作复合地基的增强体，也可用作桩基。

2014年，工程建设行业标准《水泥土复合管桩基础技术规程》JGJ/T 330—2014颁布实施[2]。该规程包含水泥土复合管桩的设计、施工、质量检验和验收等内容。水泥土复合管桩按桩基进行设计使用。

2015年，同济大学采用有限元单元法研究了柔性基础下劲芯水泥土桩的工程性能[38]。柔性基础下地基沉降随着芯长比的增大和桩间距的减小而减小，含芯率对地基沉降的影响甚微；荷载分担比在芯长比为0.75左右时取得最大值；桩间距对荷载分担比的影响最大，芯长比次之，含芯率最小。

2016年，同济大学从土体、水泥土及复合桩体单元变形模式出发，综合考虑桩体负摩阻力、桩顶和桩端刺入持力层情况，分析了桩周土体、水泥土桩及复合桩体的压缩变形，导出了刚性基础下加芯水泥土桩复合地基芯桩、水泥土桩和土体三者之间的应力比计算公式[39]。

水泥土插芯组合桩发源于日本，芯桩一般采用型钢或大直径钢管桩。我国于20世纪90年代初开始研究该技术，芯桩采用了符合我国国情的混凝土桩。水泥土插芯组合桩技术在我国虽然仅有20余年的发展历史，但已呈现出欣欣向荣的发展景象，涌现出一大批专利技术，形成了地方和行业相互结合的标准体系，应用领域也从建筑工程扩展至市政、公路、水利等领域。

1.2.2 专利技术

目前国内已经公开的水泥土插芯组合桩专利技术100余项，涉及水泥土插芯组合桩的构造、施工方法、施工机具等方面，表1-1列出了部分其中相关专利技术。

部分相关专利技术　　　　　　　　　　　表 1-1

序号	专利申请号	名　　称	类型
1	01258951.9	长芯水泥土组合桩[40]	实用
2	02275785.6	加混凝土芯水泥土搅拌桩[41]	实用
3	03109768.5	高压旋喷插芯扩底桩[42]	发明
4	03130665.9	劲芯深层喷射搅拌桩工法及其专用钻头[43]	发明
5	200410014597.1	混凝土芯水泥土搅拌桩高等级公路软基处理方法[44]	发明
6	200410093838.6	水泥土插芯复合桩施工机械[45]	发明
7	200420116299.9	劲芯水泥土组合桩及输送装置[46]	实用
8	200510014323.7	带高压旋喷桩尖的同步组合桩的施工方法[47]	发明
9	200510041006.4	混凝土芯水泥土搅拌桩机及其施工工艺方法[48]	发明
10	200610010865.1	混凝土长芯水泥土复合桩建筑地基处理方法[49]	发明
11	200820032104.0	一种抗拔高压旋喷桩[50]	实用
12	200910046398.1	一种插入钢筋混凝土芯材的水泥土复合桩[51]	发明
13	200910052808.3	预制混凝土与水泥土组合桩及其成桩方法[52]	发明
14	200910063340.8	水泥浆喷射多向加芯搅拌桩成桩方法[53]	发明
15	201010189668.7	填芯管桩水泥土复合基桩及施工方法[54]	发明
16	201010257594.6	带有芯桩的组合型水泥桩及其施工方法和施工设备[55]	发明
17	201110090697.2	填芯管桩水泥土复合基桩的施工方法[56]	发明
18	201110208638.0	高频液振水泥土插芯组合桩施工工法[57]	发明
19	201210077704.X	大直径劲性复合桩[58]	发明
20	201220739902.3	静压、搅拌组合桩机[59]	实用
21	201310503654.1	一种竹节桩与管桩共同嵌入水泥土搅拌土钉桩的复合桩[60]	发明
22	201320854503.6	高压旋喷劲芯桩复合地基[61]	实用
23	201410680962.6	径向变结构劲性复合桩及施工方法[62]	发明
24	201420604476.1	变强度劲芯复合桩[63]	实用
25	201510098526.2	超高承载力劲性复合桩的施工方法[64]	发明
26	201510256967.0	新型变刚度复合桩及其施工方法和施工方法中采用的长螺旋钻机[65]	发明
27	201510293599.7	一种深厚软土区水塘路基地基加固结构及其施工方法[66]	发明
28	201510504437.3	高强劲芯复合桩施工方法[67]	发明
29	201510504490.3	一次成型劲芯复合桩成桩机械[68]	发明
30	201610012234.7	劲芯水泥土筒桩及施工方法和筒形旋搅钻具[69]	发明
31	201610079641.X	多元劲性复合桩的施工方法[70]	发明

1.2.3　技术标准

水泥土插芯组合桩的常见类型有水泥土复合管桩、劲性复合桩、劲性搅拌桩、混凝土芯水泥土组合桩、高喷插芯组合桩、刚性芯夯实水泥土桩、加芯搅拌桩等，已颁布实施相关技术标准 9 项，其中工程建设行业标准 2 项，天津、河北、云南、山东、江苏等省市的地方标准 7 项，如表 1-2 所示。水泥土插芯组合桩已成为我国桩基技术体系的一个重要分支和发展方向。

水泥土插芯组合桩技术标准 表 1-2

序号	名　　称	版　本	标准层次
1	劲性复合桩技术规程[37]	JGJ/T 327—2014	行业标准
2	水泥土复合管桩基础技术规程[2]	JGJ/T 330—2014	行业标准
3	劲性搅拌桩技术规程[27]	DB 29—102—2004	天津市标准
4	混凝土芯水泥土组合桩复合地基技术规程[28]	DB 13(J)50—2005	河北省标准
5	高喷插芯组合桩技术规程[29]	DB/T 29—160—2006	天津市标准
6	刚性芯夯实水泥土桩复合地基技术规程[30]	DB 13(J)70—2007	河北行标准
7	加芯搅拌桩技术规程[31]	DBJ 53/T—19—2007	云南省标准
8	管桩水泥土复合基桩技术规程[34]	DBJ 14—080—2011	山东省标准
9	劲性复合桩技术规程[36]	DGJ 32/TJ151—2013	江苏省标准

1.3 水泥土复合管桩

水泥土复合管桩，又称管桩水泥土复合基桩，由高喷搅拌法形成的水泥土桩与同心植入的预应力高强混凝土管桩（以下简称"管桩"）通过优化匹配复合而成的基桩，如图 1-4 所示。

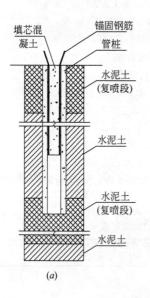

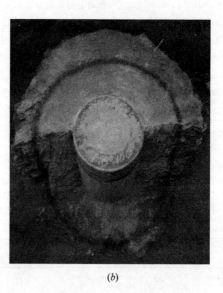

图 1-4　水泥土复合管桩

（a）桩身构造；（b）桩头剖面

水泥土复合管桩是山东省建筑科学研究院等单位在既有多种技术交叉融合基础上开发的一种新型组合桩，汲取了高压旋喷桩、水泥土搅拌桩、管桩等技术优势，具有大直径、长桩、高承载力、性价比高、施工效率高等特点。与灌注桩、管桩、水泥土桩等技术相比，水泥土复合管桩技术可大量节省钢材、砂石等原材料，施工现场无泥浆排放污染、噪声污染及挤土效应，是一种典型的"绿色建筑基础"，符合国家"四节一环保"政策。

水泥土复合管桩适用于素填土、粉土、黏性土、松散砂土、稍密—中密砂土等土层，尤其适用于软弱土层，为软弱土地区修建大型建（构）筑物提供了一种新型桩基。我国东部沿海及江河、湖相冲积平原地区分布着大量的深厚软弱土，水泥土复合管桩技术应用前景广阔，必将产生巨大的经济效益、社会效益、环境效益。

本书汇总了课题组多年的研究成果，力图向读者呈现出水泥土复合管桩技术全貌，研究内容包括以下几个方面：

（1）水泥土复合管桩的竖向抗压、竖向抗拔、水平承载机理，包括桩身结构参数优化匹配关系、不同性质荷载作用下的单桩承载性状与破坏模式、荷载传递规律、管桩与水泥土的荷载分担比与应力比、荷载影响范围，并考虑了加载模式对承载机理的影响。

（2）水泥土复合管桩基础设计方法，包括基本设计规定、基桩选型与布置原则，桩身承载力、竖向抗压承载力、竖向抗拔承载力、水平承载力、桩基最终沉降量的计算方法、桩与承台连接方式等构造做法。

（3）水泥土复合管桩施工技术，包括施工机械及配套设备、施工准备与施工作业、施工常见问题及处理措施、施工安全与环境保护。

（4）水泥土复合管桩质量检验与工程验收，包括检验阶段、检验项目及其具体要求、工程验收。

（5）最后给出了水泥土复合管桩技术成功应用的工程实例。

参 考 文 献

[1] GB/T 50941—2014.建筑地基基础术语标准 [S].

[2] JGJ/T 330—2014.水泥土复合管桩基础技术规程 [S].

[3] 王长科，戴志祥，柯文开，等.实散组合桩承载原理及应用 [J].工程地质学报，1999，7（4）：327-331.

[4] 康景文，周魁政，赵国永.实散体组合桩复合地基承载原理及应用 [J].西部探矿工程，2004，（3）：60-63.

[5] 赵薇，阳振宏.新型组合桩试验研究 [J].山西建筑，2007，33（13）：107-108.

[6] 白清泉.人工挖孔旋喷"复合桩"在某工程中的应用 [J].福建建筑高等专科学校学报，2002，4（4）：58-60.

[7] 李宝建，李光范，胡伟，等.材料复合桩的现场承载性能试验研究 [J].岩土力学，2015，36（增2）：629-632.

[8] 孟凡超，吴伟胜，刘明虎，等.港珠澳大桥桥梁钢管复合桩设计方法研究 [J].工程力学，

2015，32（1）：88-95.

[9] 张敏.复杂受力状态下钢管复合桩的工作特性研究［D］.成都：西南交通大学博士学位论文，2010.

[10] 张忠苗.灌注桩后注浆技术及工程应用［M］.北京：中国建筑工业出版社，2009.

[11] 李文洲.粉土地区静压预应力管桩桩底后注浆桩身承载力计算［J］.施工技术，2012，41（3月上）：95-99.

[12] 郭院成，周同和.刚性长短桩复合地基理论与工程应用［M］.北京：科学出版社，2015.

[13] JGJ/T 210—2010.刚-柔性桩复合地基技术规程［S］.

[14] 张雁，刘金波.桩基手册［M］.北京：中国建筑工业出版社，2009.

[15] 史佩栋.SMW工法地下连续墙［J］.工业建筑，1995，25（4）：56-60.

[16] 杨小刚.加筋水泥土地下连续墙工法（SMW工法）通过建设部鉴定［J］.工业建筑，1995，25（4）：60.

[17] 李希元.水泥土钢管组合桩的设计、试验及应用［J］.港工技术与管理，1993，（1）：48-57.

[18] 史佩栋，梁晋渝.大直径灌注桩的产生、发展与前景——纪念大直径灌注桩问世 100 周年［J］.工业建筑，1993，23（12）：3-11.

[19] 凌光容，安海玉，谢岱宗，等.劲性搅拌桩的试验研究［J］.建筑结构学报，2001，22（2）：92-96.

[20] 宣嘉伦，郭立忠，宣军.混凝土劲芯水泥土复合桩在试点工程中的应用［C］//中国土木工程学会土力学及基础工程学会桩基础学术委员会第五届联合年会.桩基设计施工与检测.北京：中国建材工业出版社，2001：170-174.

[21] 吴迈，窦远明，王恩远.水泥土组合桩荷载传递试验研究［J］.岩土工程学报，2004，26（3）：432-434.

[22] 吴迈，赵欣，窦远明，等.水泥土组合桩室内试验研究［J］.工业建筑，2004，34（11）：45-48.

[23] 陈颖辉，饶英伟.昆明谷堆村加芯搅拌桩试验研究［J］.昆明冶金高等专科学校学报，2003，19（1）：1-6.

[24] 崔志坚，张召鹏.河南大学劲性搅拌桩应用技术研究世界领先［EB/OL］.［2005-1-9］.http：//news.sina.com.cn/o/2005-01-09/10164765634s.shtml.

[25] 孔德志.加劲水泥土支护结构的模型试验研究［J］.建筑结构，2007，37（6）：59-61，32.

[26] 徐德民.混凝土心水泥搅拌桩在高速公路软基处理中的应用［J］.交通科技，2007，（6）：60-62.

[27] DB 29-102—2004.劲性搅拌桩技术规程［S］.

[28] DB 13（J）50—2005.混凝土芯水泥土组合桩复合地基技术规程［S］.

[29] DB/T29—160—2006.高喷插芯组合桩技术规程［S］.

[30] DB 13（J）70—2007.刚性芯夯实水泥土桩复合地基技术规程［S］.

[31] DBJ 53/T—19—2007.加芯搅拌桩技术规程［S］.

[32] 李俊才，邓亚光，宋桂华，等.素混凝土劲性水泥土复合桩承载力机理分析 [J].岩土力学，2009，30（1）：181-185.

[33] 刘汉龙，任连伟，郑浩，等.高喷插芯组合桩荷载传递机制足尺模型试验研究 [J].岩土力学，2010，31（5）：1395-1401.

[34] DBJ 14-080—2011.管桩水泥土复合基桩技术规程 [S].

[35] 任连伟，柴华彬.高喷插芯组合桩承载特性的影响因素分析 [J].岩土力学，2012，33（增刊1）：183-192.

[36] DGJ 32/TJ151—2013.劲性复合桩技术规程 [S].

[37] JGJ/T 327—2014.劲性复合桩技术规程 [S].

[38] 赵一奇，张振，叶观宝，等.劲芯水泥土桩复合地基工程性能数值分析 [J].工程地质学报，2015，23（增刊）：292-297.

[39] 叶观宝，蔡永生，张振.加芯水泥土桩复合地基桩土应力比计算方法研究 [J].岩土力学，2016，37（3）：672-678.

[40] 凌光容.长芯水泥土组合桩：中国，01258951.9 [P].2002-09-04.

[41] 饶英伟.加混凝土芯水泥土搅拌桩：中国，02275785.6 [P].2004-10-27.

[42] 雷玉华.高压旋喷插芯扩底桩：中国，03109768.5 [P].2005-09-21.

[43] 天津市水利科学研究所.劲芯深层喷射搅拌桩工法及其专用钻头：中国，03130665.9 [P].2004-11-03.

[44] 南京大学.混凝土芯水泥土搅拌桩高等级公路软基处理方法：中国，200410014597.1 [P].2005-01-12.

[45] 雷玉华.水泥土插芯复合桩施工机械：中国，200410093838.6 [P].2007-12-12.

[46] 北京建材地质工程公司，中非地质工程勘查研究院，北京城建科技促进会.劲芯水泥土组合桩及输送装置：中国，200420116299.9 [P].2006-05-03.

[47] 雷玉华.带高压旋喷桩尖的同步组合桩的施工方法：中国，200510014323.7 [P].2007-11-21.

[48] 南京大学，江苏省交通规划设计院.混凝土芯水泥土搅拌桩机及其施工工艺方法：中国，200510041006.4 [P].2007-10-03.

[49] 饶之帆.混凝土长芯水泥土复合桩建筑地基处理方法：中国，200610010865.1 [P].2009-07-01.

[50] 中国矿业大学.一种抗拔高压旋喷桩：中国，200820032104.0 [P].2008-12-17.

[51] 上海强劲基础工程有限公司.一种插入钢筋混凝土芯材的水泥土复合桩：中国，200910046398.1 [P].2010-08-11.

[52] 黄绍明.预制混凝土与水泥土组合桩及其成桩方法：中国，200910052808.3 [P].2009-11-18.

[53] 武汉高铁桩工科技有限公司.水泥浆喷射多向加芯搅拌桩成桩方法：中国，200910063340.8 [P].2011-06-15.

[54] 山东省建筑科学研究院，山东聊建集团有限公司，山东鑫国基础工程有限公司.填芯管桩水泥土复合基桩及施工方法：中国，201010189668.7 [P].2011-08-27.

［55］ 上海强劲地基工程股份有限公司.带有芯桩的组合型水泥土桩及其施工方法和施工设备：中国，201010257594.6［P］.2011-11-16.

［56］ 山东省建筑科学研究院，山东鑫国基础工程有限公司，山东聊建集团有限公司.填芯管桩水泥土复合基桩的施工方法：中国，201110090697.2［P］.2012-02-01.

［57］ 中冶交通工程技术有限公司.高频液振水泥土插芯组合桩施工工法：中国，201110208638.0［P］.2013-01-30.

［58］ 沙焕焕.大直径劲性复合桩：中国，20121007704.X［P］.2012-07-18.

［59］ 邓亚光.静压、搅拌组合桩机：中国，201220739902.3［P］.2013-06-19.

［60］ 王磊.一种竹节桩与管桩共同嵌入水泥土搅拌土钉桩的复合桩：中国，201310503654.1［P］.2014-12-24.

［61］ 中国建筑西南勘察设计研究院有限公司.高压旋喷劲芯桩复合地基：中国，201320854503.6［P］.2014-12-10.

［62］ 邓亚光.径向变结构劲性复合桩及施工方法：中国，201410680962.6［P］.2015-02-18.

［63］ 邓亚光.变强度劲芯复合桩：中国，201420604476.1［P］.2015-01-28.

［64］ 邓亚光.超高承载力劲性复合桩的施工方法：中国，201510098526.2［P］.2015-06-03.

［65］ 孙文.新型变刚度复合桩及其施工方法和施工方法中采用的长螺旋钻机：中国，201510256967.0［P］.2015-09-23.

［66］ 中铁第四勘察设计院集团有限公司.一种深厚软土区水塘路基地基加固结构及其施工方法：中国，201510293599.7［P］.2015-09-02.

［67］ 建设综合勘察研究设计院有限公司.高强劲芯复合桩施工方法：中国，201510504437.3［P］.2015-12-02.

［68］ 建设综合勘察研究设计院有限公司.一次成型劲芯复合桩成桩机械：中国，201510504490.3［P］.2016-03-30.

［69］ 王庆伟.劲芯水泥土筒桩及施工方法和筒形旋搅钻具：中国，201610012234.7［P］.2016-05-25.

［70］ 沙焕焕.多元劲性复合桩的施工方法：中国，201610079641.X［P］.2016-06-08.

2 研究方法

2.1 概述

水泥土复合管桩是用于软弱地基，以竖向抗压为主兼有抗拔及水平承载能力的一种大直径、长桩、高承载力、绿色环保的新型组合桩，是由高喷搅拌法形成的水泥土桩与同心植入的预应力高强混凝土管桩通过优化匹配复合而成的基桩。设计时，需合理选取桩身结构中管桩与水泥土这两种材料的几何参数与强度参数才能使桩身承载力与桩土阻力相匹配，满足上部结构使用要求。另外传至水泥土复合管桩桩顶的上部结构荷载在管桩与水泥土中如何进行分担、传递也值得深入研究。类似需要解决的问题还很多，这里不再一一列举。总的来说，由于材料组成和结构特点，水泥土复合管桩在承载机理、设计、施工、检验与验收等方面与其他桩型相比有明显的差异。

为将该新桩型成功应用于实际工程中，做到安全适用、技术先进、经济合理、确保质量，需要在深入研究承载机理的基础上，建立起涉及水泥土复合管桩设计、施工、质量检验与工程验收的完整技术体系，并有相应的工程建设标准作为依据。因此，在开展水泥土复合管桩成套技术研究前，需要系统地对如何开展该项目研究进行深入的思考，尤其是研究方法，通过制定合理的技术路线以达到预期的研究目的。

所谓研究方法是指在研究中发现新现象、新事物或提出新理论、新观点，揭示事物内在规律的工具和手段。在水泥土复合管桩技术研发过程中，其研究方法是以试验研究为主，辅以理论分析，并坚持理论与实践相结合。在大量查阅相关文献的基础上，综合运用包括加载模式、足尺试验、大比尺模型试验、数值分析等多种研究方法。在每一种研究方法中又运用了多种检测方法，可用于水泥土复合管桩承载机理、设计、施工、质量检验与工程验收等多个方面。

水泥土复合管桩承载机理的研究方法详见表 2-1，其研究成果可运用到水泥土复合管桩的设计与计算，如桩的选型与布置、承载力与沉降计算、桩与承台的连接方式。实际上水泥土复合管桩的施工、质量检验也同样用到表 2-1 所列研究方法。如通过足尺试验不但可以指导水泥土复合管桩施工设备的研发、掌握其施工工艺与质量控制，而且结合各种检测手段可形成完善的水泥土复合管桩过程检验方法以及检验结果评价。

水泥土复合管桩承载机理的研究方法

表2-1

承载机理分类	研究目的	研究内容	检测方法						研究方法					
			静载试验		桩身内力测试	土压力盒测试	荷载影响范围	水泥土钻芯检测	加载模式			足尺试验	大比尺模型试验	数值分析
			抗压	水平					抗压	抗拔	水平			
单桩竖向抗压承载机理	单桩竖向抗压承载性状；桩土体系荷载传递规律；单桩承载力计算方法；桩基沉降计算方法	单桩竖向抗压承载力及与其他桩型比对	√	—	—	—	—	—	√	—	—	√	—	√
		①桩身轴力分布、荷载传递规律	√	—	√	—	—	√	√	—	—	√	—	√
		②水泥土复合管桩侧阻力与端阻力	√	—	—	—	—	√	√	—	—	√	—	√
		③管桩与水泥土界面的力学性能	√	—	√	—	—	√	√	—	—	√	√	√
		①加载模式	√	—	—	—	—	—	√	—	—	√	—	√
		②破坏模式	√	—	—	—	—	—	√	—	—	—	—	√
		③管桩与水泥土的荷载分担比与应力比	√	—	—	√	—	√	√	—	—	√	—	√
		④竖向荷载作用下桩侧土沉降影响范围	√	—	—	—	√	—	√	—	—	—	—	—
	桩的选型设计	水泥土复合管桩桩身结构几何参数与强度参数的优化匹配关系	√	—	—	—	—	—	√	—	—	√	—	√
单桩竖向抗拔承载机理	单桩竖向抗拔承载力计算方法；桩身受拉承载力计算方法	①单桩竖向抗拔承载力计算方法	—	—	—	—	—	—	—	√	—	√	—	√
		②破坏模式	—	—	—	—	—	—	—	√	—	—	—	√
单桩水平承载机理	水平承载力计算方法；单桩水平承载力检测方法；单桩水平承载力计算方法；桩的布置	①水平承载工作性状	—	√	—	—	—	—	—	—	√	√	—	—
		②加载模式	—	√	—	—	—	—	—	√	√	—	—	—
		③水平承载力特征值确定方法	—	√	—	—	—	—	—	—	√	√	—	—
		④水平荷载影响范围	—	√	—	—	√	—	—	—	√	—	—	—

2.2 加载模式

加载模式是指静载荷试验时，在桩顶部施加荷载的方式，应与上部结构荷载传递至桩顶时的赋存方式相一致。根据荷载性质不同，加载模式可分为抗压加载模式、抗拔加载模式与水平加载模式。

2.2.1 抗压加载模式

在研究水泥土复合管桩竖向抗压承载机理时，考虑了如下三种竖向抗压加载模式：

（1）加载模式一

刚性载荷板直径与管桩直径相同，相当于竖向荷载全部作用于管桩上，如图 2-1（a）所示。

（2）加载模式二

刚性载荷板直径与水泥土复合管桩直径相同，载荷板与桩头之间铺设厚度为 200mm～250mm 的级配砂石垫层，相当于柔性荷载整体施加于水泥土复合管桩上，如图 2-1（b）所示。

（3）加载模式三

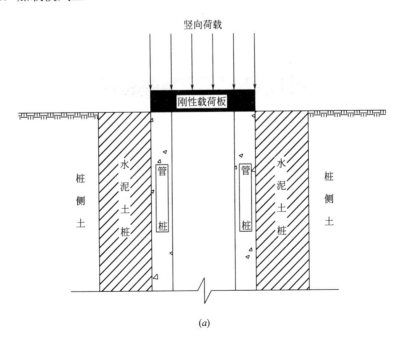

（a）

图 2-1 抗压加载模式（一）

（a）加载模式一

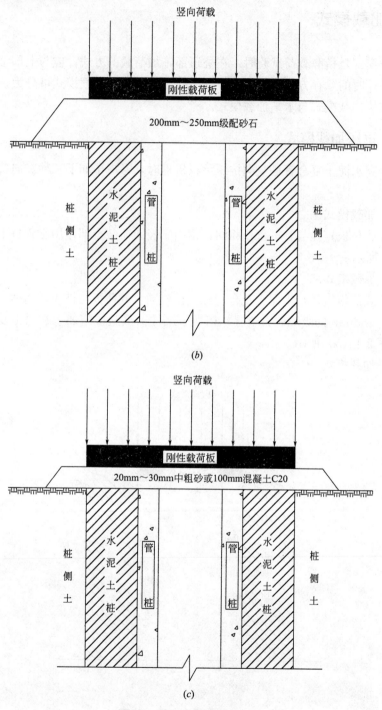

图 2-1 抗压加载模式（二）

（b）加载模式二；（c）加载模式三

刚性载荷板直径与水泥土复合管桩直径相同，载荷板与桩头之间铺设厚度约 20mm～30mm 的中粗砂找平层或者浇筑厚度 100mm 的 C20 混凝土垫层，相当于刚性荷载整体施加于水泥土复合管桩上，如图 2-1（c）所示。

2.2.2 抗拔加载模式

在研究水泥土复合管桩抗拔承载机理时，仅考虑了一种竖向抗拔加载模式：上拔荷载施加在填芯混凝土内锚固钢筋上，通过填芯混凝土—管桩界面、管桩—水泥土界面、水泥土—土界面传递至桩侧土中，管桩和水泥土共同承担上拔荷载，如图 2-2 所示。

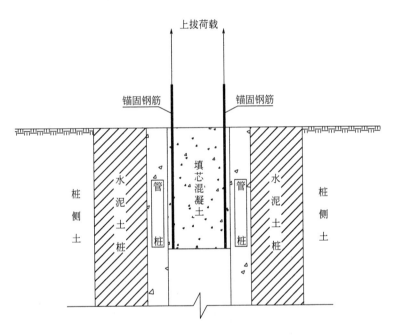

图 2-2 抗拔加载模式

2.2.3 水平加载模式

在研究水泥土复合管桩水平承载机理时，考虑了如下两种水平加载模式：

（1）整体加载模式

水平荷载施加在水泥土上，管桩与水泥土共同承担水平荷载，如图 2-3（a）所示。

（2）芯桩加载模式

水平荷载施加在管桩上，仅由管桩承担水平荷载，如图 2-3（b）所示。

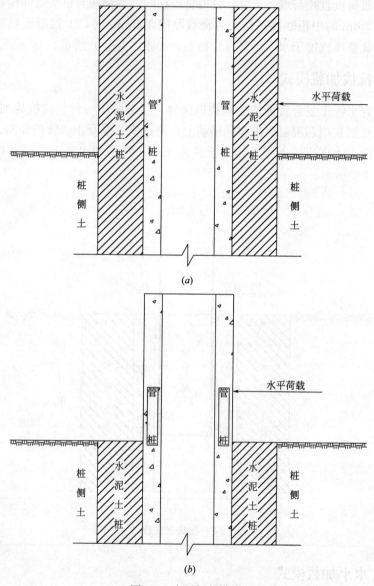

图 2-3 水平加载模式
(a) 整体加载模式；(b) 芯桩加载模式

2.3 足尺试验

在济南、聊城、济宁、东营等地共开展了 29 根水泥土复合管桩、4 根灌注桩、4 根管桩、4 根水泥土桩的足尺试验，其中灌注桩、管桩、水泥土桩作为同条件下的比对桩型。根据不同的研究目的，结合不同的加载模式，对这些足尺试验桩分别进行单桩竖向抗压静载试验、单桩水平静载试验、低应变法检测、水泥土钻芯法检测、桩身内力测试、土压力盒测试、荷载影响范围测试。

下面分别介绍各试验场地的工程地质与水文地质条件、试验桩参数和相应的检测要求。

2.3.1 济南黄河北试验

试验地点位于济南市黄河北山东省建筑科学研究院混凝土外加剂厂内。场地地形平坦，地下水类型为第四系孔隙潜水，水位埋深0.80m。表层为素填土，其下依次为第四系全新统冲洪积粉砂、粉质黏土、粉土、细砂、黏土层。试验场地的地层剖面如图2-4所示，对应的各层土物理力学指标详见表2-2。

共设置20根试验桩，包括8根水泥土复合管桩、4根泥浆护壁钻孔灌注桩、4根管桩、4根水泥土桩。其中管桩除直径600mm的为AB型，其他均为A型。各试验桩间距最小为3m，桩位布置如图2-5所示，试验桩参数详见表2-3。

在各试验桩桩身位于相邻地层界面处均设置了内力测试装置，例如在管桩外表面通过开槽粘贴电阻应变计，而钻孔灌注桩则在钢筋笼上焊接钢筋应力计。在水泥土中钻孔安装自行制作的PVC内力测试传感器时，对所取出的水泥土芯样进行抗压强度测试。

以上所有足尺试验桩均要求进行单桩竖向抗压静载试验和桩身内力测试。试验前，先采用低应变法进行桩身完整性检测，其中水泥土复合管桩中的管桩与水泥土需分别进行测试。试验时，水泥土复合管桩采用抗压加载模式二，其管桩内腔均未填芯。其中4号水泥土复合管桩先后采用加载模式二、加载模式一进行了两次静载试验，两次试验间隔20d。由于场地原因，15号管桩实际未进行任何试验，而5号水泥土桩仅开展了单桩竖向抗压静载试验，内力测试则因信号传输故障而被终止。

2.3.2 聊城月亮湾工程试验

试验地点位于聊城市振兴路以南，向阳路以西，紧靠大运河。场地地形相对平坦，地貌单元单一，地下水类型为第四系孔隙潜水，水位埋深3.00m。表层为杂填土，其下依次为第四系全新统粉土、粉质黏土、粉细砂、黏土。试验场地的地层剖面如图2-6所示，对应的各层土物理力学指标详见表2-4。

聊城月亮湾工程在施工图设计前，在场地北侧施工了6根试桩，即试1号~试6号，为工程桩设计及施工提供参数。根据试桩静载试验结果及该项目水泥土

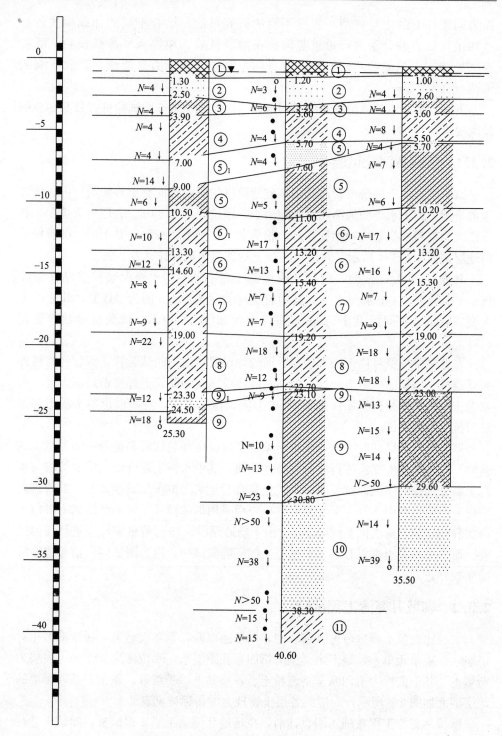

图 2-4 济南黄河北试验场地地层剖面

济南黄河北试验场地各层土物理力学指标　　表 2-2

层号	名称	w (%)	γ (kN)	e	w_L (%)	w_P (%)	c (kPa)	φ (°)	N (击)	E_s (MPa)
①	素填土	—	—	—	—	—	—	—	—	—
②	粉砂	—	—	—	—	—	—	—	3.8	6.6
③	粉质黏土	32.5	18.3	0.906	35.4	22.7	15.0	10.2	4.7	5.3
④₁	粉砂	—	—	—	—	—	—	—	7.3	8.3
④	粉土	29.1	18.6	0.865	34.5	23.0	13.3	12.6	4.6	5.7
⑤₁	细砂	—	—	—	—	—	—	—	11.9	7.3
⑤	黏土	37.3	18.1	1.043	48.8	30.1	30.0	7.6	4.6	5.2
⑥₁	细砂	—	—	—	—	—	—	—	11.6	9.1
⑥	粉土	25.1	19.2	0.704	27.3	19.6	33.0	21.8	10.8	7.2
⑦	粉质黏土	23.3	19.8	0.657	31.5	19.0	17.3	6.8	5.1	4.8
⑧	粉质黏土	18.6	20.0	0.578	28.0	16.9	24.5	17.0	13.2	8.6
⑨₁	细砂	—	—	—	—	—	—	—	15.6	11.7
⑨	粉质黏土	23.2	19.6	0.682	32.2	18.5	34.8	13.6	11.4	8.0
⑩	细砂	—	—	—	—	—	—	—	24.3	12.0
⑪	粉质黏土	—	—	—	—	—	38.0	18.5	17.3	9.0

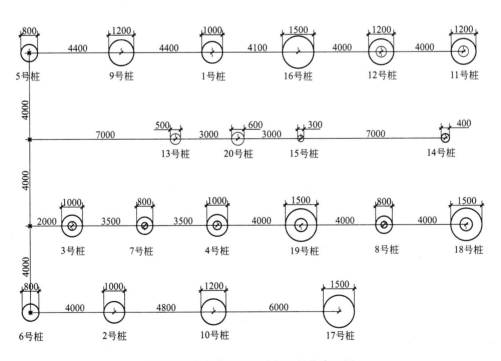

图 2-5　济南黄河北试验场地桩位布置图

济南黄河北试验桩参数

表 2-3

桩号	类型	桩顶标高(m)	水泥土桩或灌注桩		管桩		
			直径(mm)	桩长(m)	直径(mm)	壁厚(mm)	桩长(m)
7 号		−1.30	800	12	300	70	6
8 号		−1.30	800	12	300	70	8
3 号		−1.30	1000	16	400	95	9
4 号	水泥土	−1.30	1000	16	400	95	12
11 号	复合管桩	−1.30	1200	21	500	125	12
12 号		−1.30	1200	21	500	125	16
18 号		−1.30	1500	25	600	130	15
19 号		−1.30	1500	25	600	130	18
6 号		−1.30	800	12	—	—	—
2 号	泥浆护壁	−1.30	1000	16	—	—	—
10 号	钻孔灌注桩	−1.30	1200	21	—	—	—
17 号		−1.30	1500	25	—	—	—
5 号		−1.30	800	12	—	—	—
1 号		−1.30	1000	16	—	—	—
9 号	水泥土桩	−1.30	1200	21	—	—	—
16 号		−1.30	1500	25	—	—	—
15 号		−1.30	—	—	300	70	6
14 号		−1.30	—	—	400	95	9
13 号	管桩	−1.30	—	—	500	125	12
20 号		−1.30	—	—	600	130	15

复合管桩工程应用论证会的意见，工程桩设计时管桩规格由试桩时的 PHC 400 AB 95 变更为 PHC 500 AB 100，电梯井处更换为 PHC 500 AB 125，并且在管桩内腔通长填入 C40 以上微膨胀混凝土。根据修改后的水泥土复合管桩基础设计图纸，在场地南侧又施工了 2 根为设计提供依据的试桩，即 1-105 号、4-137 号。工程桩施工结束后，随机抽取了 1-9 号、1-58 号、1-88 号、4-11 号、4-73 号、4-104 号共 6 根工程桩进行了单桩竖向抗压承载力验收检测。

以上共设置 14 根试验桩，其中试 1 号、试 2 号桩进行整体加载模式下的单桩水平静载试验，水平荷载位置标高−4.20m，桩头对应土层分别为 2 层粉质黏土、1 层杂填土；试 6 号桩进行抗压加载模式一下的单桩竖向抗压静载试验；其余 11 根桩进行加载模式三下的单桩竖向抗压静载试验，并通过埋设土压力盒测试桩头荷载分担情况。各试验桩参数详见表 2-5，桩位布置如图 2-7 所示。

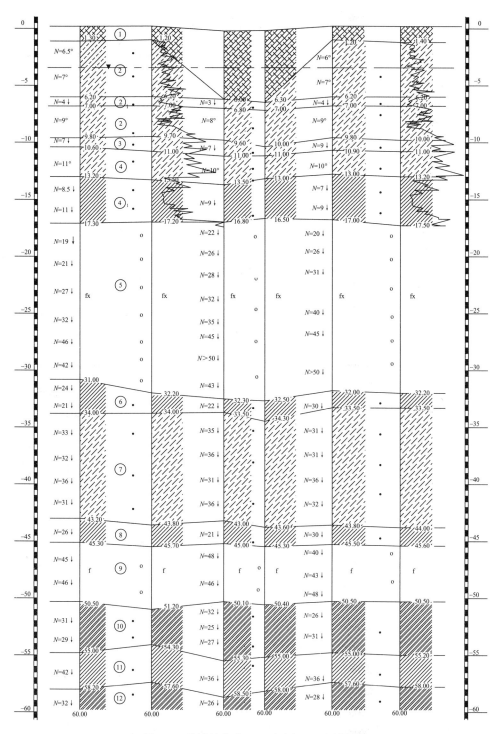

图 2-6 聊城月亮湾工程试验场地地层剖面

聊城月亮湾工程试验场地各层土物理力学指标 表 2-4

层号	名称	w(%)	γ(kN)	e	w_L(%)	w_P(%)	c(kPa)	φ(°)	N(击)	E_s(MPa)
①	杂填土	—	—	—	—	—	—	—	—	—
②	粉土	25.8	18.7	0.773	28.2	22.1	8	22.8	7.8	8.03
②₁	粉质黏土	31.9	18.1	0.944	35.0	22.7	14	17.7	3.8	4.36
③	粉质黏土	32.1	18.3	0.924	37.7	22.4	19	14.5	7.3	4.87
④	粉土	26.8	18.9	0.768	28.5	22.5	7	23.5	11.1	8.43
④₁	粉质黏土	32.4	18.3	0.926	37.9	22.8	20	14.5	10.2	5.45
⑤	粉细砂	—	—	—	—	—	—	—	34.6	13.0
⑥	粉质黏土	31.0	18.7	0.871	38.1	23.1	24	14.4	23	5.78
⑦	粉土	25.0	19.0	0.732	28.0	22.1	7	24.0	33.9	8.95
⑧	粉质黏土	26.3	18.7	0.802	38.1	22.1	26	13.5	30.5	6.17
⑨	粉砂	—	—	—	—	—	—	—	44.6	15.0
⑩	黏土	26.8	18.8	0.806	45.1	23.2	28	13.2	28.6	5.80
⑪	粉土	25.3	19.2	0.721	28.0	22.3	7	24.4	36.7	9.15
⑫	黏土	25.3	18.9	0.784	44.4	23.2	28	12.6	27.5	5.90

聊城月亮湾工程试验桩参数 表 2-5

桩号	桩顶标高(m)	水泥土桩		管桩(PHC-AB)			填芯混凝土	
		直径(mm)	长度(m)	直径(mm)	壁厚(mm)	长度(m)	强度等级	长度(m)
试1号	−3.30	1000	24	400	95	12.64	C20	4
试2号	−3.30	1000	24	400	95	17.12	C20	4
试3号	−3.30	1000	24	400	95	15.81	C20	4
试4号	−3.30	1000	24	400	95	18	C20	4
试5号	−3.30	1000	24	400	95	18	C20	4
试6号	−3.30	1000	24	400	95	18	C20	4
1-9号	−4.20	1000	24	500	100	17	C40	17
1-58号	−4.20	1000	24	500	100	17	C40	17
1-88号	−4.20	1000	24	500	100	17	C40	17
1-105号	−4.20	1000	24	500	100	17	C40	17
4-11号	−4.20	1000	24	500	100	17	C40	17
4-73号	−4.20	1000	24	500	100	17	C40	17
4-104号	−4.20	1000	24	500	100	13.97	C40	13.97
4-137号	−4.20	1000	24	500	100	13.70	—	—

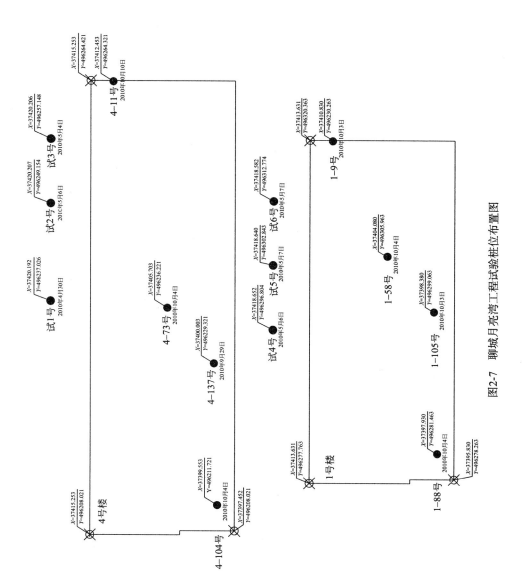

图2-7 聊城月亮湾工程试验桩位布置图

2.3.3 济宁诚信苑工程试验

试验地点位于济宁市金乡县北外环与奎星路交叉口东南角。场地地貌为河流冲积平原，地下水类型为第四系孔隙潜水，埋深约 4.00m~4.50m。表层为素填土，其下依次为第四纪全新统粉质黏土、粉土、粉砂。试验场地的地层剖面如图 2-8 所示，对应的各层土物理力学指标详见表 2-6。

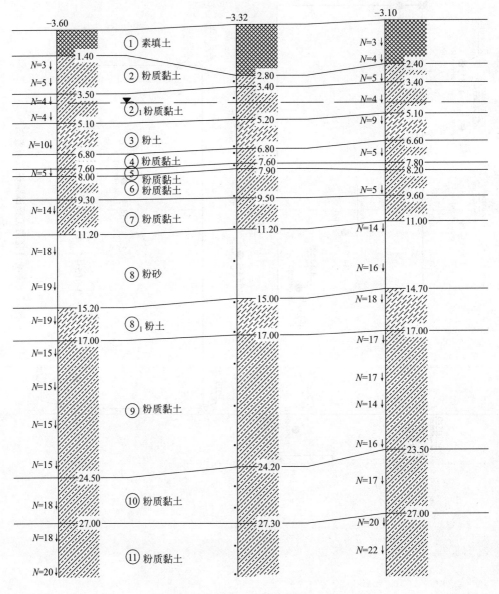

图 2-8　济宁诚信苑工程试验场地地层剖面

济宁诚信苑工程试验场地各层土物理力学指标　　表 2-6

层号	名称	w (%)	γ (kN)	e	w_L (%)	w_P (%)	c (kPa)	φ (°)	N (击)	E_s (MPa)
①	素填土	32.4	18.1	0.950	38.9	27.0	42	12.7	3.7	5.74
②	粉质黏土	28.1	19.1	0.796	37.7	23.4	68	7.4	4.6	5.11
②₁	粉质黏土	26.8	19.0	0.784	36.0	23.0	59	7.4	4.4	5.17
③	粉土	24.2	19.5	0.679	28.6	22.2	22	23.5	8.1	10.07
④	粉质黏土	28.0	18.8	0.819	36.6	23.6	66	8.5	5.3	6.29
⑤	粉质黏土	27.6	19.2	0.781	38.8	23.8	59	8.8	4.4	6.55
⑥	粉质黏土	27.5	19.2	0.774	37.0	23.5	42	6.7	4.3	5.65
⑦	粉质黏土	26.3	19.2	0.766	39.0	25.1	56	7.6	10.2	6.47
⑧	粉砂	—	—	—	—	—	—	—	12.5	15.10
⑧₁	粉土	24.5	19.4	0.695	28.6	22.2	22	24.1	13.2	10.05
⑨	粉质黏土	23.9	19.8	0.673	39.0	24.4	80	10.7	10.6	9.79
⑩	粉质黏土	26.2	19.2	0.727	39.0	24.9	66	9.3	11.7	9.34
⑪	粉质黏土	24.6	19.4	0.709	35.1	23.1	68	10.3	12.3	7.59

　　表 2-7 为济宁诚信苑工程试验桩参数。首先对这 3 根试验桩进行了加载模式三下的单桩竖向抗压静载试验，并通过埋设土压力盒测试桩头荷载分担情况。其次，在静载试验结束 28d 后，清除水泥土复合管桩上部破碎桩头，挖至无破坏段后再对这 3 根试验桩进行芯桩加载模式下的单桩水平静载试验。单桩水平静载试验时，试 1 号、试 2 号、试 3 号桩的水平荷载位置标高分别为 −6.50m、−5.70m、−7.30m，桩头对应土层分别为 2 层粉质黏土、①层素填土、②₁ 层粉质黏土。

济宁诚信苑工程试验桩参数　　表 2-7

桩号	桩顶标高 (m)	水泥土桩 直径(mm)	水泥土桩 长度(m)	管桩(PHC-AB) 直径(mm)	管桩(PHC-AB) 壁厚(mm)	管桩(PHC-AB) 长度(m)	填芯混凝土 型号	填芯混凝土 长度(m)
试 1 号	−3.6	800	21.7	400	95	16.7	C35	16.7
试 2 号	−3.6	800	21.63	400	95	16.63	C35	16.63
试 3 号	−3.6	800	21.2	400	95	16.2	C35	16.2

　　为了研究水泥土复合管桩在竖向荷载或水平荷载作用下对相邻桩的影响，便于水泥土复合管桩布置，对以上 3 根试验桩进行了桩侧土位移影响范围测试。单桩竖向抗压静载试验时，在距离桩中心 0.9m、1.9m、3.9m 处分别对称设置了

12处沉降标，如图2-9所示。单桩水平静载试验时，在桩前距离桩中心0.5m、0.7m或0.8m、1.0m处分别设置了水平位移测试点，如图2-10所示。

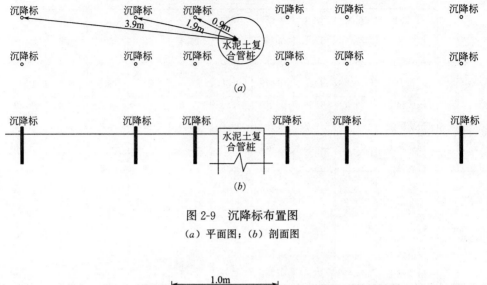

图 2-9 沉降标布置图

（*a*）平面图；（*b*）剖面图

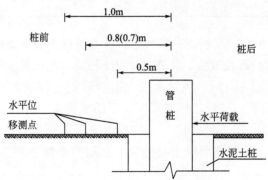

图 2-10 水平位移测试点布置图

2.3.4 东营万方广场工程试验

试验地点位于东营市东二路与南一路交叉口西北角。场区地貌单元属于第四系黄河三角洲冲积平原，地形平坦。地下水类型为第四系孔隙潜水，埋深约1.80m～2.10m。表层为素填土，其下为交互分布的第四系全新统粉土、粉质黏土。试验场地的地层剖面如图2-11所示，对应的各层土物理力学指标详见表2-8。

共设置4根试验桩，全部进行加载模式三下的单桩竖向抗压静载试验，并通过埋设土压力盒测试桩头荷载分担情况，各试验桩参数见表2-9。

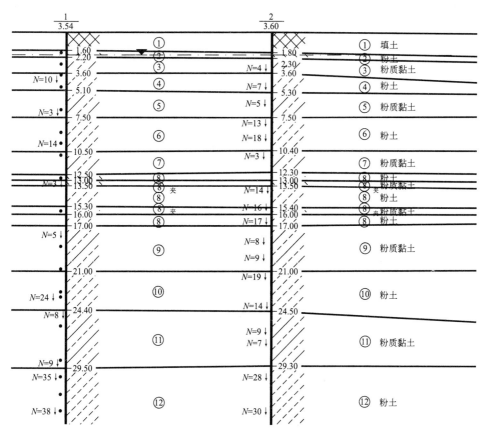

图 2-11　东营万方广场试验场地地层剖面图

东营万方广场工程试验场地各层土物理力学指标　　表 2-8

层号	名称	w (%)	γ (kN)	e	w_L (%)	w_P (%)	c (kPa)	φ (°)	N (击)	E_s (MPa)
①	素填土	—	—	—	—	—	—	—	—	—
②	粉土	29.2	18.6	0.829	31.0	23.1	9	17.0	9.7	8.80
③	粉质黏土	33.6	18.2	0.955	35.5	23.6	17	5.6	2.7	4.85
④	粉土	28.4	18.8	0.798	30.2	22.2	8	18.3	10.7	9.15
⑤	粉质黏土	32.4	18.3	0.922	34.6	23.2	18	6.3	3.2	5.02
⑥	粉土	27.7	18.9	0.780	29.8	22.0	8	18.8	16.0	9.78
⑦	粉质黏土	31.6	18.5	0.895	34.0	22.9	19	6.6	3.1	5.09
⑧	粉土	27.0	19.0	0.759	29.3	21.6	7	21	20.8	10.35
⑧夹	粉质黏土	29.8	18.7	0.846	32.4	21.1	20	7.2	3.8	5.07
⑨	粉质黏土	29.7	18.8	0.841	32.4	21.2	22	7.5	6.1	5.15
⑩	粉土	25.6	19.4	0.706	28.5	21.0	7	24.0	17.7	10.67
⑪	粉质黏土	28.1	19.1	0.786	31.5	20.3	25	8.9	7.8	5.30
⑫	粉土	24.0	19.8	0.648	27.6	20.2	6	29.7	39.5	12.10

东营万方广场工程试验桩参数　　　　　表 2-9

桩号	桩顶标高(m)	水泥土桩		管桩(PHC-AB)			填芯混凝土	
		直径(mm)	长度(m)	直径(mm)	壁厚(mm)	长度(m)	型号	长度(m)
1号	2.90	800	19	400	95	14	C40	14
2号	2.50	800	19	400	95	14	C40	14
3号	2.50	1000	26	500	100	9+9	C40	18
4号	2.50	1000	26	500	100	9+9	C40	18

2.4　大比尺模型试验

为了研究管桩—水泥土界面力学性能，制作了 4 组大比尺模型（图 2-12）进行剪切试验。试验用土为粉质黏土和中砂，其物理指标如表 2-10 所示。管桩选用 PHC 300 A 70，水泥采用 P.O42.5，掺入比分别为 20％、30％，大比尺模型参数详见表 2-11。

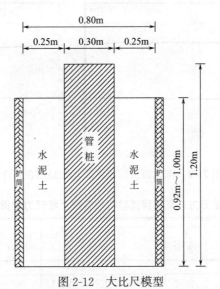

图 2-12　大比尺模型

大比尺模型试验用土物理指标　　　　　表 2-10

土名	颗粒百分比(%)							含水率	比重	液限	塑限
	石砾		砂粒			粉粒	黏粒				
	40~20	20~2	2~0.5	0.5~0.25	0.25~0.075	0.075~0.0005	<0.005				
	mm							%		%	%
粉质黏土	—	—	—	—	—	87.3	12.7	11.8	2.70	30.7	19.8
中砂	—	7.9	32.7	25.6	31.2	2.6	—	—	—	—	—

编号	管桩		外围水泥土				
	型号	高度(m)	土类	水泥	掺入比(%)	直径(m)	高度(m)
1号	PHC 300 A 70	1.20	中砂	P. O42.5	20	0.80	0.92
2号	PHC 300 A 70	1.20	中砂	P. O42.5	30	0.80	0.92
3号	PHC 300 A 70	1.20	粉质黏土	P. O42.5	20	0.80	1.00
4号	PHC 300 A 70	1.20	粉质黏土	P. O42.5	30	0.80	1.00

大比尺模型参数　　　　　　　　　表 2-11

2.5 数值分析

　　足尺试验与大比尺模型试验结果具有直观、可靠、准确等优点，但对于水泥土复合管桩这样一个材料组成与工作机理复杂、影响因素众多的新桩型，采用有限数量的足尺试验与大比尺模型试验研究，难免会产生以偏概全的局限性。数值分析方法则为研究各种复杂岩土工程问题提供了有力手段，通过模拟不同工况，研究各种因素的影响规律，弥补试验研究未能解决的问题。共开展了 45 种工况的数值分析，研究了水泥土桩直径、管桩直径、水泥土桩长度、管桩长度、水泥土强度、地层条件等因素对水泥土复合管桩工作性状的影响规律。

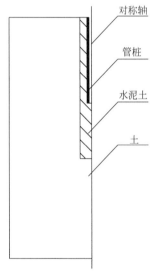

图 2-13　计算模型

　　数值分析中采用单桩轴对称模型，如图 2-13 所示，土与水泥土均选用弹塑性模型，管桩材料则选用弹性模型。采用刚性载荷板整体加压方式模拟加载模式三下的单桩竖向抗压静载试验。

　　在数值分析中管桩分别选用 PHC 300 A 70、PHC 400 A 95、PHC 500 A 100、PHC 600 A 130 等四种规格，水泥土直径选用 800mm、1000mm、1200mm、1400mm、1600mm、1800mm、2000mm 等七种尺寸。地基土选用两种土质，即土 1 与土 2，相应的水泥土也有两种，即水泥土 1 与水泥土 2。地层条件考虑两种：单一土层和上软下硬二元土层。为简化起见，暂不考虑填芯混凝土及管桩材料强度变化的影响。

　　参照济南黄河北试验场地土层物理力学性质及水泥土抗压强度试验结果，土、水泥土、管桩的计算参数如表 2-12 所示。

数值分析参数 表 2-12

计算参数	土 1	水泥土 1	土 2	水泥土 2	管桩
重度（kg/m³）	1830	1850	1920	1940	2600
弹性模量（MPa）	50	210	80	1000	38000
泊松比	0.30	0.25	0.30	0.25	0.20
抗压强度（MPa）	—	2.1	—	12.6	
黏聚力（kPa）	15	420	33	2520	—
内摩擦角（°）	10.2	25.0	21.8	35.0	—

3 水泥土复合管桩承载机理

3.1 概述

竖向荷载作用下，基桩一般有两种破坏模式：第一种为桩周土阻力达到极限状态，桩土之间发生较大相对变形，桩身材料强度尚未充分发挥，单桩竖向极限承载力由桩周土阻力控制；第二种为桩身材料强度达到极限状态，桩周土阻力尚未充分发挥，单桩竖向极限承载力由桩身材料强度控制。当桩周土阻力与桩身材料强度同时达到极限状态时，为理论最佳匹配关系，如图 3-1 所示。在进行桩基优化设计时，可通过变化桩身材料强度或桩周土阻力使两者达到最佳匹配关系。

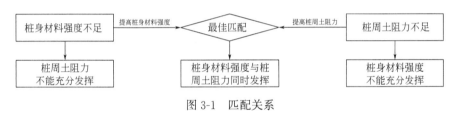

图 3-1　匹配关系

工程实践与有关试验表明，水泥土与土接触面虽然理论上能够提供较大极限侧阻力，实际上水泥土桩单桩竖向抗压极限承载力静载试验结果却明显偏低，其根本原因在于水泥土强度过低导致水泥土与土接触面所提供的桩侧阻力远未能得到充分发挥。针对上述情况，水泥土复合管桩是在强度较低的大直径水泥土桩中植入合适的管桩而形成的基桩，通过管桩与水泥土材料的复合以提高桩身截面抗压强度，以充分发挥水泥土—土界面较大的侧阻力。这也是作者研发水泥土复合管桩技术的初衷，相当于图 3-1 中由左向右的路径。

水泥土复合管桩是针对软弱地基并以竖向抗压为主而开发的一种大直径、长桩、高承载力、绿色环保的新型组合桩，为做到桩身承载力与较大的桩周土阻力相匹配，构成其桩身的各种几何参数如水泥土桩与管桩的直径、水泥土桩与管桩的长度以及水泥土与管桩的强度参数之间有内在联系，相互之间亦存在优化匹配关系。在竖向荷载作用下，管桩承担的大部分荷载通过管桩—水泥土界面传递至水泥土，然后再通过水泥土—土界面传递至桩周土，管桩、水泥土、桩周土构成了刚性—半刚性—柔性结构。由于其自身材料组成与结构特点，水泥土复合管桩承载机理与灌注桩、管桩、水泥土桩等普通桩型相比有明显的差异。

作者在济南、聊城、济宁、东营等地进行了水泥土复合管桩足尺试验，较为系统研究了水泥土复合管桩竖向抗压承载机理，具体研究内容如下：

（1）通过单桩竖向抗压静载试验及桩身内力测试，研究了水泥土复合管桩单桩竖向抗压承载性状，并与同条件下的其他桩型如灌注桩、管桩、水泥土桩进行了比对。

（2）研究了三种抗压加载模式下管桩与水泥土的荷载分担比与应力比，以及对应的水泥土复合管桩破坏模式，为建立水泥土复合管桩桩身承载力验算公式、桩与承台的连接方式等方面提供试验依据。

（3）水泥土复合管桩在竖向荷载作用下的桩土体系荷载传递规律，主要包括水泥土复合管桩桩身轴力的分布、管桩底部及水泥土复合管桩底部的荷载传递比、水泥土—土界面与管桩—水泥土界面的力学性能及影响因素、管桩底端处及水泥土底端处的端阻力。

（4）通过分级竖向荷载作用下桩侧土沉降影响范围测试，为水泥土复合管桩设计布桩提供试验依据。

（5）通过数值分析研究水泥土复合管桩桩身几何参数与强度参数以及地层条件等最佳匹配关系。

水泥土复合管桩作为桩基使用时，针对桩的实际受力状态，作者还对该桩型的竖向抗拔以及水平承载机理进行了相关研究。其中，竖向抗拔承载机理主要利用数值分析与理论计算对单桩竖向抗拔承载性状、破坏模式进行了研究；水平承载机理则主要通过水平静载试验对不同水平加载模式下水泥土复合管桩承载工作性状、破坏模式、水平荷载影响范围进行了研究，提出了单桩水平承载力特征值推荐取值方法、检测方法、设计布桩要求。

以下各节分别对水泥土复合管桩的竖向及水平承载机理进行了分析研究。

3.2 水泥土复合管桩竖向抗压承载机理

3.2.1 单桩承载力

为研究水泥土复合管桩的单桩竖向抗压承载性状，在济南黄河北、聊城月亮湾、济宁诚信苑、东营万方广场等工程开展的足尺试验中共进行了 27 根水泥土复合管桩的单桩竖向抗压静载试验。为进行同条件下的单桩承载力比对，在济南黄河北还对 4 根灌注桩、3 根管桩、4 根水泥土桩进行了单桩竖向抗压静载试验。各试验桩参数及所在场地工程地质情况详见本书第 2 章，此处不再赘述。下面对以上各试验桩的单桩竖向抗压静载试验结果作一简要介绍。

以上 27 根水泥土复合管桩的竖向荷载-沉降曲线如图 3-2 所示。依据《建筑基桩检测技术规范》JGJ 106—2014，试验时采用慢速维持荷载法，原则上加载至桩侧与桩端的岩土阻力达到极限状态。实际试验时聊城月亮湾工程 1-9 号、1-58 号、1-88 号、4-11 号、4-73 号、4-104 号因作为工程桩要继续使用，在达到设计要求的最大加载值且桩顶沉降达到相对稳定标准时终止加载，未能继续试验至破坏状态。此外济南黄河北试验 11 号桩、聊城月亮湾工程 1-105 号桩在加载至接近压重平台提供的最大反力且桩顶沉降达到相对稳定标准时开始卸载。试验后经开挖发现济南黄河北 11 号桩的管桩仍然完好，但水泥土部分存在竖向裂缝，这说明在最大竖向荷载作用下该桩也达到极限状态。其余 19 根水泥土复合管桩试验时均加载至破坏。

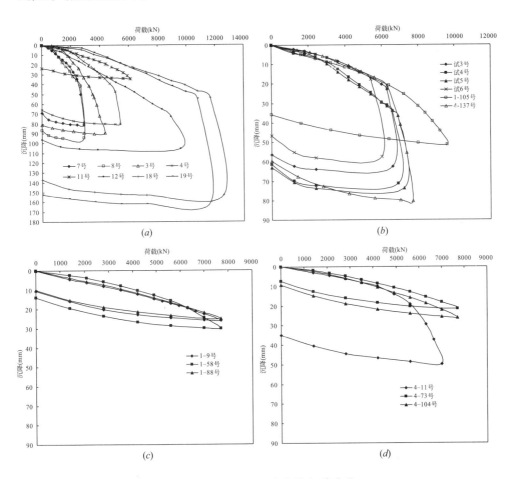

图 3-2　水泥土复合管桩竖向荷载-沉降曲线（一）

（a）济南黄河北试验；（b）聊城月亮湾工程试桩；（c）聊城月亮湾工程 1 号楼；

（d）聊城月亮湾工程 4 号楼

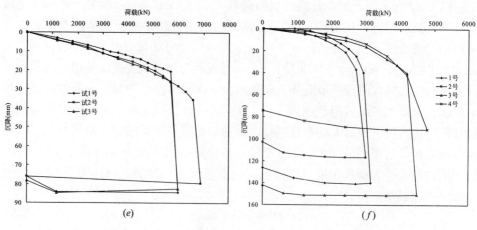

图 3-2　水泥土复合管桩竖向荷载-沉降曲线（二）

（e）济宁诚信苑工程；（f）东营万方广场工程

从图 3-2 中可以看出，水泥土复合管桩在达到极限状态之前沉降量相对较小，竖向荷载-沉降（Q-s）曲线呈缓变型，如聊城月亮湾工程 1-9 号、1-58 号、1-88 号、4-11 号、4-73 号、4-104 号。竖向荷载作用下水泥土复合管桩破坏模式研究结果表明除东营万方广场工程 1 号～4 号试验桩为桩周土破坏，多数情况下为桩身材料破坏，即管桩破坏、或外围水泥土破坏、或两者的渐进破坏。因此，当水泥土复合管桩达到破坏荷载后，由于桩身材料破坏或桩周土破坏，沉降急剧增大，竖向荷载-沉降曲线发生明显陡降，相应的沉降-时间对数（s-lgt）曲线尾部出现明显向下弯曲。

根据上述静载试验中沉降随荷载、时间的变化特征以及相应的单桩破坏模式，在确定水泥土复合管桩的单桩竖向抗压极限承载力时除应符合《建筑基桩检测技术规范》JGJ 106—2014[8] 的有关规定外，还需注意遵循以下两点要求：

（1）对直径不小于 800mm 的水泥土复合管桩，Q-s 曲线呈缓变型时，单桩竖向极限承载力可取 s/D（D 为水泥土复合管桩直径）等于 0.05 对应的荷载值。

（2）为偏于安全，避免出现桩身材料破坏，按《建筑基桩检测技术规范》JGJ 106—2014[8] 相关规定确定的单桩竖向抗压极限承载力值，其对应的沉降不宜大于 0.05D。

按此单桩竖向抗压极限承载力确定方法，以上济南、聊城、济宁、东营等地 27 根水泥土复合管桩的单桩竖向抗压极限承载力及对应沉降详见表 3-1。

将济南黄河北试验中截面尺寸和桩长相同的水泥土复合管桩、泥浆护壁钻孔灌注桩、水泥土桩实测单桩竖向抗压极限承载力进行对比，见表 3-2～表 3-5；相应的各试验桩的竖向荷载-沉降曲线见图 3-3。为便于比较，也将在该场地分别与

3 号、11 号、18 号水泥土复合管桩所使用的管桩规格尺寸相同的 14 号、13 号、20 号管桩试验结果列入表 3-3～表 3-5 和图 3-3 中。

水泥土复合管桩的单桩竖向抗压静载试验结果　　　表 3-1

试验名称	桩号	单桩竖向抗压 极限承载力(kN)	对应沉降(mm)
济南黄河北试验	7 号	2483	40.00
	8 号	2570	40.00
	3 号	3498	50.00
	4 号	5040	47.36
	11 号	6100	34.32
	12 号	7675	60.00
	18 号	11700	53.42
	19 号	10800	54.64
聊城月亮湾工程试验	试 3 号	6300	22.87
	试 4 号	6600	33.99
	试 5 号	6900	36.38
	试 6 号	5400	17.86
	1-9 号	7700	25.94
	1-58 号	7700	29.93
	1-88 号	7700	25.01
	1-105 号	9519	50.00
	4-11 号	7000	49.76
	4-73 号	7700	21.63
	4-104 号	7700	26.05
	4-137 号	7220	50.00
济宁诚信苑工程试验	试 1 号	5700	20.61
	试 2 号	6600	35.55
	试 3 号	5700	26.03
东营万方广场工程试验	1 号	2925	39.77
	2 号	2700	37.17
	3 号	4200	40.40
	4 号	4200	42.04

直径 0.8m-桩长 12m 各桩型承载力对比　　　表 3-2

桩号	桩型	直径(m)	桩长(m)	极限承载力(kN)	极限承载力比值
5 号	水泥土桩	0.8	12	1280	2.01
6 号	灌注桩	0.8	12	1377	1.87
7 号	水泥土复合管桩	0.8	12(6)	2483	1.04
8 号	水泥土复合管桩	0.8	12(8)	2570	1.00

直径 1.0m-桩长 16m 各桩型承载力对比　　　　　　　　表 3-3

桩号	桩型	直径(m)	桩长(m)	极限承载力(kN)	极限承载力比值
14 号	管桩	0.4	9	900	3.89 *
1 号	水泥土桩	1.0	16	1440	3.50
2 号	灌注桩	1.0	16	2400	2.10
3 号	水泥土复合管桩	1.0	16(9)	3498	1.44
4 号	水泥土复合管桩	1.0	16(12)	5040	1.00

直径 1.2m-桩长 21m 各桩型承载力对比　　　　　　　　表 3-4

桩号	桩型	直径(m)	桩长(m)	极限承载力(kN)	极限承载力比值
13 号	管桩	0.5	12	1680	3.63 *
9 号	水泥土桩	1.13	21	2800	2.74
10 号	灌注桩	1.2	21	4250	1.81
11 号	水泥土复合管桩	1.2	21(12)	6100	1.26
12 号	水泥土复合管桩	1.2	21(16)	7675	1.00

直径 1.5m-桩长 25m 各桩型承载力对比　　　　　　　　表 3-5

桩号	桩型	直径(m)	桩长(m)	极限承载力(kN)	极限承载力比值
20 号	管桩	0.6	15	2400	4.88 *
16 号	水泥土桩	1.5	25	2400	4.50
17 号	灌注桩	1.5	25	7000	1.54
18 号	水泥土复合管桩	1.5	25(15)	11700	0.92
19 号	水泥土复合管桩	1.5	25(18)	10800	1.00

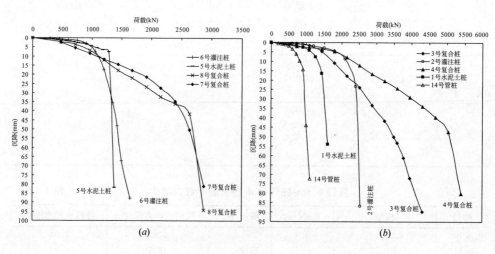

图 3-3　不同桩型竖向荷载-沉降曲线对比（一）

（*a*）直径 800mm-桩长 12m；（*b*）直径 1000mm-桩长 16m

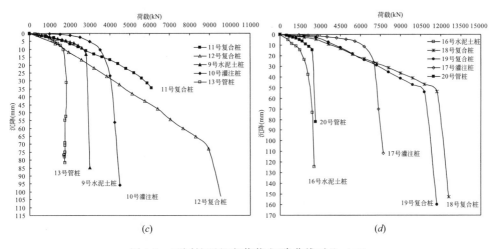

图 3-3 不同桩型竖向荷载-沉降曲线对比（二）

（c）直径 1200mm-桩长 21m；（d）直径 1500mm 桩长 25m

从图 3-3 中可看出济南黄河北各试验桩除 11 号水泥土复合管桩外竖向荷载-沉降曲线均为陡降型，这说明各桩桩侧与桩端的岩土阻力都已达到极限状态。前面已说明在最大竖向荷载作用下 11 号水泥土复合管桩也达到极限状态，因此这些试验桩的单桩竖向抗压极限承载力实测值可用来进行同条件下的单桩承载力比对。

表 3-2～表 3-5 中极限承载力比值分别为 8 号、4 号、12 号、19 号桩与对应表内水泥土桩、灌注桩、水泥土复合管桩的极限承载力之比，带 * 的极限承载力比值则分别为 3 号、11 号、18 号桩与对应表内管桩的极限承载力之比。

从表 3-2～表 3-5 中可以看出，在相同地层条件下，当在相同截面尺寸和桩长包括桩身质量近似的水泥土桩中同心植入一定规格的管桩构成水泥土复合管桩后，其单桩承载力得到了大幅度的提高。与同尺寸水泥土桩相比，极限承载力比值为 2.01～4.50，平均 3.19；与同尺寸泥浆护壁钻孔灌注桩相比，极限承载力比值为 1.54～2.10，平均 1.83；与管桩相比，极限承载力比值为 3.63～4.88，平均 4.13。这一方面说明水泥土桩破坏并非是其桩侧与桩端的土阻力达到极限状态，而是桩身材料强度偏低导致的过早破坏，这是水泥土桩承载力偏低的主要原因。另一方面泥浆护壁钻孔灌注桩承载力偏低是由于施工中泥浆护壁等原因导致桩土接触面的摩擦阻力较低引起的，这也证明了水泥土与土接触面之间的摩阻力大于泥浆护壁钻孔灌注桩与土接触面之间的摩阻力。桩身内力测试结果也表明水泥土复合管桩极限侧阻力是相同地层条件下泥浆护壁钻孔灌注桩的 1.45～1.98 倍。在表 3-2～表 3-5 中位于同一表格中的 2 根水泥土复合管桩，具有相同的外形尺寸，但植入水泥土中的管桩长度分别为桩长的 0.5～0.6、0.67～0.76。比较上

41

述表中水泥土复合管桩的单桩承载力，极限承载力比值为 0.92～1.44，平均 1.17，这说明水泥土复合管桩的单桩极限承载力随植入水泥土中的管桩长度增加总体上呈增加趋势。

综上所述，在竖向荷载作用下，水泥土复合管桩在达到极限状态之前沉降量相对较小，荷载-沉降（Q-s）曲线呈缓变型；当桩身材料破坏或桩周土破坏，沉降急剧增大，荷载-沉降曲线发生明显陡降。

与相同规格尺寸的水泥土桩、灌注桩相比，水泥土复合管桩通过在水泥土桩中插入强度较高的管桩，提高了桩身材料强度，同时又发挥了水泥土与土接触面之间较大的摩阻力，单桩极限承载力得到显著提高。

水泥土与土接触面之间的摩阻力大于泥浆护壁钻孔灌注桩与土接触面之间的摩阻力，这是水泥土复合管桩技术存在与发展的重要理论基础。通过优化选择水泥土与管桩的结构尺寸及材料强度，达到水泥土复合管桩的桩身承载力与水泥土—土接触面摩阻力的最佳匹配，同时满足上部荷载要求，由此水泥土复合管桩可向大直径、长桩、高承载力的方向发展。

3.2.2 破坏模式

在对水泥土复合管桩进行单桩竖向抗压静载试验时，分别采用了三种竖向荷载加载模式，各加载模式的具体要求详见本书第 2 章。加载模式不同，水泥土复合管桩中的水泥土部分与管桩部分对于竖向荷载则有着不同的荷载分担比，相互之间的应力比也不相同，相应地水泥土复合管桩呈现不同的破坏模式。

为分析总结不同竖向荷载加载模式下水泥土复合管桩的破坏模式，对济南黄河北、聊城月亮湾工程、济宁诚信苑工程、东营万方广场工程中试验桩的破坏情况进行了统计，详见表 3-6，试验后的现场图片如图 3-4～图 3-9 所示。济南黄河北 4 号试验桩共进行了两次单桩竖向抗压静载试验，第一次采用加载模式二，试验后经开挖发现仅桩头部位的水泥土发生破碎而管桩未遭到破坏。清理完桩头破碎水泥土 20 天后，在该试验桩上按加载模式一再次进行单桩竖向抗压静载试验。为便于区别，表 3-6 中按试验次序将济南黄河北 4 号试验桩分别称为 4 号-1 桩和 4 号-2 桩。

水泥土复合管桩的试验破坏情况 表 3-6

试验名称	桩号	加载模式	破坏情况	破坏荷载对应沉降（mm）
济南黄河北试验	7 号	加载模式二	水泥土桩头破碎	81.87
	8 号	加载模式二	水泥土桩头破碎，距桩顶 0.13m 处管桩被压碎	94.28
	3 号	加载模式二	水泥土桩身出现竖向裂缝	89.62

续表

试验名称	桩号	加载模式	破坏情况	破坏荷载对应沉降(mm)
济南黄河北试验	4号-1	加载模式二	水泥土桩头破碎	80.14
	4号-2	加载模式一	距桩顶0.36m处管桩被压碎	68.92
	11号	加载模式二	水泥土桩身出现竖向裂缝	34.32
	12号	加载模式二	水泥土桩头破碎,距桩顶0.40m处管桩被压碎	105.47
	18号	加载模式二	水泥土桩头破碎,距桩顶0.08m处管桩被压碎	152.63
	19号	加载模式二	水泥土桩头破碎,距桩顶0.10m处管桩被压碎	160.08
聊城月亮湾工程试验	试4号	加载模式三	距桩顶1.10m处管桩斜向剪切,水泥土被挤裂,出现放射状裂缝	71.24
	试5号	加载模式三	距桩顶0.40m处管桩斜向剪切,水泥土被挤裂,出现放射状裂缝	73.69
	试6号	加载模式一	距桩顶0.60m范围内管桩被压碎,水泥土被挤裂,出现放射状裂缝	57.63
济宁诚信苑工程试验	试1号	加载模式三	距桩顶1.00m范围内管桩斜向剪切,水泥土破碎	84.37
	试2号	加载模式三	管桩桩身出现竖向裂缝,水泥土破碎	79.56
	试3号	加载模式三	距桩顶0.50m~2.00m范围内管桩斜向剪切,水泥土破碎	82.51
东营万方广场工程试验	1号	加载模式三	桩周土破坏	140.02
	2号	加载模式三	桩周土破坏	113.79
	3号	加载模式三	桩周土破坏	150.92
	4号	加载模式三	桩周土破坏	91.34

　　采用加载模式一时,竖向荷载全部由水泥土复合管桩中的管桩部分承担,当它超过管桩桩身承载力时,管桩桩头被压碎,如济南黄河北试验4号-2桩、聊城月亮湾工程试6号桩;继续加载时水泥土被挤裂,出现放射状裂缝,如图3-4(b)所示。

　　采用加载模式二时,测试结果表明30%以上的竖向荷载由水泥土复合管桩中的水泥土部分承担,管桩与水泥土应力比为5~13。与加载模式三相比,水泥土部分承担的竖向荷载比例相对较大,由于水泥土强度远低于管桩强度,因此在

(a)

(b)

图 3-4 加载模式一水泥土复合管桩的试验破坏情况

(a) 济南黄河北试验 4 号-2 桩；(b) 聊城月亮湾工程试 6 号桩

竖向荷载作用下水泥土部分首先被压碎或出现竖向裂缝，如济南黄河北试验 7 号桩、4 号-1 桩、3 号桩、11 号桩（图 3-5）；随着桩头水泥土产生破坏，继续加载时，水泥土部分承担的荷载迅速向管桩集中，当管桩承担荷载超过其桩身承载力时，出现管桩被压碎的破坏模式，如济南黄河北试验 8 号桩、12 号桩、18 号桩、19 号桩（图 3-6）。

采用加载模式三时，测试结果表明 70% 以上的竖向荷载由水泥土复合管桩中的管桩部分承担，管桩与水泥土应力比为 11～35。根据桩周土阻力与桩身材料强度分别提供的单桩承载力大小的差异，水泥土复合管桩存在下列两种破坏模式：

（1）当桩周土阻力提供承载力大于桩身材料强度提供承载力时，由于管桩承

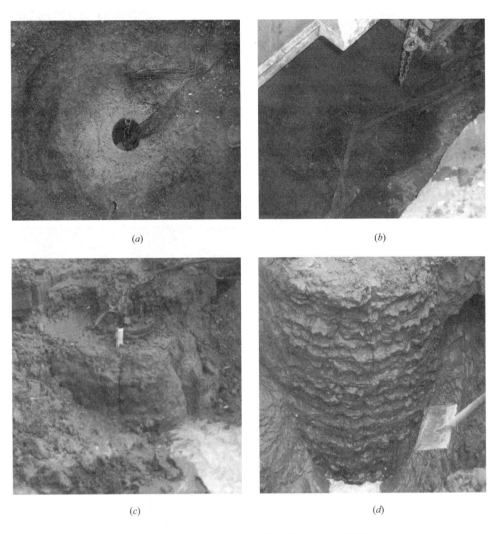

图 3-5 加载模式二水泥土复合管桩的试验破坏情况（一）

(*a*) 济南黄河北试验 7 号桩；(*b*) 济南黄河北试验 4 号-1 桩；

(*c*) 济南黄河北试验 3 号桩；(*d*) 济南黄河北试验 11 号桩

担较大比例的竖向荷载，因此管桩首先出现剪切破坏，接着管桩承担的荷载迅速向水泥土部分集中，进而挤裂水泥土部分，如聊城月亮湾工程试 4 号桩、试 5 号桩、济宁诚信苑工程试 1 号桩～试 3 号桩（图 3-7、图 3-8）。

（2）单桩静载试验结束后通过开挖检查东营万方广场工程的试验桩（图 3-9），发现管桩与水泥土均未发生破坏，两者之间胶结仍然良好，管桩—水泥土界面也未发生滑移破坏。这说明该工程试验桩破坏非桩身材料强度不足造成的，水泥土复合管桩整体与桩侧土产生过大的相对沉降。因此，在竖向荷载加载模式

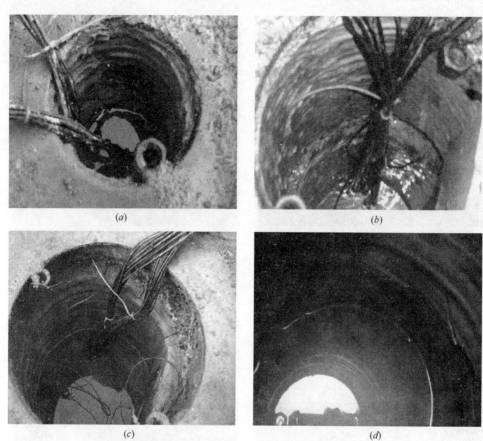

图3-6 加载模式二水泥土复合管桩的试验破坏情况（二）
（a）济南黄河北试验8号桩；（b）济南黄河北试验12号桩；
（c）济南黄河北试验18号桩；（d）济南黄河北试验19号桩

(a)

图3-7 加载模式三聊城月亮湾工程水泥土复合管桩的试验破坏情况（一）
（a）试4号桩

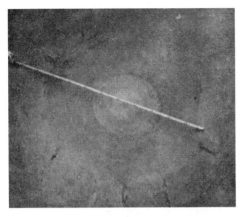

(b)

图 3-7 加载模式三聊城月亮湾工程水泥土复合管桩的试验破坏情况（二）

(b) 试 5 号桩

(a)　　　　　　　　　　(b)　　　　　　　　　　(c)

图 3-8 加载模式三济宁诚信苑工程水泥土复合管桩的试验破坏情况

(a) 试 1 号桩；(b) 试 2 号桩；(c) 试 3 号桩

三作用下，当桩周土阻力提供承载力小于桩身材料强度提供承载力时，水泥土复合管桩呈现桩周土破坏模式，与灌注桩等刚性桩的常见破坏模式一致。

在表 3-6 水泥土复合管桩各种破坏情况中，绝大多数为桩身材料破坏，或管桩破坏、或水泥土破坏、或两者的渐进式破坏，而管桩—水泥土界面未发生剪切破坏。这说明水泥土和管桩共同承担竖向荷载，在一般情况下桩周土阻力提供承载力大于桩身材料强度提供承载力，水泥土复合管桩以桩身强度控制单桩承载力。因此，在单桩承载力设计时，不仅需要计算桩周土和桩端土对桩提供的支承

(a)　　　　　　　　　　　　　　　　(b)

图 3-9　加载模式三东营万方广场工程水泥土复合管桩的试验破坏情况
（a）管桩与水泥土胶结情况；（b）桩头情况

阻力，而且必须根据不同竖向荷载加载模式作用下的破坏特点来验算水泥土复合管桩的桩身承载力。如采用竖向荷载加载模式三时，相比水泥土，管桩应力先达到其材料强度，即管桩先破坏。为避免管桩与水泥土的渐进式破坏，让两者共同承担上部竖向荷载，需按管桩材料强度控制水泥土复合管桩的桩顶轴向受压承载力设计值，同时对水泥土强度下限值提出相应的要求。

　　通过以上分析，水泥土复合管桩在不同竖向荷载加载模式作用下会出现如表3-7所示的 5 种破坏模式。在设计、施工时，应根据水泥土复合管桩的使用要求及特点，选择相应的破坏模式进行有针对性地验算并采取适当的施工措施。

水泥土复合管桩破坏模式　　　　　　　　　　　表 3-7

加载模式	破坏模式
加载模式一	（Ⅰ）管桩破坏
加载模式二	（Ⅱ）水泥土破坏、管桩未破坏
	（Ⅲ）水泥土与管桩渐进破坏
加载模式三	（Ⅳ）管桩与水泥土渐进破坏
	（Ⅴ）桩周土破坏

3.2.3　荷载分担比与应力比

　　水泥土复合管桩是由水泥土和包裹其中的管桩复合而成，在竖向荷载作用下，由于在材料性质、受力面积上的差异，加之受加载模式影响，管桩和水泥土对于桩顶荷载的分担比例是不一致的，相应地管桩与水泥土的应力比（以下简称"应力比"）也有很大的区别。因此研究确定两者的荷载分担比与应力比，有利于建立水泥土复合管桩在不同加载模式下以管桩强度或水泥土强度控制的桩身承载力计算公式，对分析水泥土复合管桩承载性状具有重要作用。

在济南黄河北、聊城月亮湾、济宁诚信苑、东营万方广场等工程进行的水泥土复合管桩单桩竖向抗压静载试验时，通过埋设土压力盒测试了管桩与水泥土的荷载分担比与应力比，以下对测试结果作一简要介绍。

表 3-8 为济南黄河北试验中 8 根水泥土复合管桩在加载模式二下管桩与水泥土的荷载分担比与应力比，从中可看出，除 3 号、4 号桩由于土压力盒埋设原因导致测试结果略有离散外，其他水泥土复合管桩中水泥土部分承担 30% 以上的桩顶竖向荷载，相应的应力比为 5～13。试验前在水泥土复合管桩桩头铺设了厚度为 200mm～250mm 的级配砂石垫层，竖向荷载加载模式二相当于柔性荷载整体施加在水泥土复合管桩上，级配砂石垫层起到了调整管桩和水泥土对桩顶荷载分担比的作用。因此，与加载模式三下的测试结果相比，水泥土承担的竖向荷载比例相对较大，而管桩和水泥土应力比则相对较小。

加载模式二下管桩与水泥土荷载分担比与应力比　　　　　　表 3-8

桩号	极限承载力(kN)	荷载分担比例(%)		应力比
		管桩	水泥土部分	
7 号	2483	36	64	5
8 号	2570	40	60	6
3 号	3498	74	26	21
4 号	5040	77	23	24
11 号	6100	64	36	13
12 号	7675	51	49	8
18 号	11700	49	51	8
19 号	10800	59	41	11

表 3-9 为聊城月亮湾工程、济宁诚信苑工程、东营万方广场工程中水泥土复合管桩在加载模式三下管桩与水泥土的荷载分担比与应力比，从中可看出，管桩承担 70% 以上的荷载，相应地管桩与水泥土应力比为 11～35。试验前在水泥土复合管桩桩头铺设厚度约 20mm～30mm 的中粗砂找平层或者浇筑厚度 100mm 的 C20 混凝土垫层，竖向荷载加载模式三相当于刚性荷载整体施加在水泥土复合管桩上。试验研究结果表明水泥土复合管桩的管桩—水泥土界面未发生剪切滑移，水泥土和管桩能共同承担竖向荷载。因此，在刚性加载模式下，管桩与水泥土变形符合等应变假定，管桩与水泥土荷载应力比可近似取两者的弹性模量之比。总体来说水泥土质量越差，水泥土弹性模量越低，管桩承担荷载比例越大，

例如东营万方广场工程试验中1号、2号、3号桩头位于杂填土中，水泥土质量较差，管桩承担95%以上的荷载。

加载模式三下管桩与水泥土荷载分担比与应力比 　　　　　　　表 3-9

试验名称	桩号	极限承载力（kN）	荷载分担比例（%）		应力比
			管桩	水泥土	
聊城月亮湾工程试验	试 3 号	6300	86	14	32
	试 4 号	6600	82	18	24
	试 5 号	6900	78	22	19
	4-104 号	7700	89	11	24
	4-137 号	7220	92	8	35
济宁诚信苑工程试验	试 1 号	5700	88	12	22
	试 2 号	6600	78	22	11
东营万方广场工程试验	1 号	2925	97	3	—
	2 号	2700	95	5	—
	3 号	4200	98	2	—
	4 号	4200	83	17	23

聊城月亮湾工程 4-104 号、4-137 号桩在加载模式三下管桩与水泥土荷载分担比测试结果表明，两者对桩顶荷载的分担比例并非一成不变，而是随着桩顶荷载增加呈动态变化，如图 3-10 所示。需要说明的是，表 3-8 与表 3-9 中的管桩与水泥土荷载分担比与应力比所对应的桩顶竖向荷载为各试验桩的单桩极限荷载。

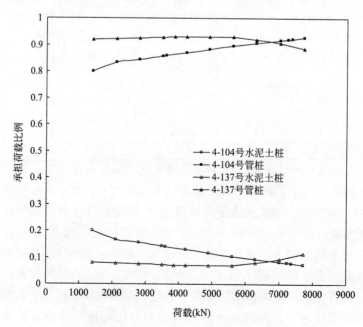

图 3-10　管桩与水泥土荷载分担比变化

以上水泥土复合管桩中的管桩与水泥土荷载分担比与应力比实测结果表明，两者的荷载分担比受加载模式、材料性质、受力面积的影响，并随着桩顶荷载增加呈动态变化。加载模式二下，水泥土部分承担 30％以上的荷载，管桩与水泥土应力比为 5～13，级配砂石垫层起到了调整管桩和水泥土荷载分担比的作用。加载模式三下，管桩承担 70％以上的荷载，管桩与水泥土应力比为 11～35。管桩与水泥土变形符合等应变假定，管桩与水泥土荷载应力比可近似取两者的弹性模量之比。

3.2.4 荷载传递规律

对于水泥土复合管桩而言，桩身结构从纵向上可分为有管桩段与无管桩段，桩身材料上部由管桩和水泥土复合而成，下部则由单一水泥土构成。水泥土复合管桩中的管桩部分在分担上部竖向荷载时，部分荷载需要通过管桩—水泥土界面横向经由水泥土最终传递至桩侧土中，其余荷载则由管桩底端处的水泥土承担。由于以上水泥土复合管桩自身的结构与材料组成特点，作用在桩顶的竖向荷载，经桩身通过桩侧土和桩端土向下传递荷载时，与灌注桩、管桩、水泥土桩等单一材料构成的桩相比，呈现出不同的荷载传递规律。

了解水泥土复合管桩在竖向荷载作用下的桩土体系荷载传递规律是进行该桩型研究、设计及复杂问题处理的基础。为此，在济南黄河北 7 号、8 号、3 号、4 号、11 号、12 号、18 号、19 号共 8 根水泥土复合管桩中的水泥土部分与管桩部分分别埋设了内力测试装置，单桩竖向抗压静载试验时通过测试桩顶分级荷载下的水泥土和管桩的各自应变，研究了水泥土复合管桩桩身轴力的分布、管桩底部及水泥土复合管桩底部的荷载传递比、水泥土复合管桩的桩侧阻力与端阻力、管桩与水泥土界面阻力的发挥度。为比较同条件下其他桩型的荷载传递规律，在济南黄河北还对 4 根灌注桩、3 根管桩、4 根水泥土桩进行了桩身内力测试。下面将水泥土复合管桩的有关桩身内力测试结果逐一进行介绍。

3.2.4.1 轴力分布

济南黄河北 8 根水泥土复合管桩在桩顶竖向分级荷载作用下的桩身轴力分布如图 3-11 所示。

从图 3-11 可看出，各试验桩的桩身轴力沿深度总体上呈减小趋势。当桩顶竖向荷载较小时，轴力沿深度基本呈同一速率衰减；随着桩顶竖向分级荷载增大，轴力分布在有管桩段与无管桩段有明显的区别，出现不同的衰减速率，其中无管桩范围内轴力衰减最快。

下面以 4 号桩为例来说明水泥土复合管桩与灌注桩、水泥土桩、管桩等其他桩型在荷载传递规律上的异同点。为便于比较，在济南黄河北试验场地选择与 4 号桩有着相同规格尺寸的 2 号灌注桩、1 号水泥土桩，以及与 4 号桩所植入的管

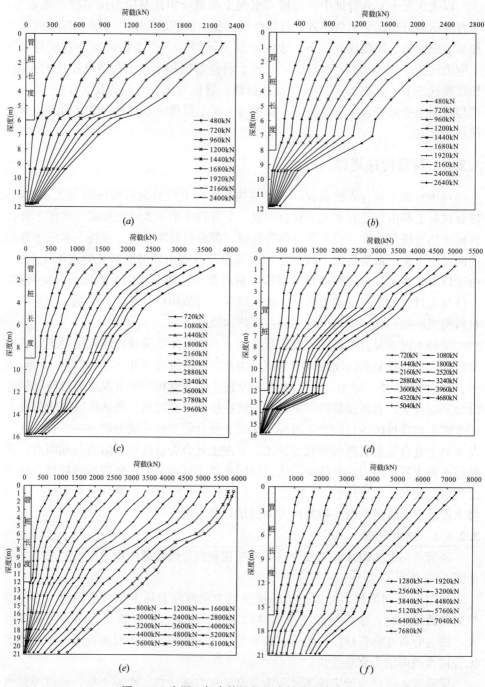

图 3-11 水泥土复合管桩的桩身轴力分布（一）

（a）7 号桩；（b）8 号桩；（c）3 号桩；（d）4 号桩；

（e）11 号桩；（f）12 号桩

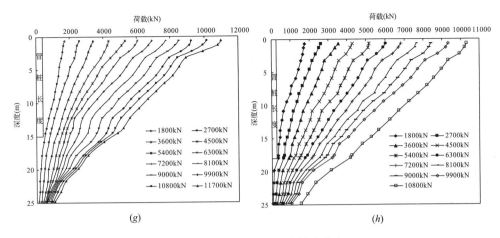

图 3-11　水泥土复合管桩的桩身轴力分布（二）

（g）18 号桩；（h）19 号桩

桩具有相同直径、壁厚的 14 号管桩。图 3-12（a）、（b）、（c）分别为 2 号灌注桩、1 号水泥土桩、14 号管桩在桩顶竖向分级荷载作用下的桩身轴力分布，图 3-12（d）则为极限荷载下 4 号桩中的管桩部分与水泥土部分的轴力各自沿深度分布，以及它们轴力的合成图。从图 3-12 中可看出，灌注桩、水泥土桩、管桩等单一材料构成的桩，其轴力衰减沿深度方向没有出现明显的分段现象，轴力从桩顶到桩端分布可近似为一直线。而在水泥土复合管桩上部，水泥土复合管桩轴力主要受管桩部分荷载传递规律控制；在管桩底端附近由于应力集中等因素，水泥土复合管桩轴力受管桩与水泥土部分的荷载传递规律相互影响；而在管桩底端以下，

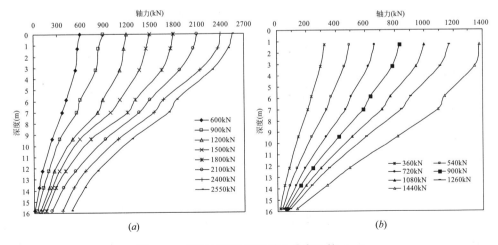

图 3-12　不同桩型的桩身轴力分布比较（一）

（a）2 号灌注桩；（b）1 号水泥土桩

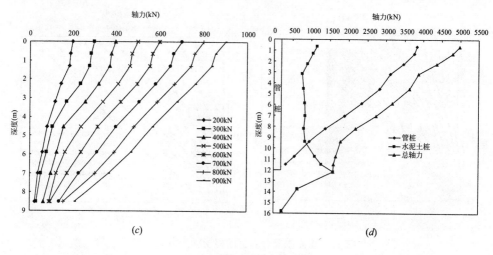

图 3-12　不同桩型的桩身轴力分布比较（二）

（*c*）14 号管桩；（*d*）4 号桩轴力合成

由于桩身材料为单一的水泥土，荷载传递规律与水泥土桩荷载传递规律类似。以上分析表明，水泥土复合管桩轴力在有管桩段与无管桩段可近似看成两段直线，即折线分布，拐点在管桩底端。这与其他桩型在轴力分布上存在明显的差异，其主要原因在于水泥土复合管桩材料组成复杂，上部由管桩和水泥土复合而成，下部则由单一水泥土构成。

结合数值分析结果，需要指出的是水泥土复合管桩轴力在无管桩段的衰减速率受水泥土强度及水泥土与管桩的长度比控制。当水泥土强度较低或当水泥土与管桩长度比超过某一限值时，轴力衰减速率较快，荷载传递规律类似柔性桩-半刚性桩；反之，在管桩底端以下的水泥土桩范围内轴力衰减速率则较慢，其轴力分布与灌注桩等刚性桩相类似。在济南黄河北试验中水泥土采用高喷搅拌法施工，水泥品种 P.O42.5，水泥掺量不小于 30%，通过对其中 8 根水泥土复合管桩及 4 根水泥土桩进行水泥土强度钻芯法检测，水泥土芯样完整，水泥土芯样抗压强度平均值在 5.6MPa～14.6MPa 范围内（图 3-13），远大于通过干法与湿法施工的水泥土搅拌桩抗压强度。因此，通过优化选择水泥土与管桩的结构尺寸及水泥土强度基础上所形成的水泥土复合管桩，在管桩底端以下单一水泥土段荷载传递规律呈现出刚性桩特性。

为进一步研究济南黄河北地层条件下水泥土复合管桩及其他比对桩型的承载性状，以桩身轴力与桩顶竖向分级荷载之比、深度与桩长之比对该场地各试验桩的轴力分布进行了归一化处理，得到了相应的荷载传递比沿深度分布规律（图 3-14）。为简化内容需要，图 3-14 中仅有 4 号水泥土复合管桩、2 号灌注桩、1 号水泥土桩、14 号管桩，其他试验桩的荷载传递比分布与它们类似。

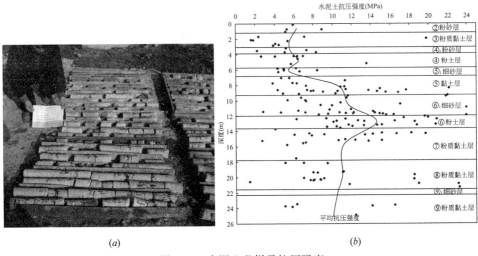

图 3-13 水泥土芯样及抗压强度

（a）现场水泥土芯样；（b）水泥土抗压强度

从图 3-14 中可看出，4 号水泥土复合管桩、2 号灌注桩、1 号水泥土桩、14 号管桩的荷载传递比均沿深度逐渐减小，但水泥土复合管桩在管桩底端以下单一水泥土段荷载传递比则迅速衰减。根据上述水泥土复合管桩轴力分布特点，极限荷载下管桩底端与水泥土复合管桩底端的荷载传递比测试结果见表 3-10。从中可看出，对水泥土复合管桩而言，管桩底端处荷载传递比在 0.32~0.57 范围内，而水泥土复合管桩底端处荷载传递比在 0.04~0.26 范围内，多数在 0.04~0.14 范围内。可见，在济南黄河北试验场地，属于软弱地层，在承载能力极限状态下，桩顶竖向荷载基本上由桩侧摩阻力承担，桩端仅承受较小的一部分荷载，水

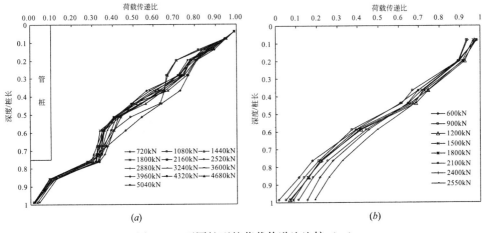

图 3-14 不同桩型的荷载传递比比较（一）

（a）4 号桩；（b）2 号灌注桩

55

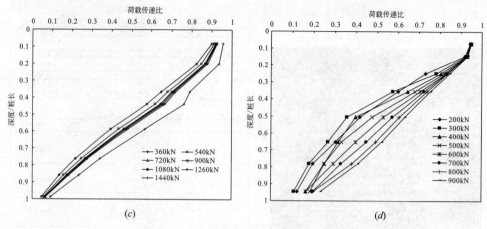

图 3-14 不同桩型的荷载传递比比较（二）

（c）1 号水泥土桩；（d）14 号管桩

泥土复合管桩按承载性状分类属于摩擦桩。该场地 2 号灌注桩在极限荷载下的桩端荷载传递比为 0.15，同样的 1 号水泥土桩为 0.09，14 号管桩为 0.23，它们也属于摩擦型桩。

水泥土复合管桩荷载传递比

表 3-10

试验 名称	桩号	l/L	d/D	荷载传递比	
				管桩底端	水泥土复合管桩底端
济南黄河北试验	7 号	0.50	0.375	0.45	0.06
	8 号	0.67	0.375	0.48	0.06
	3 号	0.56	0.4	0.41	0.08
	4 号	0.75	0.4	0.32	0.04
	11 号	0.57	0.42	0.57	0.20
	12 号	0.76	0.42	0.49	0.26
	18 号	0.60	0.40	0.42	0.09
	19 号	0.72	0.40	0.39	0.14

通过以上试验研究成果，水泥土复合管桩在桩顶竖向荷载作用下轴力按折线分布，拐点在管桩底端。通过优化匹配水泥土与管桩技术参数组合所形成的水泥土复合管桩，荷载传递规律整体上呈现出刚性桩特性。在软弱地层条件下，水泥土复合管桩按承载性状分类属于摩擦桩。

3.2.4.2 侧阻力

在水泥土复合管桩桩土体系荷载传递过程中，当桩顶施加荷载后，水泥土复合管桩中的管桩所分担的部分荷载将通过管桩—水泥土界面传递荷载至水泥土部分，然后由水泥土—土界面和水泥土复合管桩桩端传递至土；同时水泥土所分担的荷载也通过水泥土—土界面和水泥土复合管桩桩端传递至土。由此看出，为了解水泥土复合管桩的荷载传递规律，尚需研究水泥土—土界面、管桩—水泥土界面的力学性能及影响因素。

水泥土—土界面为水泥土复合管桩与桩侧土接触面，在竖向荷载作用下，水泥土复合管桩的桩身材料产生压缩，桩侧土抵抗向下位移而在水泥土—土界面产生向上的摩擦阻力，将该界面提供的摩擦阻力定义为水泥土复合管桩的桩侧阻力。

管桩—水泥土界面为管桩桩侧与水泥土的接触面，该界面为抵抗管桩相对水泥土向下位移而产生粘结阻力，使得管桩与水泥土能够共同协调变形，把管桩分担的大部分荷载有效地传递至水泥土中，充分发挥水泥土—土界面提供的桩侧阻力，这是水泥土与管桩能够有效复合共同承担上部荷载的工作基础。

（1）水泥土—土界面

根据济南黄河北 8 根水泥土复合管桩在每级试验荷载下的桩身轴力分布（图 3-11）及微单元静力平衡原理，可计算得到分级荷载下桩侧土的分层侧阻力值。以济南黄河北试验 4 号桩为例，每级试验荷载下的桩侧阻力分布如图 3-15 所示。极限荷载下 8 根水泥土复合管桩的桩侧阻力测试值详见表 3-11。

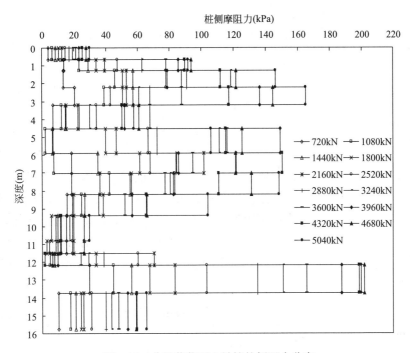

图 3-15 分级荷载下 4 号桩的侧阻力分布

从上述测试结果中可看出，桩侧阻力随着桩顶荷载的增加自上而下逐渐发挥，桩侧极限摩阻力实质上是全部桩侧土所能稳定承受的最大摩阻力。不同地层之间的桩侧阻力测试值差异较大，对于同一地层，不同试验桩的桩侧阻力测试值也有较大的变化。究其原因，作者认为可从以下两个方面考虑。第一，计算侧阻力时水泥土成桩直径、水泥土弹性模量假定为某一定值与实际情况不符。水泥土采用高喷搅拌法施工，受地层条件、施工设备及工艺参数等因素的影响，不同地层上的水泥土成桩直径实际上是变化的，例如在较软土中水泥土成桩直径会偏大，浆液喷射时间较长也会造成直径扩大。另外由于地层条件、搅拌均匀程度、水泥掺入量等因素影响，水泥土弹性模量在纵向和横向维度上也是变化的。第二，济南黄河北试验中各水泥土复合管桩在极限荷载下均为桩身材料破坏，桩侧阻力尚未充分发挥，并且其发挥程度在不同试验桩表现也不一致。这也是导致表3-11中桩侧阻力值变化的主要原因。换言之，水泥土复合管桩的桩侧阻力测试值不是理论极限值，而是与桩身材料强度对应的小于理论极限侧阻力的某个值。

极限荷载下水泥土复合管桩的桩侧阻力 表 3-11

土层	桩侧阻力（kPa）									
	7 号	8 号	3 号	4 号	11 号	12 号	18 号	19 号	平均值	标准值
②粉砂	65	74	176	61	50	102	148	98	97	67
③粉质黏土	86	105	102	155	28	85	208	98	108	72
④粉土	128	67	48	81	54	72	61	60	71	54
⑤₁细砂	88	15	48	121	115	86	91	67	79	55
⑤黏土	62	134	32	125	76	85	89	84	86	64
⑥₁细砂	54	63	46	21	52	46	81	76	55	42
⑥粉土	—	—	38	199	66	40	51	80	79	29
⑦粉质黏土	—	—	72	65	67	50	109	72	73	56
⑧粉质黏土	—	—	—	61	79	75	103	80	—	
⑨粉质黏土	—	—	—	—	—	46	54	50		

为了对水泥土复合管桩桩侧阻力有进一步的认识，将济南黄河北试验各水泥土复合管桩、泥浆护壁钻孔灌注桩、管桩、水泥土桩的极限侧阻力测试值列于表3-12中并进行了比较。从表中可以看出，水泥土复合管桩桩侧土的分层侧阻力平均值均比同一场地下灌注桩、管桩、水泥土桩相应值大，分别为泥浆护壁钻孔灌注桩的1.10倍～4.85倍，为管桩的1.00倍～1.73倍，为水泥土桩的1.72倍～8.31倍。

济南黄河北试验不同桩型的极限侧阻力值比较 表 3-12

土层	水泥土复合管桩 q_1(kPa)	灌注桩 q_2(kPa)	管桩 q_3(kPa)	水泥土桩 q_4(kPa)	q_1/q_2	q_1/q_3	q_1/q_4
②粉砂	97	20	56	37	4.85	1.73	2.62
③粉质黏土	108	82	69	13	1.32	1.57	8.31
④粉土	71	51	65	26	1.39	1.09	2.73

续表

土层	水泥土复合管桩 q_1(kPa)	灌注桩 q_2(kPa)	管桩 q_3(kPa)	水泥土桩 q_4(kPa)	q_1/q_2	q_1/q_3	q_1/q_4
⑤₁细砂	79	51	62	19	1.55	1.27	4.16
⑤黏土	86	44	86	21	1.95	1.00	4.10
⑥₁细砂	55	50	50	32	1.10	1.10	1.72
⑥粉土	79	51	65	19	1.55	1.22	4.16
⑦粉质黏土	73	27	52	30	2.70	1.40	2.43
⑧粉质黏土	80	22	—	32	3.64	—	2.50
⑨粉质黏土	50	37	—	26	1.35	—	1.92

在济南黄河北试验中水泥土复合管桩、水泥土桩两种桩型的桩土界面均为水泥土—土界面，水泥土施工时所采用的机械设备、工艺及参数均相同，唯一区别在于水泥土复合管桩还需在施工完毕后尚处于流塑状态的水泥土中植入管桩。若不考虑植入管桩对水泥土状态的影响，则两种桩型的桩土界面性质是完全相同的。施工完成后的水泥土侧表面凸凹不平，比表面积大，如图 3-16 所示，与相同规格的泥浆护壁钻孔灌注桩相比，这是水泥土—土界面能够提供较大侧阻力的内在原因。表 3-12 中水泥土桩的极限桩侧阻力测试值比水泥土复合管桩明显偏低，其根本原因为水泥土材料强度低导致桩侧阻力未能充分发挥，水泥土—土界面侧阻力测试值远小于理论上的极限侧阻力。这也进一步证明了水泥土复合管桩研发技术思路的正确性，即通过管桩与水泥土材料的复合以提高桩身截面抗压强度，充分发挥水泥土—土界面较大的侧阻力。

图 3-16　水泥土复合管桩侧表面

对在济南、聊城、济宁、东营等地试验的水泥土复合管桩，依据桩身内力测试数据，将整个地层按均质土层考虑，不计成层土影响，在扣除端阻力值后可计算得到相应场地水泥土复合管桩的极限桩侧阻力平均值，见表3-13。按同样方法亦可得到泥浆护壁钻孔灌注桩与管桩的极限桩侧阻力平均值，相应结果也列入表3-13。当该试验场地无桩身内力测试数据时，取该工程岩土工程勘察报告关于该桩型的极限桩侧阻力建议值。从表3-13可以看出，水泥土复合管桩极限侧阻力平均值为泥浆护壁钻孔灌注桩的1.45倍~1.98倍，为管桩的1.24倍~1.47倍。前述水泥土复合管桩破坏模式试验研究表明，济南、聊城、济宁等地试验的水泥土复合管桩均为桩身材料破坏，仅在东营一个工程为桩周土破坏。这说明多数情况下，水泥土复合管桩桩侧阻力值未充分发挥，而是与桩身材料强度对应的小于理论极限侧阻力的某个值，表3-13所列水泥土复合管桩与同条件下泥浆护壁钻孔灌注桩的极限侧阻力比值是偏于保守的。

不同桩型极限桩侧阻力平均值对比　　　　　　　　　表3-13

试验名称	极限侧阻力平均值（kPa）			q_1/q_2	q_1/q_3
	水泥土复合管桩 q_1	灌注桩 q_2	管桩 q_3		
济南	78	43	63	1.81	1.24
聊城	93	64	—	1.45	—
济宁	100	65	68	1.54	1.47
东营	81	41	—	1.98	—

（2）管桩—水泥土界面

为便于说明水泥土界面的粘结特性，引入粘结系数，定义为水泥土界面的粘结强度或界面阻力极限值与对应位置水泥土抗压强度之比。目前国内多通过室内试验分别对型钢、钢筋、混凝土与水泥土界面的粘结系数及其影响因素展开研究，相关试验结果如下：

张冠军等[1]开展的室内模型试验结果表明，型钢—水泥土界面粘结系数为0.14~0.15。

于宁等[2]通过室内试验研究了钢筋—水泥土界面粘结系数约为0.44。

周燕晓等[3]通过室内试验研究了型钢受轴向拉力作用时型钢—水泥土界面阻力，界面粘结系数约为0.178。

吴迈等[4,5]通过室内剪切试验研究了混凝土芯—水泥土界面阻力，结果表明：混凝土芯—水泥土界面粘结系数在0.176~0.213之间变化，平均值为0.194。

作者通过4组大比尺模型剪切试验研究了管桩—水泥土界面的粘结系数（图3-17），模型参数详见本书第2章，试验结果见表3-14。从中可看出，管桩—水泥土界面粘结系数为0.14~0.19，平均值为0.16。

图 3-17 大比尺模型试验

管桩—水泥土界面粘结系数

表 3-14

编号	界面阻力极限值 A(kPa)	水泥土无侧限抗压强度 B(kPa)	A/B
1号	346	2200	0.16
2号	461	3400	0.14
3号	170	900	0.19
4号	212	1300	0.16
平均值			0.16

通过在济南黄河北 8 根水泥土复合管桩中的管桩侧表面埋设应变传感器，可测试得到分级荷载下管桩—水泥土界面侧阻力分布。以济南黄河北试验 4 号桩为例，在每级试验荷载作用下，管桩—水泥土界面阻力沿桩身分布如图 3-18 所示。

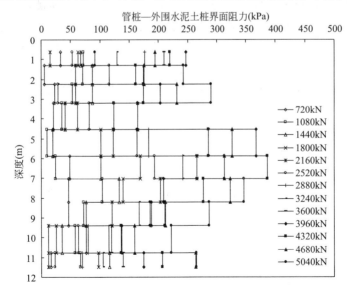

图 3-18 管桩—水泥土界面阻力分布

单桩静载试验完毕后，再对各试验桩的水泥土进行现场钻芯检测。这8根水泥土复合管桩在极限荷载下管桩—水泥土界面阻力及其对应位置的水泥土无侧限抗压强度的统计结果详见表3-15。从中可看出，管桩—水泥土界面阻力与水泥土无侧限抗压强度的比值为0.01～0.03。综合考虑水泥土界面相关研究资料和大比尺模型剪切试验结果，在验算管桩—水泥土界面阻力时，该界面的粘结系数推荐选取0.16。因此，当桩身材料发生破坏时，管桩—水泥土界面阻力发挥度仅为6.3%～18.8%。这表明水泥土复合管桩在达到承载能力极限状态时，管桩—水泥土界面阻力远未达到极限状态。

济南黄河北试验管桩—水泥土界面阻力

表 3-15

土层	管桩—水泥土界面阻力值 A(kPa)	水泥土无侧限抗压强度 B(kPa)	A/B
②粉砂	73	6330	0.01
③粉质黏土	151	5600	0.03
④粉土	119	6470	0.02
⑤$_1$细砂	190	5600	0.03
⑤黏土	178	10530	0.02
⑥$_1$细砂	150	11740	0.01
⑥粉土	184	14620	0.01
⑦粉质黏土	226	11170	0.02

济南黄河北4号-2桩破坏模式为管桩材料在距桩顶约36cm处发生环向剪切破坏，剪切破坏面以下管桩—水泥土界面未发生剪切滑移。实测极限荷载下管桩—水泥土界面阻力与水泥土无侧限抗压强度之比为0.01～0.04，仍远小于该界面粘结系数推荐值0.16。换言之，管桩—水泥土界面阻力发挥度仅为6.3%～25.0%。这进一步说明管桩—水泥土界面阻力能够保证管桩与水泥土有效复合在一起共同承担上部荷载，管桩承担的荷载能通过管桩—水泥土界面有效传递至水泥土及桩侧土中。

3.2.4.3 端阻力

桩端阻力是指桩顶荷载通过桩身和桩侧土传递到桩端土所承受的力。极限端阻力则是相应于桩顶作用极限荷载时，桩端所发生的岩土阻力。对于水泥土复合管桩，由于结构与材料组成特点，在桩顶荷载向下传递时，桩身轴力沿上部管桩与水泥土复合段以及下部单一水泥土段呈折线分布，上下两段分别表现出不同的荷载传递特性。因此，需要对管桩底端处及水泥土底端处的端阻力分别进行分析，前者为水泥土对管桩桩端的支承阻力，后者为桩端土对水泥土底端的支承阻力。为方便起见，对这两种端阻力分别称为管桩段端阻力、水泥土复合管桩端阻力。

表3-16为济南黄河北试验中水泥土复合管桩、灌注桩、水泥土桩的极限端阻力实测值。从中可看出，水泥土复合管桩极限端阻力约占桩顶荷载的12%，略小于灌注桩的16%，但大于水泥土桩的6%，其承载性状为摩擦桩。水泥土复合管桩与水泥土的桩端界面性质完全相同，均为水泥土—土，实测水泥土复合管桩极限端阻力平均值约为水泥土桩端阻力平均值的6.29倍，其原因还是水泥土强度低造成水泥土桩在竖向荷载作用下过早发生桩身材料破坏，相应地端阻力未能得到充分发挥。表3-16中实测水泥土复合管桩极限端阻力平均值约为灌注桩的1.23倍，在对单桩竖向抗压极限承载力标准值初步设计时，如无静载试验数据，为偏于安全，水泥土复合管桩极限端阻力标准值，可取现行行业标准《建筑桩基技术规范》JGJ 94规定或该工程岩土工程勘察报告建议的泥浆护壁钻孔桩极限端阻力标准值。

济南黄河北各桩型极限端阻力实测值　　　　　　表 3-16

桩型	桩号	底端轴力 (kN)	占桩顶荷载比例(%)	平均值 (%)	端阻力 (kPa)	平均值 (kPa)
水泥土复合管桩	7 号	155	6	12	309	692
	8 号	160	6		318	
	3 号	280	8		357	
	4 号	202	4		257	
	11 号	1220	20		1079	
	12 号	1996	26		1766	
	18 号	1053	9		596	
	19 号	1512	14		856	
灌注桩	6 号	172	13	16	342	563
	2 号	366	15		466	
	10 号	417	10		369	
	17 号	1899	27		1075	
水泥土桩	1 号	132	9	6	168	110
	9 号	125	4		111	
	16 号	88	4		50	

济南黄河北8根水泥土复合管桩中的管桩段极限端阻力及占桩顶荷载比例详见表3-17。从中可看出，管桩底端处水泥土复合管桩桩身轴力占桩顶荷载的44%，这说明济南黄河北试验中水泥土复合管桩的上部有管桩段呈现明显的端承摩擦桩特性，将近一半的桩顶荷载需要由管桩底端以下的水泥土桩段承担，相应位置处的端阻力平均值为2530kPa。这说明在设计时需要对管桩底端附近水泥土强度是否大于该截面处轴力进行验算，施工时可采用复喷复搅等手段保证该部位

的水泥土强度满足承载要求。

管桩段极限端阻力 表 3-17

桩号	管桩底端 轴力（kN）	占桩顶荷载 比例（%）	平均值 （%）	端阻力 （kPa）	平均值 （kPa）
7 号	1162	45		2310	
8 号	1267	48		2520	
3 号	1432	41		1820	
4 号	1613	32	44	2050	2530
11 号	3477	57		3080	
12 号	3761	49		3330	
18 号	4914	42		2780	
19 号	4212	39		2380	

3.2.5 桩侧土沉降

在对济宁诚信苑工程试 1 号、试 2 号、试 3 号桩进行单桩竖向抗压静载试验过程中，通过在距试验桩不同位置处理设沉降标，同时开展了分级竖向荷载作用下桩侧土沉降影响范围测试（图 3-19）。

图 3-19　桩侧土沉降影响范围测试

测试时，在各试验桩桩顶分级施加竖向荷载后，按照慢速维持荷载法测读桩顶及各沉降标的沉降，测试结果如图 3-20 所示。从图中可看出，在距离桩中心 0.9m、1.9m 处桩侧土沉降随着桩顶荷载的增加略有增大，而距离桩中心 3.9m

处桩侧土基本无沉降。

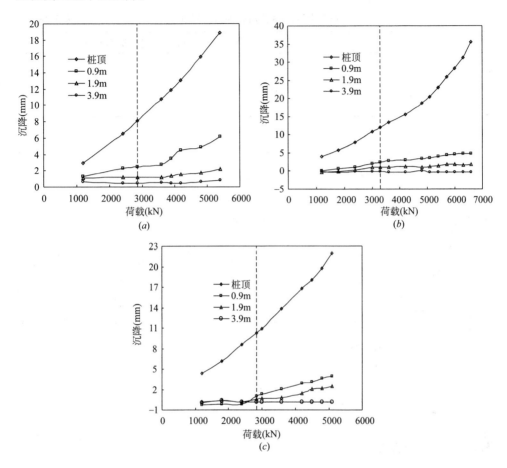

图 3-20 桩侧土沉降随桩顶竖向荷载变化规律

(a) 试1号桩；(b) 试2号桩；(c) 试3号桩

当桩顶作用极限荷载的一半时，不同位置处桩侧土沉降平均值及占桩顶沉降量比例详见表 3-18，相应地桩侧土沉降量及沉降速率随至桩中心距离变化规律如图 3-21 所示。图 3-21 中 D 为水泥土复合管桩直径，从中可看出，距离桩中心 2.5D 范围内时，桩侧土沉降随着至桩中心距离的增大迅速减小，当超过 2.5D 范围时，桩侧土沉降变化曲线趋于平缓；至桩中心距离 2.5D 处桩侧土沉降量仅占桩顶沉降量的 9%。这说明当水泥土复合管桩桩顶作用竖向荷载时，对距离桩中心 2.5D 范围内的桩侧土影响较明显，超出该距离后对桩侧土影响较小甚至可以忽略不计。

以上竖向荷载作用下济宁诚信苑工程试验桩对桩侧土影响范围测试结果，为设计时合理布置水泥土复合管桩提供了试验依据，建议基桩的中心距不宜小于 2.5D。

桩侧土沉降量及占桩顶沉降量比例   表 3-18

位置	至桩中心距离（m）	沉降量平均值（mm）	占桩顶沉降量比例（%）
桩顶	0.0	10.18	100
1.125D	0.9	1.97	20
2.5D	2.0	0.92	9

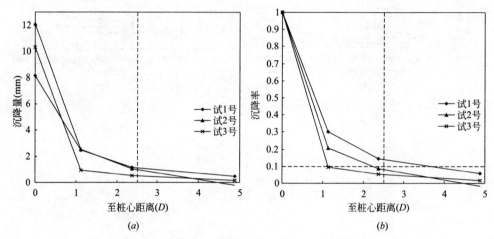

图 3-21   桩侧土沉降随至桩中心距离变化规律
（a）沉降量；（b）沉降率

3.2.6 加载模式

在对水泥土复合管桩进行单桩竖向抗压静载试验时，共采用了三种抗压加载模式，通过分析不同加载模式下管桩与水泥土的荷载分担比及应力比、变形及破坏形式，为水泥土复合管桩的桩身承载力验算、桩与承台的连接方式等方面提供试验依据。下面分别对三种抗压加载模式的试验结果依次进行说明。

（1）加载模式一

采用加载模式一进行单桩竖向抗压静载试验的水泥土复合管桩有济南黄河北4号-2桩、聊城月亮湾工程试6号桩，其中4号-2桩无填芯混凝土，试6号桩设置4m长填芯混凝土，强度等级为C20。

在极限荷载作用下，4号-2桩距桩顶0.36m处管桩被压碎；试6号桩距桩顶0.60m范围内管桩被压碎，水泥土被挤裂，出现放射状裂缝。经开挖验证，管桩破坏面以下水泥土—管桩界面未发生剪切破坏。以上表明这两根桩的极限承载力均由管桩桩身材料强度控制。在该加载模式下，管桩承担全部的竖向荷载，相当于对水泥土—管桩界面做实体剪切试验。实测 4 号-2 桩的管桩—水泥土界面阻力发挥度仅为 6.3%～25.0%，因此管桩—水泥土界面阻力是水泥土复合管桩作为基桩能整体承受上部荷载的前提。

4 号-2 桩试验中，由于水泥土抗拉强度低、管桩内腔未填芯，对管桩的侧向约束力较弱，与轴心抗压强度试验时的边界条件类似。根据 4 号-2 桩试验结果计算管桩桩头最大应力与 C80 混凝土轴心抗压强度标准值接近。因此，验算管桩桩身材料强度时可取混凝土轴心抗压强度标准值。

6 号桩试验中，由于管桩包裹在填芯混凝土周围，对填芯混凝土的侧向约束力较大。根据试 6 号桩试验结果计算填芯混凝土最大应力大于 C20 混凝土立方体抗压强度。因此，验算填芯混凝土材料强度时可取混凝土立方体抗压强度。这实际上反映了水泥土复合管桩承受竖向荷载时管桩与填芯混凝土两种材料受力时的边界条件不同。因此，在设计、构造时应考虑侧向约束条件对工作状态下桩身材料强度取值的影响。

（2）加载模式二

采用加载模式二进行单桩竖向抗压静载试验的水泥土复合管桩有济南黄河北 7 号、8 号、3 号、4 号-1、11 号、12 号、18 号、19 号共 8 根桩，所有试验桩均无填芯混凝土。

试验时，刚性载荷板与水泥土复合管桩的直径相同，水泥土和管桩共同承担上部荷载，因而该加载模式下的单桩承载力要比加载模式一相应值高。对比济南黄河北试验 4 号桩不同加载模式下的两次测试结果可以看出，同一根水泥土复合管桩，加载模式二下的单桩竖向抗压极限承载力比加载模式一提高了 17% 以上。

在该加载模式下，载荷板与桩头之间铺设厚度为 200mm～250mm 的级配砂石垫层，这相当于柔性荷载整体施加于水泥土复合管桩。测试结果表明，30% 以上的竖向荷载由水泥土承担，管桩与水泥土的应力比为 5～13。在极限荷载作用下，以上 8 根试验桩的破坏模式为：水泥土被压碎或出现竖向裂缝，管桩未破坏，如 7 号桩、4 号-1 桩、3 号桩、11 号桩；水泥土与管桩的渐进式破坏，如 8 号桩、12 号桩、18 号桩、19 号桩。

从以上各试验桩的破坏模式、管桩与水泥土的荷载分担比与应力比测试结果可以看出，级配砂石能够较好地协调弹性模量差别较大的管桩与水泥土的变形，起到调整两者荷载分担比与应力比的作用。与加载模式三相比，水泥土承担了更多的荷载，管桩与水泥土之间的应力比相对较小。因此，该加载模式对水泥土抗压强度值的要求明显提高，在桩身承载力设计计算时，应注意对水泥土抗压强度的验算，避免因水泥土强度低而导致水泥土与管桩的渐进式破坏。

（3）加载模式三

采用加载模式三进行单桩竖向抗压静载试验的水泥土复合管桩有聊城月亮湾工程试 3 号～试 5 号、济宁诚信苑工程试 1 号～试 3 号、东营万方广场工程 1 号～4 号等试验桩，按构造要求所有桩均有填芯混凝土。

试验时，与加载模式二类似，刚性载荷板与水泥土复合管桩的直径相同，水泥土和管桩共同承担上部荷载。由于水泥土承担了与其自身强度相适应的部分竖向荷载，因此该加载模式下的单桩竖向抗压承载力比加载模式一相应值高。对比加载模式三聊城月亮湾工程试 3 号～试 5 号与加载模式一聊城月亮湾工程试 6 号的试验结果，易知前者比后者提高约 17%～28%。

在该加载模式下，刚性载荷板与桩头之间铺设厚度约 20mm～30mm 的中粗砂找平层或者浇筑厚度 100mm 的 C20 混凝土垫层，相当于刚性荷载整体施加于水泥土复合管桩。测试结果表明，管桩承担 70% 以上的竖向荷载，相应地管桩与水泥土的应力比为 11～35。在极限荷载作用下，仅东营万方广场工程 1 号～4 号为桩周土破坏，其余为管桩首先出现剪切破坏，继而造成水泥土的破坏。

水泥土复合管桩在抗压加载模式三作用下，管桩与水泥土变形符合等应变假定，管桩与水泥土荷载应力比可近似取两者的弹性模量之比。与加载模式二相比，管桩承担更多的荷载，应力比相对较高。因此，该加载模式下对单桩承载力设计计算时，不仅需要计算土对桩提供的支承阻力，而且应注意对管桩材料强度的验算，避免管桩与水泥土的渐进式破坏。

开展以上三种抗压加载模式研究，对水泥土复合管桩抗压承载机理的研究有着重要的意义。加载模式一主要通过实测管桩—水泥土界面阻力发挥度，为说明水泥土与管桩能够有效复合作为基桩使用提供试验数据支撑。该加载模式下单桩竖向抗压极限承载力由管桩材料强度控制。

加载模式二下，由于铺设级配砂石等散粒体褥垫层，坚硬散粒体容易刺入水泥土中形成局部应力集中，进而加速水泥土压碎或开裂，同时对水泥土抗压强度有较高的要求，水泥土复合管桩易发生水泥土与管桩的渐进式破坏，不能充分发挥管桩的材料强度。由于存在褥垫层，这不利于水泥土复合管桩与承台的连接，而且在工程应用中与其实际受力状态不符。因此，水泥土复合管桩作为基桩使用时不应采用该种加载模式，但这为水泥土复合管桩作为复合地基增强体使用时研究管桩与水泥土的承载性状提供了试验数据。

水泥土复合管桩与承台的连接，可将管桩桩顶嵌入承台，同时在管桩填芯混凝土中埋设锚固钢筋与承台连接，水泥土与承台间设置素混凝土垫层。这种桩与承台的连接构造处理方式不仅方便，而且与加载模式三水泥土复合管桩的受力状态基本相同。因此，水泥土复合管桩作为基桩使用时应采用加载模式三，其试验成果可用于水泥土复合管桩基础设计时桩身承载力验算以及桩与承台的连接等方面。

3.2.7 单因素分析

水泥土复合管桩是由高喷搅拌法形成的水泥土桩与同心植入的预应力高强混凝土管桩通过优化匹配复合而成的基桩,不是水泥土桩与管桩的随机组合。因此,为合理选择桩身结构设计参数,主要包括水泥土与管桩的几何参数与强度参数,做到桩身承载力与桩土阻力的最佳匹配,以下利用数值分析方法,通过模拟不同的工况,研究了水泥土桩直径、管桩直径、水泥土桩长度、管桩长度、水泥土强度、地层条件等单因素对水泥土复合管桩竖向抗压承载机理的影响规律。

3.2.7.1 水泥土桩直径

为分析水泥土桩直径变化对水泥土复合管桩的承载力、荷载分担比与应力比、荷载传递比的影响,共采用了 28 种计算工况,详见表 3-19。表中管桩采用 PHC 300 A 70、PHC 400 A 95、PHC 500 A 100、PHC 600 A 130 等四种规格[6],每一种规格管桩对应的水泥土桩直径有 800mm～2000mm 等 7 种尺寸。设定管桩长度 15m,水泥土桩长度 25m,相关材料计算参数按表 2-12 中土 1、水泥土 1 和管桩取值。本构模型、加载模式等其他数值分析内容详见本书第 2 章,此处不再赘述。

计 算 工 况 表 3-19

工况	管桩规格	水泥土桩直径(mm)	水泥土桩长度(m)
KGK1		800	
KGK2		1000	
KGK3		1200	
KGK4	PHC 300 A 70-15	1400	25
KGK5		1600	
KGK6		1800	
KGK7		2000	
KGK8		800	
KGK9		1000	
KGK10		1200	
KGK11	PHC 400 A 95-15	1400	25
KGK12		1600	
KGK13		1800	
KGK14		2000	
KGK15		800	
KGK16		1000	
KGK17		1200	
KGK18	PHC 500 A 100-15	1400	25
KGK19		1600	
KGK20		1800	
KGK21		2000	

续表

工况	管桩规格	水泥土桩直径(mm)	水泥土桩长度(m)
KGK22		800	
KGK23		1000	
KGK24		1200	
KGK25	PHC 600 A 130-15	1400	25
KGK26		1600	
KGK27		1800	
KGK28		2000	

（1）单桩承载力

对于每一种规格管桩，不同的水泥土桩直径工况下水泥土复合管桩的竖向荷载-沉降曲线及其单桩竖向抗压极限承载力随水泥土桩直径变化规律如图 3-22 所

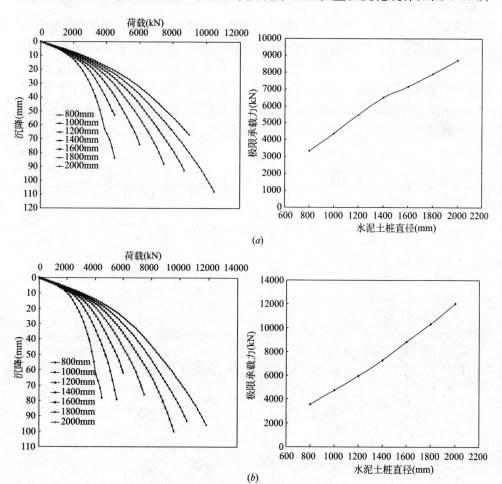

图 3-22　水泥土桩直径对桩承载力影响（一）

（a）PHC 300 A 70；（b）PHC 400 A 95

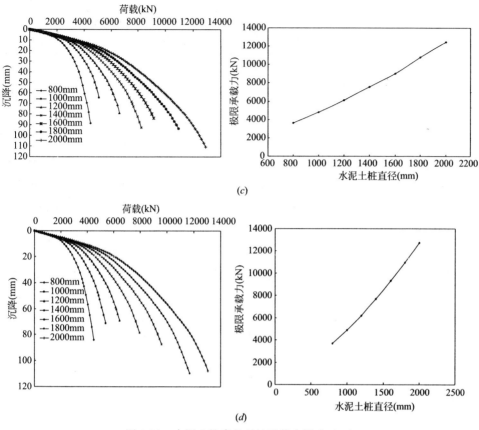

图 3-22　水泥土桩直径对桩承载力影响（二）

（*c*）PHC 500 A 100；（*d*）PHC 600 A 130

示，相应地水泥土复合管桩的单桩承载力增加率随水泥土桩直径增加率的变化关系详见表 3-20。以上图表中的单桩竖向抗压极限承载力值取桩顶总沉降量等于 $0.05D$ 对应的荷载值，D 为水泥土复合管桩直径，这里暂不考虑桩身承载力对单桩竖向抗压极限承载力取值的限制。从图 3-22 及表 3-20 中可看出，单桩竖向抗压极限承载力随水泥土桩直径增加基本呈线性增大。

单桩竖向抗压极限承载力　　　　　　　　　表 3-20

管桩规格	水泥土桩直径(mm)	800	1000	1200	1400	1600	1800	2000
	水泥土桩直径增加率(%)	0	25	50	75	100	125	150
PHC 300 A 70	承载力(kN)	3334	4367	5494	6520	7150	7900	8710
	承载力增加率(%)	0	31	65	96	114	137	161
PHC 400 A 95	承载力(kN)	3550	4750	5950	7280	8820	10330	12065
	承载力增加率(%)	0	34	68	105	148	191	240

续表

管桩规格	水泥土桩直径(mm)	800	1000	1200	1400	1600	1800	2000
	水泥土桩直径增加率(%)	0	25	50	75	100	125	150
PHC 500 A 100	承载力(kN)	3607	4810	6135	7566	9014	10780	12452
	承载力增加率(%)	0	33	70	110	150	199	245
PHC 600 A 130	承载力(kN)	3676	4865	6184	7674	9325	10963	12750
	承载力增加率(%)	0	32	68	109	154	198	247

（2）荷载分担比与应力比

在极限荷载作用下，管桩与水泥土的荷载分担比随水泥土桩直径变化规律如图 3-23 所示。当水泥土桩直径较小时，管桩承担大部分荷载；随着水泥土桩直径的增大，管桩承担荷载比例逐渐减小，相反水泥土承担荷载比例则逐渐增大。例如对于管桩规格为 PHC 300 A 70，当水泥土桩直径为 2000mm 时，管桩承担荷载反而小于水泥土所承担荷载。

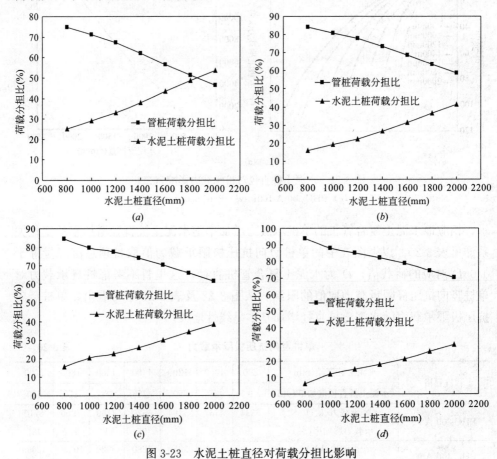

图 3-23　水泥土桩直径对荷载分担比影响

（a）PHC 300 A 70；（b）PHC 400 A 95；（c）PHC 500 A 100；（d）PHC 600 A 130

在极限荷载作用下，管桩与水泥土的应力比随水泥土桩直径变化规律如图3-24所示。对于每一种规格管桩，不同的水泥土桩直径工况下，管桩与水泥土的应力比均随着水泥土桩直径的增加而增大，并有趋于定值的趋势。

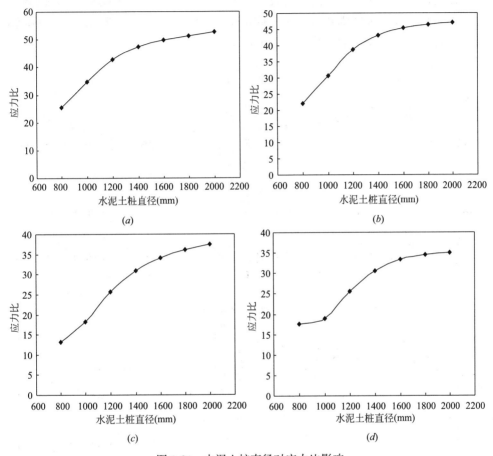

图 3-24 水泥土桩直径对应力比影响

（a）PHC 300 A 70；（b）PHC 400 A 95；（c）PHC 500 A 100；（d）PHC 600 A 130

定义管桩与水泥土的材料强度发挥度为极限荷载作用下，水泥土复合管桩中管桩与水泥土所受应力分别与各自材料强度之比。前述试验研究结果已表明，对于水泥土复合管桩，估算其中管桩材料强度对应单桩极限承载力时可以采用轴心抗压强度标准值。由于 PHC 管桩材料强度等级为 C80，其轴心抗压强度标准值为 50.2MPa，相当于管桩材料强度发挥度 62.8%。这表明当数值分析得到的管桩材料强度发挥度超过 62.8% 时，管桩所承受应力就会超过其材料轴心抗压强度标准值，管桩会发生破坏，此时单桩竖向抗压极限承载力取决于水泥土复合管桩的桩身承载力。水泥土复合管桩破坏模式的试验研究也证实加载模式三下首先发生管桩材料破坏。因此，可按管桩材料强度发挥度 62.8% 对前述按桩顶沉降确定的单桩承载力数值计算结果进行修正。

图 3-25 为管桩与水泥土的材料强度发挥度随水泥土桩直径变化规律。从图中可以看出，水泥土材料强度发挥度由于受应力比影响呈现先减小后增大趋势，而管桩材料强度发挥度则随着水泥土桩直径的增加而增大。对应于每一种规格管桩，管桩材料强度发挥度具体情况如下：

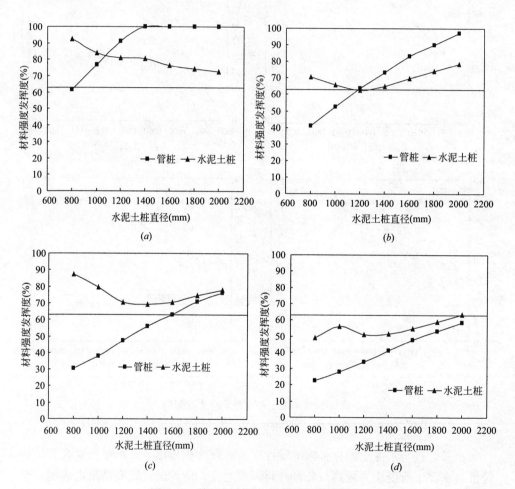

图 3-25　管桩与水泥土的材料强度发挥度
（a）PHC 300 A 70；（b）PHC 400 A 95；（c）PHC 500 A 100；（d）PHC 600 A 130

1）对于 PHC 300 A 70 管桩，当水泥土桩直径为 800mm 时，管桩材料强度发挥度小于 62.8%，当水泥土桩直径为 1000mm～2000mm 时，管桩材料强度发挥度大于 62.8%；

2）对于 PHC 400 A 95 管桩，当水泥土桩直径为 800mm～1000mm 时，管

桩材料强度发挥度小于 62.8%，当水泥土桩直径为 1200mm～2000mm 时，管桩材料强度发挥度大于 62.8%；

3）对于 PHC 500 A 100 管桩，当水泥土桩直径为 800mm～1400mm 时，管桩材料强度发挥度小于 62.8%，当水泥土桩直径为 1600mm～2000mm 时，管桩材料强度发挥度大于 62.8%；

4）对于 PHC 600 A 130 管桩，水泥土桩直径为 800mm～2000mm 时，管桩材料强度发挥度均小于 62.8%。

由上可知，在水泥土桩直径由小变大过程中，对于同一规格管桩，虽然管桩所承担荷载比例逐渐减小，但管桩与水泥土的应力比却逐渐增加，在水泥土桩直径大于某一限值后，管桩材料强度发挥度超过了 62.8%。管桩的直径与壁厚越大，对应的水泥土桩直径限值也越大。例如，PHC 300 A 70 对应的水泥土桩直径限值为 800mm；PHC 600 A 130 对应的水泥土桩直径限值不小于 2000mm。这表明当管桩规格一定时，水泥土桩直径达到上述限值后，受管桩材料强度制约，若继续增大水泥土桩直径，则会导致水泥土复合管桩的桩身承载力小于桩周土阻力提供的承载力，水泥土复合管桩的单桩承载力实际上不会继续增加。这一点与不考虑桩身承载力限制纯粹按桩顶沉降确定的单桩承载力数值计算结果明显不同。因此，水泥土桩直径不是越大越好，水泥土桩与管桩的直径之比存在上限值。

对于每一种规格管桩，按管桩材料强度发挥度 62.8% 计算的水泥土桩直径上限值详见表 3-21，相应地水泥土桩与管桩的直径之比上限值为 2.71～3.33。因此为了让桩身材料强度与桩周土阻力相匹配，水泥土桩与管桩的直径之比不宜大于上述值。需要说明的是，受管桩规格、水泥土强度、桩侧土等因素影响，水泥土桩与管桩的直径之比上限值是变化的。尽管如此，合理的水泥土桩与管桩的直径之比对于水泥土复合管桩的选型设计还是具有重要的意义。

<table>
<tr><td colspan="3">水泥土桩直径上限　　　　　　　　　　表 3-21</td></tr>
<tr><td>管桩规格</td><td>水泥土桩直径(mm)</td><td>水泥土桩直径/管桩直径</td></tr>
<tr><td>PHC 300 A 70</td><td>814</td><td>2.71</td></tr>
<tr><td>PHC 400 A 95</td><td>1184</td><td>2.96</td></tr>
<tr><td>PHC 500 A 100</td><td>1592</td><td>3.18</td></tr>
<tr><td>PHC 600 A 130</td><td>2000</td><td>3.33</td></tr>
</table>

（3）荷载传递比

对水泥土复合管桩而言，在极限荷载作用下，管桩底端与水泥土复合管桩底端的荷载传递比随水泥土桩直径变化规律如图 3-26 所示。对于每一种规格管桩，不同的水泥土桩直径工况下，管桩底端处荷载传递比随着水泥土桩直径的增加呈减速增大趋势；水泥土复合管桩底端处荷载传递比随水泥土桩直径的增大呈加速增大，即随着水泥土桩直径的增大，桩顶荷载影响深度逐渐增加。

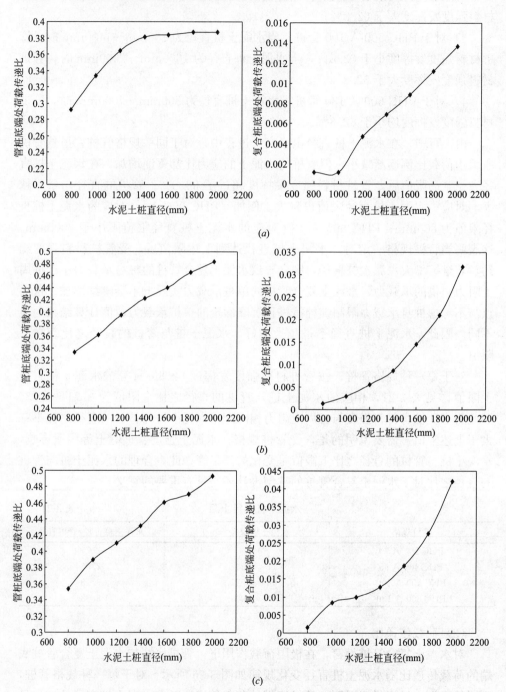

图 3-26 水泥土桩直径对荷载传递比影响（一）

（*a*）PHC 300 A 70；（*b*）PHC 400 A 95；（*c*）PHC 500 A 100

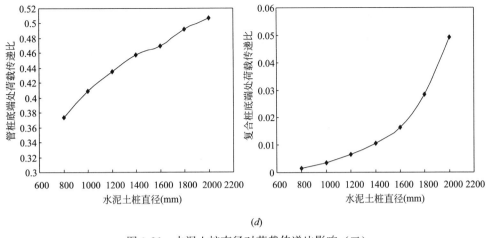

(d)

图 3-26　水泥土桩直径对荷载传递比影响（二）

(d) PHC 600 A 130

3.2.7.2 管桩直径

同样利用表 3-19 中 KGK1～KGK28 等 28 种计算工况，研究在相同水泥土桩直径工况下管桩直径变化对水泥土复合管桩的承载力、管桩与水泥土的应力比、管桩底端处荷载传递比的影响。如利用计算工况 KGK1、KGK8、KGK15、KGK22 可分析在水泥土桩直径为 800mm 时四种管桩直径 300mm、400mm、500mm、600mm 对上述水泥土复合管桩竖向抗压承载机理的影响。类似地，利用表内其他工况可研究水泥土桩直径分别为 1000mm、1200mm、1400mm、1600mm、1800mm、2000mm 时的相应情形，这里不再作一一说明。

（1）单桩承载力

对于每一种相同水泥土桩直径，水泥土复合管桩的单桩竖向抗压极限承载力随管桩直径变化规律如图 3-27 所示。

从图 3-27 中可看出，在水泥土桩直径相同的情况下，单桩竖向抗压极限承载力值均随管桩直径增加而增大，但其增加幅度与水泥土桩直径、管桩直径有关。当水泥土桩直径较小，如小于 1200mm，管桩直径由 300mm 增加至 600mm 时，单桩竖向抗压极限承载力值增加幅度较小。当水泥土桩直径较大，如大于 1400mm，在管桩直径由 300mm 增加至 400mm 时，单桩竖向抗压极限承载力值增加幅度最大，管桩直径继续增加时，单桩竖向抗压极限承载力值增加幅度逐渐趋缓。

以上分析表明，当水泥土直径处于不同范围时，单桩承载力增加幅度随管桩直径的增加呈现不同的变化规律。需要指出的是，该变化规律受到管桩直径计算范围 300mm～600mm 的局限。在水泥土桩直径较小时，若将管桩直径计算范围

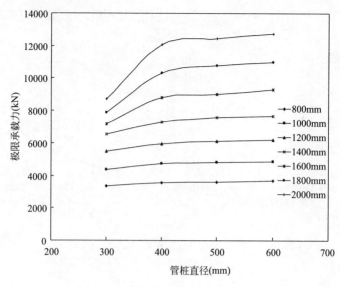

图 3-27 管桩直径对单桩承载力影响

扩展至 300mm 以下，会出现单桩承载力增加幅度随管桩直径增加先明显增大后逐渐趋缓的态势。因此，当水泥土桩直径不变时，增大管桩直径，相应地单桩承载力值会增大，并且其增加幅度均为先明显增大后逐渐趋缓。水泥土桩直径不同，单桩承载力显著增加所对应的管桩直径范围亦有明显的区别。

进一步分析以上管桩直径对单桩承载力的影响规律，当水泥土桩直径一定时，对在水泥土中所植入管桩而言，其直径不是越大越好。当管桩直径大于某值时，相应地水泥土复合管桩的单桩承载力增加幅度不明显，这意味着水泥土桩直径与管桩直径之比存在一下限值。实际上，当水泥土桩直径不变时，则桩周土阻力提供的桩承载力不变；增加管桩直径，则水泥土复合管桩的桩身承载力相应增加。当水泥土桩直径与管桩直径之比超过该直径比下限值时，则会导致水泥土复合管桩的桩身承载力接近或大于桩周土阻力提供的桩承载力，水泥土复合管桩的单桩承载力增加幅度自然会趋缓。

（2）管桩与水泥土应力比

在极限荷载作用下，对于每一种相同水泥土桩直径，水泥土复合管桩中管桩与水泥土应力比随着管桩直径的增加有减小趋势（图 3-28）。

（3）管桩底端处荷载传递比

在极限荷载作用下，对于每一种相同水泥土桩直径，管桩底端处荷载传递比总体上随管桩直径的增加而增大（图 3-29）。

3.2.7.3 水泥土桩长度

通过前述水泥土桩直径、管桩直径对水泥土复合管桩竖向抗压承载机理影响

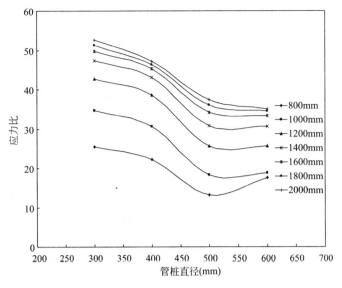

图 3-28 管桩直径对应力比影响

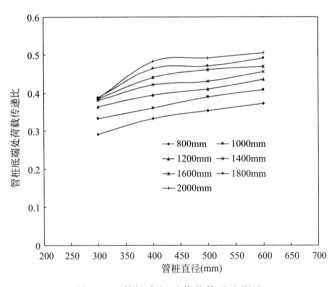

图 3-29 管桩直径对荷载传递比影响

规律的分析可知，为做到桩身承载力与桩土阻力相匹配，水泥土桩与管桩的直径之比应在上限与下限范围内进行合理选取。因此，水泥土复合管桩的桩身结构参数之间存在内在联系，在下面进行水泥土桩长度、管桩长度、水泥土强度、地层条件等单因素研究时，为得到合理的分析结果，宜以桩身结构参数匹配关系相对较好的工况为基础作进一步分析。按此分析原则，以表 3-19 中的 KGK16 作为基础工况，变化管桩底端以下水泥土桩长度，研究水泥土桩长度对水泥土复合管桩的承载力、荷载分担比与应力比、荷载传递比的影响规律，具体工况详见表3-22。

计 算 工 况 表 3-22

工况	管桩规格	水泥土桩直径(mm)	水泥土桩长度(m)
KGK29			15
KGK30	PHC 500 A 100-15	1000	17
KGK31			20
KGK16			25

（1）单桩承载力

各计算工况下水泥土复合管桩的竖向荷载-沉降曲线及其单桩竖向抗压极限承载力值随水泥土桩长度变化规律如图3-30所示，相应地水泥土复合管桩的单桩承载力增加率随水泥土桩长度增加率的变化关系详见表3-23。

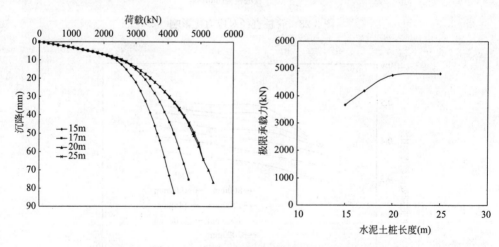

图 3-30 水泥土桩长度对桩承载力影响

单桩竖向抗压极限承载力 表 3-23

水泥土桩长度(m)	15	17	20	25
水泥土桩长度增加率(%)	0	13.3	33.3	66.7
单桩承载力(kN)	3676	4184	4765	4809
承载力增加率(%)	0	14	30	31

在管桩规格及水泥土桩直径相同的情况下，水泥土复合管桩的单桩竖向抗压极限承载力值随水泥土桩长度增加而增大，当水泥土桩长度大于某一定值后，承载力增长缓慢。例如对于表3-22计算工况，水泥土桩长度由20m增加

至 25m 时，单桩承载力相对增加幅度仅为 1%。这说明，对于水泥土复合管桩而言，管桩底端以下水泥土桩长度不是越长越好，而是存在临界值。结合水泥土复合管桩的荷载传递规律研究表明，该水泥土桩长度临界值大小与水泥土复合管桩轴力在管桩底端以下水泥土段的衰减速率大小密切相关，受水泥土强度、管桩长度等因素影响。一般来说，水泥土强度与管桩长度越大，管桩底端以下水泥土段的轴力衰减速率越小，水泥土桩长度临界值越大；反之，水泥土桩长度临界值则越小。因此，管桩底端以下水泥土存在有效长度，管桩与水泥土桩的长度之比存在下限值。本次数值分析结果表明，当管桩长度与水泥土桩长度之比小于 0.75 时，增加水泥土桩长度对提高单桩竖向抗压极限承载力值不明显。

（2）荷载分担比与应力比

在极限荷载作用下，各计算工况水泥土复合管桩中管桩与水泥土的荷载分担比随水泥土桩长度变化规律如图 3-31 所示。在管桩规格及水泥土桩直径相同的情况下，随着水泥土桩长度的增大，管桩承担荷载比例略有增加，但总体来说，管桩与水泥土的荷载分担比受水泥土桩长度的影响并不大。

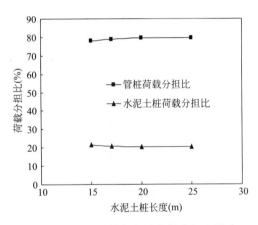

图 3-31 水泥土桩长度对荷载分担比影响

在极限荷载作用下，各计算工况水泥土复合管桩中管桩与水泥土的应力比随水泥土桩长度变化规律如图 3-32 所示。本次数值分析结果表明，在管桩规格及水泥土桩直径相同的情况下，管桩与水泥土的应力比随着水泥土桩长度的增加而增大，当水泥土桩长度大于 20m 后，即当管桩长度与水泥土桩长度之比小于 0.75 时，管桩与水泥土桩的应力比趋于定值。

管桩与水泥土的材料强度发挥度随水泥土桩长度变化规律如图 3-33 所示。图中两者的材料强度发挥度均随着水泥土桩长度的增加而增大，当管桩与水泥土桩的长度之比小于 0.75 后，材料强度发挥度基本趋于定值。

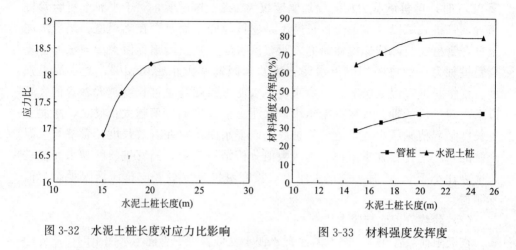

图 3-32　水泥土桩长度对应力比影响　　　　图 3-33　材料强度发挥度

（3）荷载传递比

在极限荷载作用下，各计算工况水泥土复合管桩中管桩底端与水泥土复合管桩底端的荷载传递比随水泥土桩长度变化规律如图 3-34 所示。本次数值分析结果表明，在管桩规格及水泥土桩直径相同的情况下，管桩底端处荷载传递比随着水泥土桩长度的增大而增加，当管桩与水泥土桩的长度之比小于 0.75 后，增加速率变小；水泥土复合管桩底端处荷载传递比随着水泥土桩长度的增加而减小。

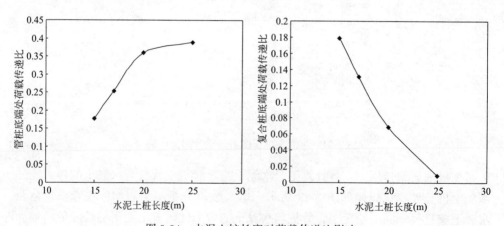

图 3-34　水泥土桩长度对荷载传递比影响

3.2.7.4　管桩长度

同样以表 3-19 中的 KGK16 作为基础工况，变化水泥土复合管桩中的管桩长度，研究管桩长度对水泥土复合管桩的承载力、荷载分担比与应力比、材料强度发挥度、荷载传递比的影响规律，具体工况详见表 3-24。

工况	管桩规格	水泥土直径(mm)	水泥土桩长度(m)
KGK32	PHC 500 A 100-8		
KGK33	PHC 500 A 100-12		
KGK16	PHC 500 A 100-15	1000	25
KGK34	PHC 500 A 100-17		
KGK35	PHC 500 A 100-22		

计 算 工 况　　　　　　表 3-24

（1）单桩承载力

各计算工况下水泥土复合管桩的竖向荷载-沉降曲线及其单桩竖向抗压极限承载力值随管桩长度变化规律如图 3-35 所示，相应地水泥土复合管桩的单桩承载力增加率随管桩长度增加率的变化关系详见表 3-25。从以上图表中可看出，在水泥土桩规格及管桩直径相同的情况下，单桩竖向抗压极限承载力随管桩长度增加基本呈线性增大。

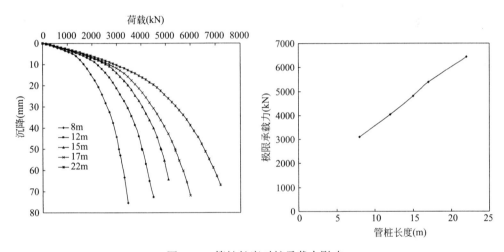

图 3-35　管桩长度对桩承载力影响

单桩竖向抗压极限承载力　　　　　表 3-25

管桩长度(m)	8	12	15	17	22
管桩长度增加率(%)	0	50	87.5	112.5	175
单桩承载力(kN)	3100	4040	4809	5377	6450
承载力增加率(%)	0	30	55	73	108

（2）荷载分担比与应力比

在极限荷载作用下，各计算工况水泥土复合管桩中管桩与水泥土的荷载分担比随管桩长度变化规律如图 3-36 所示。在水泥土桩规格及管桩直径相同的情况下，随着管桩长度的增大，管桩承担荷载比例略有增加，相应地水泥土承担荷载比例则略有减小。总体上，两者荷载分担比的变化幅度受管桩长度的影响并不大。

在极限荷载作用下，各计算工况水泥土复合管桩中管桩与水泥土的应力比随管桩长度变化规律如图 3-37 所示。本次数值分析结果表明，在水泥土桩规格及管桩直径相同的情况下，水泥土复合管桩中管桩与水泥土的应力比随管桩长度增加而增大，但增加幅度不大。

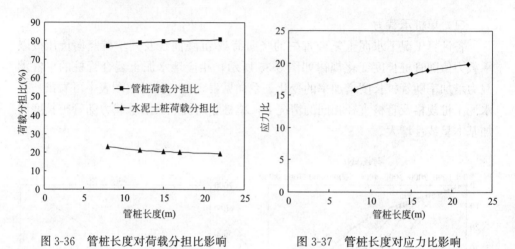

图 3-36　管桩长度对荷载分担比影响　　　　图 3-37　管桩长度对应力比影响

管桩与水泥土的材料强度发挥度随管桩长度变化规律如图 3-38 所示。图中两者的材料强度发挥度均随着管桩长度的增加而增大。当管桩长度为 22m 时，水泥土桩强度发挥度达到 100%，此时管桩与水泥土桩长度比为 0.88。

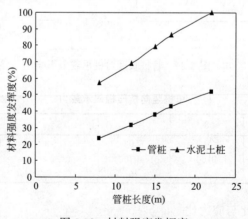

图 3-38　材料强度发挥度

（3）荷载传递比

在极限荷载作用下，各计算工况水泥土复合管桩中管桩底端与水泥土复合管桩底端的荷载传递比随管桩长度变化规律如图 3-39 所示。本次数值分析结果表明，在水泥土桩规格及管桩直径相同的情况下，管桩底端处荷载传递比随着管桩长度的增大而减小，而水泥土复合管桩底端处的荷载传递比随着管桩长度则呈现不同的变化规律。当管桩长度由 8m 增加至 15m 时，相应的管桩与水泥土桩的长度比由 0.32 增加至 0.60，水泥土复合管桩底端处的荷载传递比基本不变；当管桩长度大于 17m，相应的管桩与水泥土桩的长度比大于 0.68 后，该处的荷载传递比明显增加。这说明水泥土复合管桩底端处的荷载传递比受管桩与水泥土的长度比影响较大，当管桩与水泥土桩的长度比超过某一定值后，桩顶荷载才能有效传递至水泥土复合管桩桩底。当管桩与水泥土桩的长度比较小时，水泥土复合管桩桩底的轴力较小或基本为零。这进一步说明水泥土复合管桩中的管桩能起到有效传递荷载的作用，管桩底端以下水泥土存在有效长度，管桩与水泥土桩的长度之比存在下限值。

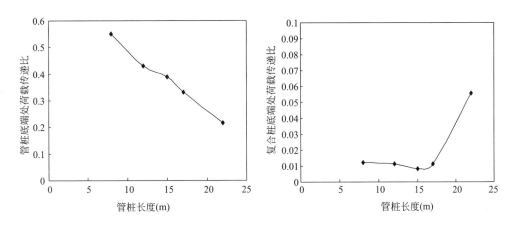

图 3-39　管桩长度对荷载传递比影响

3.2.7.5　水泥土强度

为研究水泥土强度对水泥土复合管桩工作性状的影响规律，仍以表 3-19 中的 KGK16 作为基础工况，通过变化水泥土复合管桩中的水泥土强度形成其他计算工况，具体计算工况详见表 3-26。数值分析时，水泥土的计算参数根据表 2-12 中水泥土 1、水泥土 2 分别进行取值，其中水泥土 2 的抗压强度为 12.6MPa，水泥土 1 的抗压强度为 2.1MPa，水泥土 2 的抗压强度明显高于水泥土 1。以上计算工况中水泥土强度变化考虑了两种方式，一是将水泥土复合管桩中的水泥土全部由水泥土 1 替换为水泥土 2，如计算工况 KGK36；二是仅将管桩底端以下 2m、5m、10m 等范围内的局部水泥土段由水泥土 1 替换为水泥土 2，水泥土复合管桩中其他部位的水泥土仍为水泥土 1，如计算工况 KGK37～KGK39。

计 算 工 况 表 3-26

工况	管桩规格	水泥土桩直径（mm）	水泥土桩长度（m）	水泥土强度
KGK16				水泥土1
KGK36				水泥土2
KGK37	PHC 500 A 100-15	1000	25	管桩底端以下2m范围内为水泥土2，其余为水泥土1
KGK38				管桩底端以下5m范围内为水泥土2，其余为水泥土1
KGK39				管桩底端以下10m范围内为水泥土2，其余为水泥土1

　　各计算工况下水泥土复合管桩的竖向荷载-沉降曲线如图3-40所示，相应地单桩竖向抗压极限承载力值、管桩与水泥土的荷载分担比及应力比、管桩底端与水泥土复合管桩底端的荷载传递比均列于表3-27中。下面对水泥土复合管桩工作性状受水泥土强度的影响规律进行研究与分析。

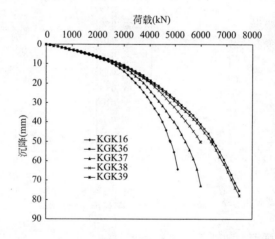

图 3-40 各计算工况竖向荷载-沉降曲线

水泥土强度影响 表 3-27

工况	单桩竖向抗压极限承载力(kN)	管桩分担荷载比例(%)	应力比	荷载传递比	
				管桩底端	水泥土复合管桩底端
KGK16	4809	80	18.3	0.390	0.008
KGK37	5398	88	18.9	0.444	0.010
KGK38	5984	81	19.4	0.498	0.016
KGK39	6391	81	19.7	0.540	0.047
KGK36	6496	73	12.8	0.516	0.053

对于将水泥土复合管桩中水泥土强度全部提高的计算工况 KGK36 来说，与仅增强管桩底端以下全部水泥土强度的计算工况 KGK39 相比，两者对提高水泥土复合管桩单桩竖向抗压极限承载力的效果基本相当，管桩底端与水泥土复合管桩底端的荷载传递比比起基础工况也得到一定的提高，但由于计算工况 KGK36 中的桩顶部水泥土强度得到提高，管桩分担荷载比例减小，相应地管桩与水泥土应力比减小。

对于仅增强管桩底端以下部分水泥土强度的计算工况来说，即 KGK37～KGK39，增强段的水泥土强度由 2.1MPa 提高至 12.6MPa，与基础工况 KGK16 相比，随着增强段长度的增加，桩顶竖向荷载作用下的单桩沉降量变小，单桩竖向抗压极限承载力也得到相应地提高。由于管桩底端水泥土强度增大，相应地增加了管桩与水泥土的应力比、管桩底端与水泥土复合管桩底端的荷载传递比也相应增大，并且随着增强段长度的增加而增大。

图 3-41 为桩顶施加竖向荷载 4800kN 时，管桩底端以下水泥土的应力衰减情况。

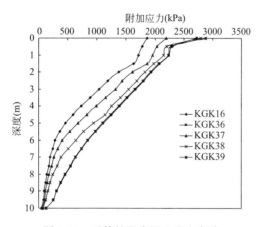

图 3-41 无管桩段水泥土应力衰减

图 3-41 中，对于计算工况 KGK16，管桩底端以下 5m 处附加应力为 465kPa；对于水泥土强度提高后的计算工况 KGK39，则在管桩底端以下 8m 处附加应力才衰减至 465kPa。这说明随着管桩底端以下水泥土强度的增强以及增强段长度的增加，该段水泥土桩身刚度增加，水泥土应力衰减速率逐渐减小，可以把更多的荷载向深度传递。前述水泥土复合管桩底端的荷载传递比随着水泥土强度提高的变化规律同样也说明了这一点。因此，水泥土复合管桩轴力在管桩底端以下单一水泥土段的衰减速率受水泥土强度影响，水泥土强度越高，增强段长度越大，轴力衰减速率越慢，荷载传递规律由类似柔性桩—半刚性桩过渡为刚性桩特性，管桩底端以下水泥土临界长度也会相应增加。

3.2.7.6 地层条件

水泥土复合管桩可用于素填土、粉土、黏性土、松散—中密砂土等地层，尤其适用于软弱土层。在工程应用时经常遇到二元结构上软下硬地层，如上部以高压缩土层为主，下部为密实砂层，而水泥土复合管桩进入下层较硬土的深度对水泥土复合管桩工作性状有较大影响。因此，为研究二元结构上软下硬地层条件尤其是相对较硬土层对水泥土复合管桩的承载力、荷载分担比与应力比、材料强度发挥度、荷载传递比的影响规律，为该桩设计选型提供理论依据，仍以表 3-19 中的 KGK16 作为基础工况，在水泥土复合管桩自身结构参数不变的情况下，通过变化相对较硬土层的埋深形成其他计算工况，具体计算工况详见表 3-28。数值分析时，上层较软土采用土 1，相应水泥土采用水泥土 1；下层相对较硬土采用土 2，相应水泥土采用水泥土 2。以上所述土层及水泥土的计算参数根据表 2-12 进行取值。

计 算 工 况　　　　　　　　　　　　　　　　　　　表 3-28

工况	管桩规格	水泥土桩直径(mm)	水泥土桩长度(m)	土 2 埋深(m)	水泥土复合管桩进入土 2 的深度(m)	管桩进入土 2 的深度(m)
KGK40				5	20	10
KGK41				10	15	5
KGK42				15	10	0
KGK45	PHC 500 A 100-15	1000	25	17	8	−2
KGK43				20	5	−5
KGK44				25	0	−10
KGK16				50	−25	−35

以上计算工况中相对较硬土层埋深的增加，意味着水泥土复合管桩进入土 2 的深度以及管桩进入土 2 的深度相应减少。在表 3-28 中，当水泥土复合管桩或管桩进入土 2 深度值为正时表示它们进入下面较硬土层的深度；当水泥土复合管桩或管桩进入土 2 深度值为负时表示它们各自底端与较硬土层顶面之间的距离。计算工况 KGK16 中地层全部由较软层土 1 构成，并无相对较硬层土 2，可作为相对较硬层埋深为无限大的一种特例，但为了表达方便，设定土 2 埋深为 50m。

(1) 单桩承载力

各计算工况下水泥土复合管桩的竖向荷载—沉降曲线如图 3-42 所示，相应地单桩竖向抗压承载力值随较硬土层埋深的变化规律如图 3-43 所示。

从图 3-42 与图 3-43 中可看出，随着较硬土层埋深的增加，桩顶竖向荷载作用下的单桩沉降量逐渐增大，单桩竖向抗压极限承载力总体上呈减小趋势。具体

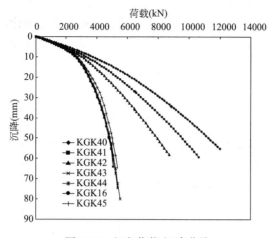

图 3-42 竖向荷载-沉降曲线

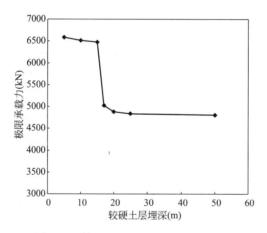

图 3-43 较硬土层埋深对桩承载力影响

来说，当较硬土层顶面在管桩底端及以上时，如计算工况 KGK40～KGK42，较硬土层埋深的变化对于单桩竖向抗压极限承载力无明显影响；当较硬土层顶面在管桩底端以下时，随着较硬土层埋深的增加，单桩承载力迅速减小，如计算工况 KGK43 与 KGK45；当较硬土层顶面在管桩底端以下的深度超过一定值后，较硬土层埋深对单桩竖向抗压极限承载力无明显影响，如计算工况 KGK44 与 KGK16。这说明，对于二元结构上软下硬地层来说，管桩底端是否位于相对较硬土层顶面以下对该桩型单桩竖向抗压极限承载力的影响巨大，因此，在水泥土复合管桩设计时，宜使其管桩底端位于土质条件较好的地层中。

（2）荷载分担比与应力比

在极限荷载作用下，各计算工况水泥土复合管桩中管桩与水泥土的荷载分担比随较硬土埋深变化规律如图 3-44 所示。随着较硬土埋深的增大，管桩承担荷载比例略有减小，水泥土桩分担荷载略有增大，但总体上变化幅度并不大。

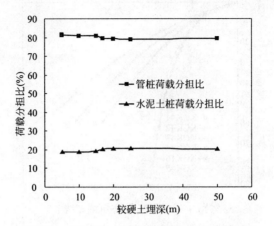

图 3-44 较硬土层埋深对荷载分担比影响

在极限荷载作用下，各计算工况水泥土复合管桩中管桩与水泥土的应力比随较硬土层埋深变化规律如图 3-45 所示，与单桩竖向抗压承载力值随较硬土层埋深的变化规律基本类似。简要来说，管桩与水泥土的应力比总体上随较硬土层埋深的增加而减小。当较硬土层顶面在管桩底端及以上时，较硬土层埋深的变化对应力比无明显影响；当较硬土层顶面在管桩底端以下时，随着较硬土层埋深的增加，应力比迅速减小，当较硬土层顶面在管桩底端以下的深度超过一定值后，较硬土层埋深对应力比无明显影响。

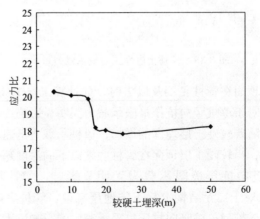

图 3-45 较硬土层埋深对应力比影响

管桩与水泥土的材料强度发挥度随较硬土埋深变化规律如图 3-46 所示。总体上，两者的材料强度发挥度均随着较硬土层埋深的增加而减小。当较硬土层顶面在管桩底端及以上时，两者的材料强度发挥度变化幅度均较小，此时水泥土材料强度发挥度达到100%，单桩竖向抗压极限承载力由水泥土材料强度控制。这说明当管桩底端位于相对较硬土层中，宜适当提高水泥土强度。当较硬土层顶面在管桩底端以下时，随着较硬土层埋深的增加，两者的材料强度发挥度均迅速减小，当较硬土层顶面在管桩底端以下的深度超过一定值后，两者的材料强度发挥度均趋于定值。

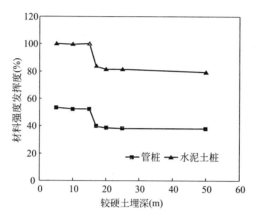

图 3-46 较硬土层埋深对材料强度发挥度影响

（3）荷载传递比

在极限荷载作用下，各计算工况水泥土复合管桩中管桩底端与水泥土复合管桩底端的荷载传递比随较硬土层埋深变化规律如图 3-47 所示。

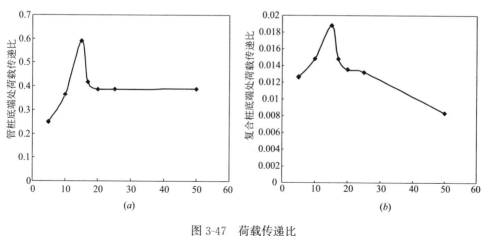

图 3-47 荷载传递比
（a）较硬土埋深（m）；（b）较硬土埋深（m）

管桩底端、水泥土复合管桩底端处荷载传递比均随较硬土层埋深的增加迅速增大，当较硬土层顶面位于管桩底端时，荷载传递比达到最大值，而后随着较硬土层埋深的继续增大而减小。

3.2.7.7 影响规律分析

通过上述数值分析，已得出水泥土复合管桩竖向抗压承载机理如单桩承载力、荷载分担比与应力比、材料强度发挥度、荷载传递比随水泥土桩直径、管桩直径、水泥土桩长度、管桩长度、水泥土强度、地层条件等单因素变化的影响规律，具体内容这里不再重复。研究结果表明，构成水泥土复合管桩的各种几何参数与强度参数之间存在内在联系。下面对这些影响规律作进一步分析总结，以便为合理选择该桩型设计参数提供理论依据，达到桩身承载力与桩土阻力相匹配。

（1）水泥土桩直径的影响规律

受桩身承载力限制尤其是管桩材料强度控制，对于同一规格管桩，与之相配的水泥土桩直径不是越大越好，而是存在一上限值，相应地水泥土桩与管桩的直径之比也存在上限值。该直径之比上限值并非恒定，受管桩规格、水泥土强度、桩侧土等因素影响。如管桩的直径与壁厚越大，对应的直径之比上限值也越大。

（2）管桩直径的影响规律

单桩竖向抗压极限承载力值随管桩直径增加而增大，但其增加幅度与水泥土桩直径、管桩直径有关。对于同一直径的水泥土桩，受桩周土阻力大小的限制，与之相配的管桩直径不是越大越好，当管桩直径大于某值时，水泥土复合管桩的单桩承载力增加幅度不明显，水泥土桩与管桩的直径之比存在一下限值。

（3）水泥土桩长度的影响规律

单桩竖向抗压极限承载力、管桩与水泥土的应力比、材料强度发挥度、管桩底端荷载传递比均随水泥土桩长度的增大而增加并趋于定值，管桩底端以下水泥土桩长度存在临界值，管桩与水泥土桩的长度之比存在下限值。该长度之比下限值受水泥土强度、管桩长度等因素影响，一般来说，水泥土强度与管桩长度越大，水泥土桩长度临界值越大，对应的长度之比下限值也越小。

（4）管桩长度的影响规律

当管桩与水泥土桩的长度比较小时，水泥土复合管桩底端荷载传递比基本不变，桩底的轴力较小或基本为零；当管桩与水泥土桩的长度比超过某一定值后，桩顶荷载才能有效传递至水泥土复合管桩桩底。水泥土复合管桩底端处的荷载传递比受管桩与水泥土的长度比影响较大，这进一步说明水泥土复合管桩中的管桩能起到有效传递荷载的作用，管桩底端以下水泥土存在有效长度，管桩与水泥土桩的长度之比存在下限值。

（5）水泥土强度的影响规律

当整体提高水泥土强度或增强管桩底端局部水泥土强度时，水泥土强度越高，增强段长度越大，管桩底端以下水泥土桩段应力衰减速率越慢，荷载影响深度增加，荷载传递规律由类似柔性桩～半刚性桩过渡为刚性桩特性，管桩底端以下水泥土临界长度也会相应增加。

（6）地层条件的影响规律

对于二元结构上软下硬地层，当下部相对较硬土层顶面在管桩底端以下一定距离内对水泥土复合管桩工作性状有较大影响，超出该距离后土层埋深的影响不明显。当地层中有可利用的相对较硬土层时，水泥土复合管桩中管桩底端至较硬土层不能超过一定距离，最好落在下部相对较硬土层内。

3.3 水泥土复合管桩竖向抗拔承载机理

水泥土复合管桩在承受竖向上拔力时，作用在管桩上的上拔力将通过管桩与水泥土的接触面传递至水泥土桩，再经由水泥土与土接触面传递至桩侧土。下面对水泥土复合管桩在承受竖向上拔荷载时的承载性状、破坏模式进行研究，为该桩型抗拔设计提供理论依据。目前水泥土复合管桩竖向抗拔承载机理的研究手段多限于数值分析与理论计算，相关试验研究资料还在积累过程中，有待于进一步完善。

3.3.1 单桩竖向抗拔承载性状

对济宁诚信苑工程试 1 号桩单桩竖向抗压静载试验进行了数值反演分析，见图 3-48，结果表明数值模拟的单桩竖向抗压荷载-沉降曲线与实测曲线较为吻合，这说明该模型参数取值基本合理，能反映水泥土复合管桩受压时的实际力学性状。因此该计算模型同样可用于模拟该桩型的单桩竖向抗拔静载试验，只需将该模型中水泥土复合管桩由受压状态改为受拉状态。

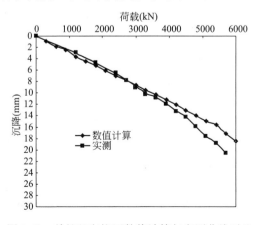

图 3-48 单桩竖向抗压数值计算与实测曲线对比

图 3-49 为水泥土复合管桩单桩竖向抗拔静载试验数值模拟曲线与单桩竖向抗压静载试验实测曲线对比。

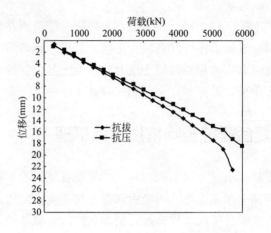

图 3-49　竖向抗拔与抗压静载试验曲线对比

对于济宁诚信苑工程试 1 号桩，水泥土复合管桩抗拔时位移量大于抗压时位移量，前者约为后者的 1.1 倍，说明对于同一条件下的水泥土复合管桩，抗拔桩承载力要小于抗压桩承载力。这主要是由于基桩所受荷载方向的不同，引起了桩周土受力性状的变化，从而使抗拔桩与抗压桩的侧摩阻力发挥机理产生差异。对于同一地层，抗拔与抗压的侧阻力大小是不同的。一般地，单桩竖向抗拔极限承载力计算采用单桩竖向抗压极限承载力乘以相应抗拔系数的方法。这里抗拔系数为单桩抗拔抗压极限承载力之比，通过静载试验实测得到。以上抗拔承载力的计算方法同样适用于水泥土复合管桩，但是从竖向上拔荷载在水泥土复合管桩桩身传递过程及其破坏模式可知，应分别对管桩—水泥土界面、水泥土—土界面规定不同的抗拔系数。

在单桩竖向抗拔承载力特征值所对应的荷载作用下，水泥土复合管桩与桩侧土的上拔量随至桩中心距离的变化规律如图 3-50 所示。

图中管桩与水泥土的上拔量之差很小，说明在该计算模型下水泥土复合管桩在承受上拔荷载时，管桩与水泥土是作为一个整体共同抵抗上拔力。对于由单一水泥土材料构成的水泥土复合管桩部分，即无管桩段，由于水泥土抗拉强度偏低，为偏于安全，该部分实际提供的抗拔力受桩身受拉承载力限制基本可不予考虑。因此当水泥土复合管桩作为抗拔桩使用时，建议管桩与水泥土长度之比不宜小于 1；如不以承受上拔力为主，验算时则仅考虑管桩长度范围内的水泥土复合管桩的抗拔极限承载力。

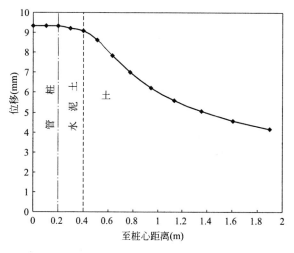

图 3-50　上拔量随至桩中心距离的变化规律

3.3.2　破坏模式

在进行水泥土复合管桩抗拔承载力计算时，不但需要计算水泥土—土界面（外界面）、管桩—水泥土界面（内界面）提供的抗拔承载力，而且需要验算桩身受拉承载力。按此要求，济南、聊城、济宁等地 22 根水泥土复合管桩抗拔承载力的计算结果详见表 3-29。具体抗拔承载力计算方法可参看本书第 4 章，其中桩身受拉承载力不计水泥土的贡献，本次仅考虑管桩纵向预应力钢筋的抗拉承载能力。

水泥土复合管桩抗拔承载力　　　　　　　　　　表 3-29

试验名称	桩号	l/D	D/d	抗拔承载力特征值 R_{ta}(kN)		
				外界面	内界面	管桩桩身
济南黄河北试验	7 号	7.5	2.7	395	1025	151
	8 号	10.0	2.7	550	1215	151
	3 号	9.0	2.5	688	1620	282
	4 号	12.0	2.5	778	2150	282
	11 号	10.0	2.4	933	2687	484
	12 号	13.3	2.4	1523	3530	484
	18 号	10.0	2.5	1716	3990	907
	19 号	12.0	2.5	2238	4671	907

试验名称	桩号	l/D	D/d	抗拔承载力特征值 R_{ta}(kN)		
				外界面	内界面	管桩桩身
聊城月亮湾工程试验	试3号	15.8	2.5	1500	1797	397
	试4号	18.0	2.5	2017	2073	397
	试5号	18.0	2.5	2017	2073	397
	1-9号	18.0	2.0	1899	2442	624
	1-58号	17.0	2.0	1898	2442	624
	1-88号	17.0	2.0	1713	2448	624
	1-105号	17.0	2.0	1902	2445	624
	4-11号	17.0	2.0	1765	2455	624
	4-73号	17.0	2.0	1899	2443	624
	4-104号	17.0	2.0	1509	1974	624
	4-137号	14.0	2.0	1473	1932	624
济宁诚信苑工程试验	试1号	20.9	2.0	1587	1455	397
	试2号	20.8	2.0	1611	1446	397
	试3号	20.3	2.0	1528	1412	397

注：l 为管桩桩长；d 为管桩桩径；D 为水泥土复合管桩直径。

从表 3-29 中可看出，由内界面、外界面计算得到的抗拔承载力均大于管桩桩身抗拔承载力，水泥土复合管桩抗拔承载力由管桩桩身材料强度控制。当水泥土强度较高时，如在济南黄河北、聊城月亮湾工程，内界面计算抗拔承载力大于外界面计算抗拔承载力；当水泥土强度较低时，如在济宁诚信苑工程，内界面计算抗拔承载力小于外界面计算抗拔承载力。

从上表中还可以看出，随着 l/D 的减小，内界面、外界面计算的抗拔承载力逐渐减小，而对于同一管桩规格，如 PHC 400 A 95，桩身受拉承载力不变。因此，当 l/D 减小至一定程度后，内界面、外界面计算抗拔承载力将会小于管桩桩身材料强度对应承载力，这时内界面、外界面阻力成为水泥土复合管桩抗拔承载力的控制因素。

定义内界面、外界面阻力对应抗拔承载力与管桩桩身材料对应抗拔承载力相等时的 l/D 值为 l/D 临界值。下面以聊城月亮湾工程试验 1-9 号桩为例，研究不同水泥土强度时水泥土复合管桩抗拔承载力随 l/D 的变化规律（图 3-51），并确定相应的 l/D 临界值。

由图 3-51 可以看出，水泥土强度较高时，如大于 3MPa，外界面对应抗拔承载力小于内界面对应抗拔承载力，抗拔承载力由外界面与管桩桩身对应承载力二者小值控制，对应的 l/D 临界值为 6。当 l/D 小于 6 时，外界面对应抗拔承载力

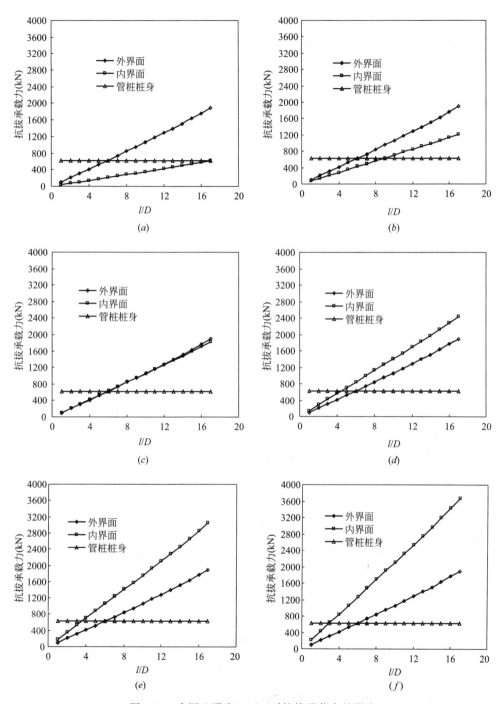

图 3-51 水泥土强度、l/D 对抗拔承载力的影响

（a）水泥土强度 1MPa；（b）水泥土强度 2MPa；（c）水泥土强度 3MPa

（d）水泥土强度 4MPa；（e）水泥土强度 5MPa；（f）水泥土强度 6MPa

小于管桩桩身对应抗拔承载力，抗拔承载力由外界面控制；l/D 大于 6 时，外界面对应抗拔承载力大于管桩桩身对应抗拔承载力，抗拔承载力由管桩桩身材料强度控制。

水泥土强度较低时，如小于 3MPa，外界面对应抗拔承载力大于内界面对应抗拔承载力，抗拔承载力由内界面与管桩桩身对应承载力二者小值控制，l/D 临界值随着水泥土强度的降低而增大，如图 3-52 所示。

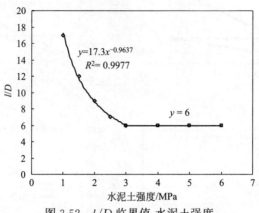

图 3-52　l/D 临界值-水泥土强度

水泥土复合管桩单桩竖向抗拔极限承载力取决于内界面、外界面、管桩桩身这三者所对应抗拔承载力的相对大小，相应地也说明水泥土复合管桩承受上拔荷载时存在三种破坏模式：管桩材料破坏、管桩—水泥土界面破坏（即管桩被拔出）、水泥土—土界面破坏（即水泥土复合管桩整体被拔出）。

通过以上分析，水泥土复合管桩单桩竖向抗拔承载力、破坏模式均与水泥土强度、l/D 有密切关系，可得出如下结论：

（1）水泥土强度不变时，当 l/D 较小时，抗拔承载力由内、外界面侧阻力对应值控制，破坏模式为管桩或水泥土复合管桩被拔出；反之，抗拔承载力由管桩桩身材料强度控制，破坏模式为管桩材料破坏。

（2）l/D 不变时，水泥土强度较低时，抗拔承载力由内界面与管桩桩身对应承载力二者小值控制，l/D 临界值随水泥土强度的增大呈幂函数减小；反之，水泥土强度较高时，抗拔承载力由外界面与管桩桩身对应承载力二者小值控制，l/D 临界值恒定。

上述结论均在水泥土复合管桩与管桩的直径比（D/d）不变的情况下得到的，实际上，l/D 临界值还随 D/d 增大而减小。

3.4　水泥土复合管桩水平承载机理

在聊城月亮湾工程、济宁诚信苑工程开展的足尺试验中共进行了 5 根水泥土复合管桩的单桩水平静载试验，试桩参数、测试要求及场地工程地质情况详见本书第2章。试验时，不仅进行了整体加载模式和芯桩加载模式等两种水平加载模式比较，而且还对部分试验桩测试了桩侧土水平位移影响范围。下面在水平静载试验基础上，分别对水泥土复合管桩在承受水平荷载时的破坏模式、加载模式、单桩水平承载力特征值确定方法、水平荷载影响范围进行分析研究，为明确其水平承载工作性状、确定单桩水平承载力计算与检测方法提供依据。

3.4.1 单桩水平静载试验

聊城月亮湾工程试1号桩、试2号桩单桩水平静载试验采用整体加载模式，即荷载施加在水泥土上，管桩与水泥土共同承担水平荷载；而济宁诚信苑工程试1号~试3号桩单桩水平静载试验则采用芯桩加载模式，即荷载施加在管桩上，仅由管桩承担水平荷载，以上工程检测现场如图3-53所示。

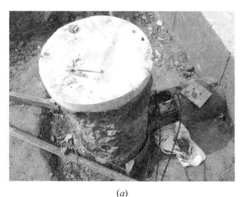 

(a)　　　　　　　　　　　　　　　(b)

图3-53　水平静载试验现场

（a）聊城月亮湾工程；（b）济宁诚信苑工程

依据《建筑基桩检测技术规范》JGJ 106—2014[8]，水平静载试验时采用单向多循环加载法，由油压千斤顶施加水平推力，反力由相邻土墙提供，在千斤顶与试桩接触处安置一球形铰座，以保证千斤顶作用力能水平通过桩身轴线。用压力表示值控制荷载量，用数显百分表测量各级荷载下的水平位移。所有试验桩均加载至桩身结构发生破坏。试验结束后，对各试验桩分别绘制了水平力-时间-作用点位移（H-t-Y_0）关系曲线和水平力-位移梯度（H-$\Delta Y_0/\Delta H$）关系曲线，如图3-54所示。

各试验桩的单桩水平静载试验结果如水平临界荷载、水平极限承载力以及它们对应的水平位移、地基土水平抗力系数的比例系数m详见表3-30。济宁诚信苑工程3根试验桩均在单桩竖向抗压静载试验结束后，清理完桩身破坏段后再进

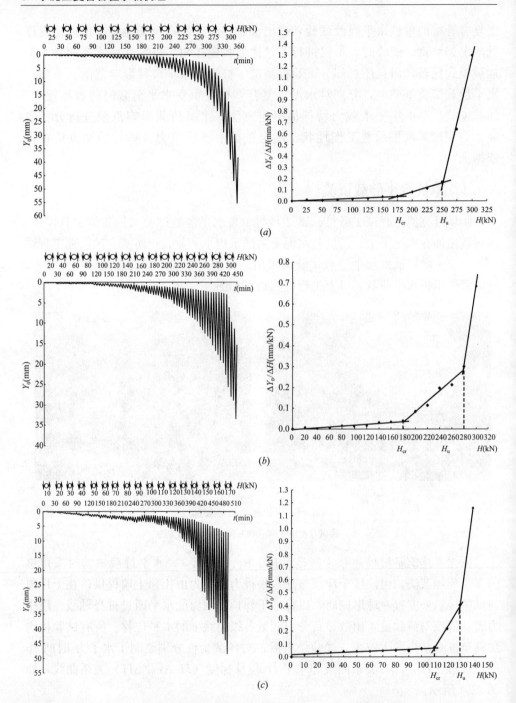

图 3-54 水平静载试验 H-t-Y_0 与 H-$\Delta Y_0/\Delta H$ 曲线（一）

（a）聊城月亮湾工程试 1 号桩；（b）聊城月亮湾工程试 2 号桩；

（c）济宁诚信苑工程试 1 号桩

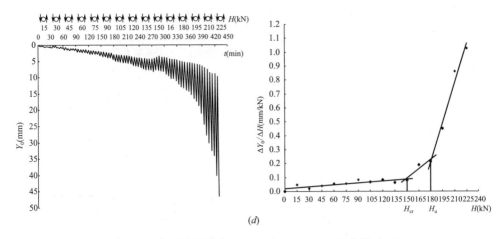

图 3-54 水平静载试验 H-t-Y_0 与 H-$\Delta Y_0/\Delta H$ 曲线（二）

（d）济宁诚信苑工程试 3 号桩

行芯桩加载模式下的单桩水平静载试验。由于其中试 2 号桩在进行水平静载试验前未能将管桩破坏段清除干净，原先业已存在的管桩竖向裂缝导致单桩水平静载试验结果异常。因此在后续结果分析中除水平荷载影响范围外其他均未考虑该桩试验结果，并且图 3-54 中亦未列出相应的数据处理曲线。

单桩水平静载试验结果 表 3-30

试验名称	加载模式	桩号	临界荷载 H_{cr}(kN)	极限荷载 H_u(kN)	临界位移 Y_{0cr}(mm)	极限位移 Y_{0u}(mm)	m (MN/m⁴)
聊城月亮湾工程试验	整体加载	试 1 号	175	250	3.60	12.44	83.78
		试 2 号	180	280	3.30	19.80	101.51
济宁诚信苑工程试验	芯桩加载	试 1 号	110	130	4.60	10.81	78.04
		试 2 号	20	40	1.25	5.35	39.95
		试 3 号	150	180	8.34	14.39	48.54

3.4.2 破坏模式

图 3-55 为整体加载模式下聊城月亮湾工程水泥土复合管桩单桩水平静载试验后的破坏情况。

从图 3-55 中可看出，单桩水平静载试验结束后，桩后土体出现与荷载方向垂直的水平裂缝（图 3-55a），桩身前后两侧中间位置水泥土局部出现竖向裂缝（图 3-55b、c），管桩桩身未发现破坏（图 3-55d）。这说明整体加载模式下，水泥土复合管桩破坏模式为桩侧土与桩身水泥土均破坏，管桩未破坏。

图 3-55 整体加载模式水泥土复合管桩的试验破坏情况

（a）桩后土体开裂；（b）桩身前侧裂缝；（c）桩身后侧裂缝；（d）管桩未破坏

图 3-56 为芯桩加载模式下济宁诚信苑工程水泥土复合管桩单桩水平静载试验后破坏情况。

图 3-56 芯桩加载模式水泥土复合管桩的试验破坏情况

（a）水泥土裂缝；（b）管桩与水泥土脱开

从图 3-56 中可看出，单桩水平静载试验结束后，水泥土中出现与荷载方向垂直的水平裂缝（图 5-56a），管桩桩身后侧与水泥土脱开（图 5-56b），管桩桩身未发现破坏。这说明芯桩加载模式下，水泥土复合管桩破坏模式为水泥土破坏，管桩未破坏。

3.4.3 加载模式

不同加载模式下，水泥土复合管桩单桩水平承载性能比较详见表 3-31。从中可看出，整体加载模式下，水平极限荷载与临界荷载之比为 1.43～1.56，对应的极限位移与临界位移之比为 3.46～6.00，均大于芯桩加载模式时的 1.18～1.20 与 1.73～2.35。这说明芯桩加载模式下，由临界荷载过渡到极限荷载的塑性变形范围小于整体加载模式下的对应值。究其原因，芯桩加载模式下，水平荷载施加在管桩上，而管桩外围为水泥土，水泥土属于脆性破坏材料，当水泥土出现裂缝后，很快就会完全破坏，丧失承载能力；整体加载模式下，水平荷载施加在水泥土上，水泥土外围则为桩侧土，而土属于塑性破坏材料，不同于水泥土的脆性破坏，塑性变形范围相对较大。

不同加载模式水泥土复合管桩水平承载性能比较 表 3-31

试验名称	桩号	加载模式	H_u/H_{cr}	Y_{0u}/Y_{0cr}	破坏情况
聊城月亮湾工程试验	试 1 号	整体加载	1.43	3.46	桩侧土与桩身水泥土破坏，管桩未破坏
	试 2 号		1.56	6.00	
济宁诚信苑工程试验	试 1 号	芯桩加载	1.18	2.35	水泥土破坏，管桩未破坏
	试 3 号		1.20	1.73	

当水泥土复合管桩作为基桩使用时，桩与承台连接方式为管桩嵌入承台，其水平承载模式与芯桩加载模式相同。因此，在进行水泥土复合管桩单桩水平静载试验时，水平荷载应施加在管桩上，试验方法与破坏判定方法可根据现行行业标准《水泥土复合管桩基础技术规程》JGJ/T 330—2014[39]、《建筑基桩检测技术规范》JGJ 106—2014[8] 有关规定执行。

3.4.4 水平承载力特征值确定方法

3.4.4.1 现行标准取值方法

将现行国家标准《建筑地基基础设计规范》GB 50007—2011[7]、《建筑基桩检测技术规范》JGJ 106—2014[8]、《铁路工程基桩检测技术规程》TB 10218—2008[9] 中有关单桩水平承载力特征值的确定方法分别归纳如下：

（1）《建筑地基基础设计规范》GB 50007—2011[7] 附录 S 第 S.0.11 条

当桩身不允许裂缝时，取水平临界荷载统计值的 0.75 倍为单桩水平承载力特征值。

当桩身允许裂缝时，将单桩水平极限荷载统计值除以安全系数 2 为单桩水平承载力特征值，且桩身裂缝宽度应满足相关规范要求。

（2）《建筑基桩检测技术规范》JGJ 106—2014[8] 第 6.4.6 条、第 6.4.7 条

为设计提供依据的水平极限承载力和水平临界荷载，可按本规范第 4.4.3 条的统计方法确定。

当桩身不允许开裂或灌注桩的桩身配筋率小于 0.65% 时，可取水平临界荷载的 0.75 倍为单桩水平承载力特征值。

对钢筋混凝土预制桩、钢桩和桩身配筋率不小于 0.65% 的灌注桩，可取设计桩顶标高处水平位移为 10mm（对水平位移敏感的建筑物取 6mm）所对应荷载的 0.75 倍作为单桩水平承载力特征值。

取设计要求的水平允许位移对应的荷载作为单桩水平承载力特征值，且应满足桩身抗裂要求。

（3）《铁路工程基桩检测技术规程》TB 10218—2008[9] 第 9.4.6、第 9.4.7 条

当水平承载力按桩身强度控制时，取水平临界荷载统计值为单桩水平承载力特征值。

当桩受长期水平荷载作用且桩不允许开裂时，取水平临界荷载统计值的 0.8 倍作为单桩水平承载力特征值。

当水平承载力按设计要求的水平允许位移控制时，可取设计要求的水平允许位移对应的水平荷载作为单桩水平承载力特征值，但应满足有关规范抗裂设计的要求。

3.4.4.2 水平承载力特征值安全系数

表 3-32、表 3-33 为统计搜集到的各种桩型包括灌注桩、管桩、劲性搅拌桩在内共 86 组单桩水平静载试验结果，从中可得出，水平极限荷载与临界荷载之比（H_u/H_{cr}）为 1.17~2.73，平均值为 1.65。按照上述现行标准中水平承载力特征值取值方法，取临界荷载的 0.75 倍为水平承载力特征值（H_a），则水平极限荷载与水平承载力特征值之比（H_u/H_a）为 1.56~3.64，平均值为 2.2，也就是说水平承载力特征值安全系数平均为 2.2。

单桩水平静载试验结果一[10] 表 3-32

编号	桩径 d	长径比 l/d	H_{cr}(kN)	H_u(kN)	H_a(kN)	H_u/H_{cr}	H_u/H_a
G-1	125	18	3.8	5.6	2.9	1.47	1.96
G-3	170	18	8.0	11.6	6.0	1.45	1.93
G-5	250	18	12.3	21.8	9.2	1.77	2.36
G-6	330	18	22.7	39.4	17.0	1.74	2.31
G-7	250	8	10.2	17.1	7.7	1.68	2.24

编号	桩径 d	长径比 l/d	H_{cr}(kN)	H_u(kN)	H_a(kN)	H_u/H_{cr}	H_u/H_a
G-8	250	13	12.0	19.6	9.0	1.63	2.18
G-9	250	23	12.0	21.0	9.0	1.75	2.33
G-10	330	13	21.4	35.0	16.1	1.64	2.18
G-11	330	14	21.4	35.0	16.1	1.64	2.18
D-1	125	18	4.0	5.8	3.0	1.45	1.93
D-4	170	18	7.4	10.9	5.6	1.47	1.96
D-7	250	18	11.9	20.8	8.9	1.75	2.33
D-18	330	18	22.2	37.9	16.7	1.71	2.28
D-21	250	14	20.6	39.5	15.5	1.92	2.56

单桩水平静载试验结果二　　　　表 3-33

编号	桩型	破坏形式	H_{cr}(kN)	H_u(kN)	H_a(kN)	H_u/H_{cr}	H_u/H_a	来源
1	PHC 500 AB 125-9	桩断	240	450	180	1.88	2.50	
2	PHC 500 AB 125-9	桩断	160	360	120	2.25	3.00	[11]
3	PHC 500 AB 125-9	桩断	250	450	188	1.80	2.40	
4	PHC	桩断	100	160	75	1.60	2.13	
5	PHC	桩断	60	100	45	1.67	2.22	[12]
6	PHC	桩断	80	120	60	1.50	2.00	
7	劲性搅拌桩 D0.6 L14 C40 d270×270 L13.5	变形>40	62.5	87	47	1.39	1.86	
8	劲性搅拌桩 D0.6 L13.5 C40 d270×270 L13.5	变形>40	69	118	52	1.71	2.28	[13,14]
9	劲性搅拌桩 D0.6 L14 C40 d270×270 L13.5	变形>40	80	110	60	1.38	1.83	
10	PHC 600 AB 130-34.6	变形>40	126	162	95	1.29	1.71	[15,16]
11	PHC 600 AB 130-38	变形>40	126	162	95	1.29	1.71	
12	灌注桩 C30 D0.6 L17.5	设计荷载	120	—	90	—	—	[17]
13	灌注桩 D0.8 L15	—	160	240	120	1.50	2.00	
14	灌注桩 D1.2 L15	—	420	600	315	1.43	1.90	[18]
15	灌注桩 D0.8 L21	—	160	200	120	1.25	1.67	
16	灌注桩 D1.2 L15	—	360	480	270	1.33	1.78	
17	灌注桩 D1.2 L74	变形陡增	312.5	562.5	234	1.80	2.40	[19]
18	灌注桩 D1.2 L39.62	变形陡增	312.5	500	234	1.60	2.13	

编号	桩型	破坏形式	H_{cr}(kN)	H_u(kN)	H_a(kN)	H_u/H_{cr}	H_u/H_a	来源
19	灌注桩 C25 D0.8 L32.9	土裂缝	240	440	180	1.83	2.44	[20]
20	灌注桩 C25 D0.8 L32.7	土裂缝	260	460	195	1.77	2.36	
21	PHC 500 AB 125-15a	变形>40	70	123.3	53	1.76	2.35	
22	PHC 500 AB 125-15a	变形>40	90	123.3	68	1.37	1.83	[21]
23	PHC 500 AB 125-15a	变形>40	75	123.3	56	1.64	2.19	
24	PHC 400 A 95-25	桩断	100	160	75	1.60	2.13	
25	PHC 400 A 95-25	桩断	60	100	45	1.67	2.22	
26	PHC 400 A 95-25	桩断	80	120	60	1.50	2.00	[22]
27	PHC 500 A 125-21.5	桩断	140	196	105	1.40	1.87	
28	PHC 500 A 125-25	桩断	168	224	126	1.33	1.78	
29	灌注桩 C30 D0.8 L16	变形>35	180	210	135	1.17	1.56	
30	灌注桩 C30 D0.8 L16	变形>35	180	210	135	1.17	1.56	[23]
31	灌注桩 C30 D0.8 L16	变形>35	180	210	135	1.17	1.56	
32	PHC 500 AB 125-29	—	80	180	60	2.25	3.00	
33	PHC 500 AB 125-29	—	100	180	75	1.80	2.40	[24]
34	PHC 500 AB 125-29	—	90	180	68	2.00	2.67	
35	灌注桩 C30 D1 L42.2	变形>40	260	450	195	1.73	2.31	
36	灌注桩 C30 D1 L43	变形>40	260	450	195	1.73	2.31	[25]
37	灌注桩 C30 D0.8 L45	设计荷载	155	—	116	—	—	
38	灌注桩 C30 D0.8 L45	设计荷载	110	—	83	—	—	[26]
39	灌注桩 D1.2 L9	变形>30	420	720	315	1.71	2.29	[27]
40	灌注桩 C30 D1 L8.9	变形过大	180	300	135	1.67	2.22	
41	灌注桩 C30 D1 L8.2	变形过大	160	280	120	1.75	2.33	[28]
42	灌注桩 C25 D0.8 L39.2	—	100	150	75	1.50	2.00	
43	灌注桩 C25 D0.8 L39.2	—	125	175	94	1.40	1.87	
44	灌注桩 C20 D0.8 L38	—	225	300	169	1.33	1.78	
45	灌注桩 C20 D0.8 L28	—	100	200	75	2.00	2.67	[29]
46	灌注桩 C20 D0.8 L21	—	200	325	150	1.63	2.17	
47	灌注桩 C20 D0.8 L16	—	150	225	113	1.50	2.00	
48	灌注桩 D2.2 L85	—		165	—	—	—	[30]
49	灌注桩 D1 L28.9	变形过大	250	350	188	1.40	1.87	
50	灌注桩 D1 L25.1	变形过大	200	250	150	1.25	1.67	[31]
51	灌注桩 D1 L32.5	变形过大	180	300	135	1.67	2.22	

续表

编号	桩型	破坏形式	H_{cr}(kN)	H_u(kN)	H_a(kN)	H_u/H_{cr}	H_u/H_a	来源
52	灌注桩 C35 D0.8 L45.6	—	200	300	150	1.50	2.00	
53	灌注桩 C35 D0.8 L45.7	—	200	300	150	1.50	2.00	[32]
54	灌注桩 C35 D1 L34.2	—	360	480	270	1.33	1.78	
55	灌注桩 C35 D1 L34.2	—	300	420	225	1.40	1.87	
56	灌注桩 D0.8 L15.5	变形＞30	200	280	150	1.40	1.87	
57	灌注桩 D0.8 L15.7	变形＞30	240	360	180	1.50	2.00	[33]
58	灌注桩 D1.5 L17.7	变形＞30	800	1500	600	1.88	2.50	
59	灌注桩 D1.5 L17.7	变形＞30	700	1500	525	2.14	2.86	
60	灌注桩 C25 D0.8 L32	—	300	—	225	—	—	
61	灌注桩 C25 D0.8 L31.5	—	300	—	225	—	—	[34]
62	灌注桩 C25 D0.8 L31.5	—	300	—	225	—	—	
63	PHC 400 A 95-20	桩断	—	110	—	—	—	
64	PHC 400 A 95-20	桩断	—	90	—	—	—	[35]
65	PHC 400 A 95-20	—	—	100	—	—	—	
66	PHC 800 AB 120	设计荷载	240	—	180	—	—	[36]
67	灌注桩 D0.6 L20	变形过大	100	200	75	2.00	2.67	
68	灌注桩 D0.6 L20	变形过大	200	400	150	2.00	2.67	
69	灌注桩 D0.6 L20	变形过大	150	300	113	2.00	2.67	[37]
70	灌注桩 D0.8 L20	变形过大	415	997	311	2.40	3.20	
71	灌注桩 D0.8 L20	变形过大	212	578	159	2.73	3.64	
72	灌注桩 D0.8 L20	变形过大	334	882	251	2.64	3.52	

由表 3-33 破坏形式统计结果中可以看出，水平荷载作用下，桩的破坏模式包括桩身出现裂缝或断裂、变形过大等形式。这说明不论何种破坏模式下，按照现行标准规定的单桩水平承载力特征值取值方法，其安全系数不低于 2。

3.4.4.3 推荐取值方法

由表 3-30 水泥土复合管桩单桩水平静载试验结果可以看出，整体加载模式时，极限荷载值 H_u 为临界荷载 H_{cr} 的 1.43 倍～1.56 倍，如取临界荷载 H_{cr} 的 0.75 倍作为水平承载力特征值 H_a，则 H_u/H_a 之比为 1.91～2.08，即单桩水平承载力特征值安全系数约等于 2。

芯桩加载模式时，极限荷载 H_u 为临界荷载 H_{cr} 的 1.18 倍～1.20 倍，如取临界荷载 H_{cr} 的 0.75 倍作为特征值，则 H_u/H_a 之比为 1.57～1.60，单桩水平承载力特征值安全系数小于 2。因此，为了使安全系数达到 2，宜取临界荷载的

0.60 倍作为水平承载力特征值。

综上所述，推荐水泥土复合管桩单桩水平承载力特征值确定方法如下：

1）整体加载模式时，单桩水平承载力特征值可取临界荷载的 0.75 倍；

2）芯桩加载模式时，单桩水平承载力特征值可取临界荷载的 0.6 倍。

3.4.5 水平荷载影响范围

在对济宁诚信苑工程水泥土复合管桩进行单桩水平静载试验时，通过在桩前不同位置处设置水平位移测试点，开展了水平荷载作用下桩前土体水平位移影响范围测试，如图 3-57 所示。

图 3-57 水平荷载影响范围测试

桩前不同位置处土体水平位移随水平荷载变化实测曲线如图 3-58 所示。图中桩前土体各测试点水平位移在临界荷载之前以较小的速率基本呈匀速增加状态，临界荷载之后水平位移增加速率逐渐变大，至极限荷载后又基本呈匀速增加状态，与水泥土复合管桩桩头水平位移规律类似。

图 3-59 为临界荷载时，桩前不同位置处土体水平位移以及它与桩头水平位移之比分别与至桩中心距离的关系曲线。

从图 3-59 中可看出，临界荷载时，桩前不同位置处土体水平位移随至桩心距离的增大基本呈线性减小趋势。具体来说，0.5m 处土体水平位移为桩头水平位移的 35%～74%；0.8m（1D）处土体水平位移为桩头水平位移的 11%～44%；1.0m（1.25D）处则为桩头水平位移的 25%。根据以上土体水平位移随至桩心距离的变化趋势，当土体至桩心距离超过 2m（2.5D）时，计算该位置处的土体水平位移为零。因此，临界荷载时，水平荷载对超出该距离的土体基本无影响。

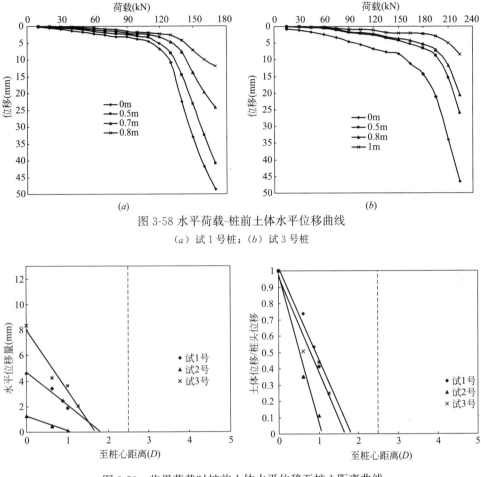

图 3-58 水平荷载-桩前土体水平位移曲线

（a）试 1 号桩；（b）试 3 号桩

图 3-59 临界荷载时桩前土体水平位移至桩心距离曲线

以上水平荷载作用下济宁诚信苑工程水泥土复合管桩对桩前土体水平位移影响范围测试结果表明，该桩型在设计布桩时其中心距不宜小于 2.5D。

参 考 文 献

［1］ 张冠军，徐永福，傅德明.SMW 工法型钢起拔试验研究及应用［J］.岩石力学与工程学报，2002，21（3）：444-448.

［2］ 于宁，朱合华，梁仁旺.插钢筋水泥土力学性能的试验研究［J］.土木工程学报，2004，37（11）：78-84.

［3］ 周燕晓，黄新，麻志刚.型钢水泥土构件界面粘结应力试验研究［J］.路基工程，2010，（4）：165-167.

[4] 吴迈，赵欣，窦远明，等.水泥土组合桩室内试验研究 [J].工业建筑，2004，34（11）：45-48.

[5] 吴迈.混凝土芯水泥土桩单桩竖向承载性状研究与可靠度分析 [D].天津：天津大学博士学位论文，2008.

[6] 10G409.预应力混凝土管桩 [S].

[7] GB 50007—2011.建筑地基基础设计规范 [S].

[8] JGJ 106—2014.建筑基桩检测技术规范 [S].

[9] TB 10218—2008.铁路工程基桩检测技术规程 [S].

[10] 史佩栋.桩基工程手册（桩和桩基础手册）[M].北京：人民交通出版社，2008.

[11] 王毅.PHC管桩单桩水平静载荷试验研究与分析 [J].长春工程学院学报：自然科学版，2011，12（4）：13-16，19.

[12] 卢海东.PHC管桩水平承载力试验研究 [J].中外建筑，2011，（11）：114-115.

[13] 柳博鹏.劲性搅拌桩分别在竖向和水平荷载作用下承载性能的试验研究 [D].天津：天津大学硕士学位论文，2006.

[14] 岳建伟，凌光容.软土地基中组合桩水平受荷作用下的试验研究 [J].岩石力学与工程学报，2007，26（6）：1284-1289.

[15] 敖成友.单桩水平静载试验在预应力管桩基础工程中的应用 [J].岩土工程界，2005，8（12）：35-37.

[16] 林国宏.水平荷载作用下预应力管桩抗弯性能的探讨 [J].工程质量，2010，28（1）：60-63.

[17] 陈祥，孙进忠，蔡新滨.基桩水平静载试验及内力和变形分析 [J].岩土力学，2010，31（3）：753-759.

[18] 孙元奎，陈永，陈华顺.淤土地基灌注桩水平承载特性试验及数值计算 [J].公路，2012，（1）：78-82.

[19] 汪德敏，潘志炎，龚伟明.软土地区特长桩水平承载特性研究 [J].中外公路，2009，29（6）：68-70.

[20] 张璐.钻孔灌注桩的单桩水平静载试验实例 [J].当代建设，2003，（5）：44.

[21] 杨辉.预应力管桩水平承载特性分析及接桩技术研究 [D].邯郸：河北工程大学硕士论文，2011.

[22] 许国平.预应力管桩的水平承载力性状分析 [J].福建建设科技，2005，（3）：6-7，23.

[23] 郭志勇，马鹏，王震.黄土地区灌注桩水平承载力应用测试研究 [J].煤炭工程，2011，（8）：45-47.

[24] 刘腊腊，胡建平.单桩水平静载试验及成果参数取值探讨 [J].天津城市建设学院学报，2009，15（4）：268-270.

[25] 王艳萍，马林，黄祥海，昭燕军.杭州大剧院钻孔桩静载试验研究 [C].//《工程力学》杂志社.第14届全国结构工程学术会议论文集（第Ⅲ册），2005.9，烟台大学：444-448.

[26] 殷芳.基桩水平静载试验的三维非线性有限元模拟 [D].南京：南京工业大学硕士论

文，2006.

[27] 王俊林，王复明，任连伟，等.大直径扩底桩单桩水平静载试验与数值模拟 [J].岩土工程学报，2010，32（9）：1406-1411.

[28] 吴春秋，安旭文，张伟.大直径嵌岩灌注桩承载性状的试验研究 [J].建筑结构，2004，34（9）：37-39.

[29] 蔡军.Ⅳ级自重湿陷性黄土场地长桩水平承载力试验研究 [J].建筑监督检测与造价，2009，2（4）：11-13.

[30] 谭晓琦.软基超长灌注桩承载性能的试验研究 [J].公路，2006，（12）：26-31.

[31] 黄应州，钱春阳，高至飞.大直径灌注桩竖向、水平桩身内力及变形试验研究 [J].铁路技术创新，2010，（3）：49-53.

[32] 华能铜川电厂工程钻孔旋挖与人工挖孔（扩底）灌注桩试验报告书 [EB/OL].[2005-06].http：//wenku.baidu.com/view/55d3bcf77c1cfad6195fa739.html.

[33] 江学良，曹平，付军.大直径嵌岩灌注桩水平荷载试验研究 [J].公路，2006，（12）：18-23.

[34] 张建英，邢心奎，姚克俭.大直径旋挖钻孔灌注桩应用实例 [J].岩土工程技术，2003，（3）：175-179.

[35] 刘宁，葛忻声.PHC管桩水平承载力性状现场试验研究 [EB/OL].中国科技论文在线.http：//www.paper.edu.cn.

[36] 洪家宝，张华华，陈镠芬.水平荷载作用下PHC管桩的工作性状研究 [J].水利与建筑工程学报，2007，（4）：51-54.

[37] 李俊青.强夯填土中桩的水平受荷特性的研究 [D].成都：西南交通大学硕士论文，2008.

[38] 张雁，刘金波.桩基手册 [M].北京：中国建筑工业出版社，2009.

[39] JGJ/T 330—2014.水泥土复合管桩基础技术规程 [S].

4 水泥土复合管桩设计与计算

4.1 概述

水泥土复合管桩是针对软弱土地区大型建（构）筑物需求而开发的一种桩型，由高喷搅拌法形成的水泥土桩与同心植入的预应力高强混凝土管桩通过优化匹配复合而成的基桩，但其真实内涵并非是水泥土桩与管桩这两者简单的组合，而是在现有管桩型号的基础上，通过优化选择水泥土与管桩的结构尺寸及水泥土强度，调整水泥土复合管桩的桩身承载力，达到与桩侧土阻力的最佳匹配，满足上部荷载的要求。因此，水泥土复合管桩有自身结构特点与设计理念，并非所有水泥土桩中植入管桩都是水泥土复合管桩。作为桩基础使用时，可部分参考灌注桩、混凝土预制桩等既有桩基的设计与计算方法，但必须充分考虑自身的特点。现行行业标准《水泥土复合管桩基础技术规程》JGJ/T 330—2014[1] 在足尺试验、大比尺模型试验、数值分析、工程应用及原型观测的基础上提出了适合水泥土复合管桩特点的设计与计算规定。

水泥土复合管桩根据其成桩工艺、机械设备能力、水泥固化剂材料性质，并结合工程应用情况，可用于素填土、粉土、黏性土、松散砂土、稍密—中密砂土等土层，尤其适用于软弱土层。当遇到下列情况时，需要通过现场和室内试验确定水泥土复合管桩的适用性：

（1）对于淤泥、淤泥质土、吹填土、含有大量植物根茎土，当土中有机质含量较高时，会阻碍水泥水化反应，影响水泥土强度；

（2）对于地下水具有中—强腐蚀性场地，地下水会对水泥土产生结晶性侵蚀，导致水泥土开裂、崩解而丧失强度；

（3）对于地下水流速较大的场地，地下水会携带走尚未凝固的水泥浆液，降低水泥土强度；

（4）当地层中含有较多石块、漂石或其他障碍物、密实砂层、不宜作为持力层的坚硬夹层时，会降低施工效率，影响水泥土的搅拌均匀程度。

水泥土复合管桩基础设计与施工前应按国家现行有关标准《岩土工程勘察规范》GB 50021—2001（2009 年版）[54]、《建筑抗震设计规范》GB 50011—2010[59]、《高层建筑岩土工程勘察规程》JGJ 72—2004[60]、《建筑桩基技术规范》JGJ 94—

2008[2]、《建筑地基处理技术规范》JGJ 79—2012[25] 的有关规定，进行岩土工程勘察，重点查明各土层的厚度和组成、土的含水率、密实度、颗粒组成及含量、胶结情况、塑性指数、有机质含量、地下水位、pH 值、腐蚀性等。岩土工程勘察报告需提供以下主要内容：提供按承载能力极限状态和正常使用极限状态进行设计所需的岩土物理力学参数及原位测试参数；建筑场地不良地质作用及防治方案；地下水位埋藏情况、类型和水位变化幅度及抗浮设计水位、土、水腐蚀性评价；抗震设防区按抗震设防烈度提供的液化土层资料；有关特殊性地基土评价。

当无可靠的水泥土复合管桩基础工程经验时，设计前应按现行行业标准《水泥土配合比设计规程》JGJ/T 233—2011[45] 的有关规定，针对桩长范围内主要土层进行室内水泥土配合比试验，并以其中的较弱土层对应的标准养护条件下 28d 龄期的立方体抗压强度平均值作为水泥土复合管桩桩身承载力的计算依据。

水泥土复合管桩是一种新桩型，如在本地区无成功应用经验，为验证其对地层条件适应性，确定实际成桩步骤、浆液压力、气压、水灰比、钻杆提升及旋转速度等工艺参数，了解钻进阻力、植桩情况并采取相应施工措施，设计前应选择有代表性场地进行成桩工艺性试验，类似条件下试验数量不宜少于 3 组。成桩工艺性试验时需采取可靠手段检查水泥土的成桩直径、长度及桩身均匀程度等参数是否符合设计要求。

为了积累工程观测资料，完善桩基沉降计算方法，所有应用水泥土复合管桩基础的建（构）筑物，在其主体结构施工及使用期间，设计时均应要求按现行行业标准《建筑变形测量规范》JGJ 8—2016[61] 的有关规定进行沉降观测直至沉降稳定。

以下各节在现行行业标准《水泥土复合管桩基础技术规程》JGJ/T 330—2014[1] 基础上，从基本设计规定、桩的选型与布置、桩身承载力、竖向承载力、水平承载力、桩基沉降计算、构造要求等方面逐一介绍水泥土复合管桩设计与计算。

4.2　基本设计规定

水泥土复合管桩基本设计规定主要包括：设计时应具备的基本资料、水泥土复合管桩基础设计等级、作用效应与相应抗力规定、承载能力及沉降计算要求。

下面根据《水泥土复合管桩基础技术规程》JGJ/T 330—2014[1] 分别对水泥土复合管桩基本设计规定内容进行阐述。

（1）水泥土复合管桩基础设计时应具备下列基本资料：

1）岩土工程勘察报告；

2）建筑场地与环境条件资料包括：交通设施、地上及地下管线、地下构筑物的分布；相邻建筑物安全等级、基础形式及埋置深度；附近类似地层条件场地的桩基工程试桩资料和单桩承载力设计参数；周围建筑物的防振、防噪声的要求；返浆排放条件；建筑物所在地区的抗震设防烈度和建筑场地类别；

3）建筑物的总平面布置图；建筑物的结构类型、荷载，建筑物的使用条件和设备对基础竖向及水平位移的要求；建筑结构的安全等级；

4）施工条件资料包括：施工机械设备条件，动力条件，施工工艺对地层条件的适应性；水、电及有关建筑材料的供应条件；施工机械进出场及现场运行条件；

5）供设计比较用的有关桩型及实施可行性的资料。

（2）水泥土复合管桩基础设计等级

水泥土复合管桩基础设计等级应根据建筑规模、功能特征、对差异变形的适应性、场地地基和建筑物体形的复杂性以及由于桩基问题可能造成建筑破坏或影响正常使用的程度，按现行行业标准《建筑桩基技术规范》JGJ 94—2008[2] 的有关规定确定。

（3）水泥土复合管桩基础设计所采用的作用效应与相应的抗力

这是根据计算或验算的内容相适应的原则确定，已与国家现行标准《建筑地基基础设计规范》GB 50007—2011[31]、《建筑桩基技术规范》JGJ 94—2008[2] 的规定相协调。具体来说，作用效应与相应的抗力应符合下列规定：

1）确定桩数和布桩时，应采用传至承台底面的荷载效应标准组合；相应的抗力应采用单桩承载力特征值；

2）计算荷载作用下的桩基沉降和水平位移时，应采用荷载效应准永久组合；计算水平地震作用、风载作用下的桩基水平位移时，应采用水平地震作用、风载效应标准组合；

3）验算抗震设防区桩基的整体稳定性时，应采用地震作用效应和荷载效应的标准组合；

4）计算承台内力、确定承台高度、配筋和验算桩身强度时，上部结构传来的荷载效应组合和相应的基底反力，应按承载能力极限状态下荷载效应的基本组合，采用相应的分项系数；当进行承台裂缝控制验算时，应分别采用荷载效应标准组合和荷载效应准永久组合；

5）桩基结构安全等级、结构设计使用年限和结构重要性系数应按国家现行有关建筑结构标准的规定采用，但结构重要性系数 γ_0 不应小于 1.0；

6）对桩基结构进行抗震验算时，其承载力调整系数应按现行国家标准《建筑抗震设计规范》GB 50011—2010[59] 的规定采用。

（4）水泥土复合管桩基础应根据具体条件分别进行下列承载能力计算：

1）应根据桩基的使用功能和受力特征分别进行桩基的竖向承载力计算和水平承载力计算；

对位于坡地、岸边的建筑物，应慎用水泥土复合管桩基础；当采用水泥土复合管桩基础时，应对其进行整体稳定性验算，并采取减小水泥土复合管桩与管桩直径比、植入等长管桩、通长填芯等措施；

2）应对桩身和承台结构承载力进行计算；

3）当桩端平面以下存在软弱下卧层时，应按现行行业标准《建筑桩基技术规范》JGJ 94—2008[2] 有关规定进行软弱下卧层承载力验算；

4）对于承受拔力的桩基，应进行基桩和群桩的抗拔承载力计算；

5）对于抗震设防区的桩基，应进行抗震承载力验算。

（5）下列水泥土复合管桩基础应进行沉降计算：

1）设计等级为甲级的桩基；

2）设计等级为乙级的建筑物体型复杂、荷载分布显著不均匀或桩端平面以下存在软弱土层的桩基。

4.3 桩的选型与布置

4.3.1 桩的选型

桩的选型通常是指根据建筑结构类型、荷载性质、工程地质与水文地质条件、桩的使用功能、施工设备的供给情况、施工环境、施工经验、制桩材料供应条件、工期等，按安全适用、经济合理的原则选择桩的类型，例如泥浆护壁钻孔灌注桩、长螺旋钻孔压灌桩、沉管灌注桩、混凝土预制桩等。

水泥土复合管桩选型除考虑技术、质量、安全、环境、工期、造价等方面的综合效果外，还需要选择符合水泥土复合管桩自身结构特点的设计参数。通过足尺试验、大比尺模型试验、室内试验、数值分析与工程应用，本书在国内首次较为系统完整地研究了水泥土桩与管桩的直径之比、长度之比、管桩型号与水泥土强度等桩身结构设计参数对水泥土复合管桩承载及变形的影响。

下面依次介绍水泥土桩直径与管桩直径之比及两者之差、管桩长度及其与水泥土桩长度之比、管桩型号、水泥土强度下限值、水泥品种及掺量的相关研究成果，在此研究基础上给出水泥土复合管桩的选型原则。

（1）水泥土桩直径与管桩直径之比及两者之差

在竖向荷载作用下，水泥土复合管桩中由管桩承担的大部分荷载通过管桩—水泥土界面传递至水泥土，然后再通过水泥土—土界面传递至桩侧土，管桩、水泥土、桩侧土构成了由刚性向柔性过渡的结构。作为管桩与桩侧土之间的过渡层—水泥土不宜太薄，否则无法保证水泥土复合管桩有效工作。另外，包裹在管桩周围的水泥土还起到了保护层作用，改善了管桩的耐久性。综合考虑水泥土复合管桩承载力机理、桩基所处环境类别、施工桩位与垂直度允许偏差、桩侧土性质等因素，水泥土不宜太薄，水泥土桩直径与管桩直径之差不应小于300mm，即管桩周围水泥土厚度不宜小于150mm。

水泥土复合管桩承载机理研究表明，水泥土桩直径 D 与管桩直径 d 之比（以下简称"直径比"）不是越大越好，当直径比增大到某值后，桩身材料复合强度对应桩身承载力小于桩侧土阻力对应承载力，桩身材料强度与桩侧土阻力不匹配，即直径比存在上限。

加载模式三工况静载荷试验结果表明，管桩承担70%以上的荷载，管桩—水泥土界面未发生剪切滑移，水泥土和管桩共同承担竖向荷载，水泥土复合管桩变形符合等应变假定，管桩与水泥土应力比可近似取两者弹性模量之比。因此，采用下式可估算出直径比的取值范围。

$$\frac{A_p \cdot \sigma_p}{A_p \cdot \sigma_p + A_l \cdot \sigma_{cs}} > 70\% \tag{4-1}$$

$$n_0 = \frac{\sigma_p}{\sigma_{cs}} = \frac{E_p}{E_{cs}} \tag{4-2}$$

式中：A_p——管桩截面面积（m²）；

    A_l——有管桩段水泥土净截面面积（m²）；

    σ_p——管桩应力（kPa）；

    σ_{cs}——水泥土应力（kPa）；

    n_0——管桩与水泥土的应力比；

    E_p——管桩混凝土弹性模量（MPa）；

    E_{cs}——水泥土弹性模量（MPa）。

目前水泥土复合管桩中常用水泥土桩直径为800mm～2000mm，预应力高强混凝土管桩型号为 AB 型或 B 型、C 型，外径为300mm、400mm、500mm、600mm、800mm。结合水泥土复合管桩常用尺寸、管桩周围水泥土厚度限值，由式（4-1）、式（4-2）估算的水泥土桩直径及直径比如表4-1、表4-2、图4-1所示。计算时水泥土弹性模量 E_{cs} 取水泥土无侧限抗压强度的（600～1000）倍，水泥土强度高时，取高值，反之取低值。管桩混凝土弹性模量 E_p 应按现行国家标准《混凝土结构设计规范》GB 50010—2010[3] 的有关规定取值。

对表4-2所列直径比取值范围进行优化，表4-3给出了管桩直径为300mm、400mm、500mm、600mm、800mm时的直径比取值范围，对于其他直径的管桩可参考取用。

水泥土桩直径（mm）　　　　　　　　表 4-1

管桩规格 ＼ 水泥土强度(MPa)	1	2	3	4	5	6	7	8	9	10
PHC 300 70	900	800	800	800	800	800	800	800	800	800
PHC 400 95	1200	900	800	800	800	800	800	800	800	800
PHC 500 100	1400	1000	900	900	800	800	800	800	800	800
PHC 500 125	1500	1100	900	900	900	800	800	800	800	800
PHC 600 110	1600	1200	1000	1000	900	900	900	900	900	900
PHC 600 130	1700	1300	1100	1100	1000	900	900	900	900	900
PHC 700 110	1800	1300	1100	1100	1100	1000	1000	1000	1000	1000
PHC 700 130	1900	1400	1200	1200	1100	1000	1000	1000	1000	1000
PHC 800 110	1900	1500	1300	1300	1200	1100	1100	1100	1100	1100
PHC 800 130	2000	1500	1300	1300	1200	1100	1100	1100	1100	1100

直径比（D/d）　　　　　　　　表 4-2

管桩规格 ＼ 水泥土强度(MPa)	1	2	3	4	5	6	7	8	9	10
PHC 300 70	3.00	2.67	2.67	2.67	2.67	2.67	2.67	2.67	2.67	2.67
PHC 400 95	3.00	2.25	2.00	2.00	2.00	2.00	2.00	2.00	2.00	2.00
PHC 500 100	2.80	2.00	1.80	1.80	1.60	1.60	1.60	1.60	1.60	1.60
PHC 500 125	3.00	2.20	1.80	1.80	1.80	1.60	1.60	1.60	1.60	1.60
PHC 600 110	2.67	2.00	1.67	1.67	1.50	1.50	1.50	1.50	1.50	1.50
PHC 600 130	2.83	2.17	1.83	1.83	1.67	1.50	1.50	1.50	1.50	1.50
PHC 800 110	2.38	1.88	1.63	1.63	1.50	1.38	1.38	1.38	1.38	1.38
PHC 800 130	2.50	1.88	1.63	1.63	1.50	1.38	1.38	1.38	1.38	1.38

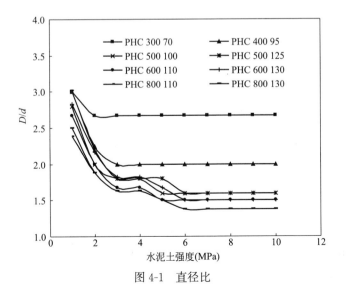

图 4-1　直径比

水泥土桩直径与管桩直径之比   表 4-3

d(mm)	300	400	500	600	800
D/d	2.7～3.0	2.0～2.5	1.7～2.2	1.5～2.0	1.4～1.8

由图 4-1 可以看出，直径比随着水泥土强度的增加而减小，随着管桩直径的增大而减小；当桩侧土质较好时，桩侧土阻力大，根据图 3-1 所示的匹配关系，需要增加管桩直径，对应直径比减小，提高桩身复合材料强度，以达到桩身材料强度与桩侧土阻力的最佳匹配。因此，当水泥土强度高或桩侧土质较好时，直径比宜取小值。

（2）管桩长度及其与水泥土桩长度之比

在竖向荷载作用下，水泥土复合管桩桩身轴力分布基本为折线，拐点在管桩底端处。济南黄河北试验研究数据表明，管桩底端处荷载传递比在 0.32～0.57 范围内；而水泥土复合管桩底端处荷载传递比在 0.04～0.26 范围内，多数在 0.04～0.14 范围内。这说明在管桩底端以下的水泥土桩范围内轴力衰减最快，管桩底端以下的水泥土桩长度超过某值后，水泥土复合管桩单桩承载力增长缓慢。对水泥土长度的数值分析结果也证明了这一点，当管桩长度与水泥土桩长度之比（以下简称"长度比"）小于 0.75 时，增加水泥土长度对提高水泥土复合管桩单桩承载力不明显。这说明管桩底端以下水泥土桩存在有效长度，长度比存在下限。当长度比小于该下限，管桩底端以下的水泥土的桩侧土阻力不能得到充分发挥。工程试验研究与数值分析研究表明，管桩底端以下的水泥土临界长度随着水泥土复合管桩直径与水泥土强度的增加而增大。管桩相当于水泥土桩中的配筋，其长度不宜小于总桩长的 2/3，即长度比下限值可取 2/3。在实际工程应用中，水泥土复合管桩中的管桩长度一般不大于水泥土桩长度，即长度比最大值为 1.0。

管桩设计长度根据承载力要求按本书式（4-19）、式（4-20）计算确定，当长度比不小于 2/3 时，土的极限侧阻力标准值可取现行行业标准《建筑桩基技术规范》JGJ 94—2008[2] 规定的泥浆护壁钻孔桩极限侧阻力标准值的 1.5 倍～1.6 倍。

济南、聊城、济宁试验中各水泥土复合管桩单桩沉降研究结果表明，桩身压缩量与桩顶沉降之比平均值为 63.65%，桩身压缩量大于桩底计算土层压缩量，计算单桩沉降时必须考虑桩身压缩量。为探讨长度比对水泥土复合管桩的桩身压缩量影响，图 4-2 给出了济南、聊城、济宁试验中无管桩段桩身压缩量占桩身总压缩量比例（以下简称"压缩量比例"）随长度比的变化规律。从图中可得出，压缩量比例随着长度比的增加基本呈线性减小趋势；由于聊城试验中无管桩段处于密实砂层中，高喷搅拌形成的水泥土强度较高，同时硬土层对提高水泥土复合管桩承载性能的贡献较大，其压缩量比例整体小于济南、济宁试验中的压缩量比例。

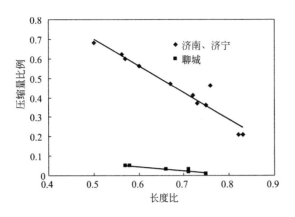

图 4-2　压缩量比例—长度比

因此，为了减小沉降、提高承载力，长度比宜取高值；当管桩底端附近有可利用的硬土层时，可以根据硬土层的埋深适当调整长度比，以尽可能发挥硬土层对提高水泥土复合管桩承载力的贡献。对变形控制要求较高的工程、桩底端土质较差或承受拔力、抗震作用时，管桩可与水泥土桩等长。

（3）管桩型号

按现行行业标准《建筑桩基技术规范》JGJ 94—2008[2] 表 B.0.1 预应力混凝土管桩的配筋和力学性能，A 型管桩桩身混凝土有效预压应力值较小，相应的桩身抗弯、抗剪、抗拉性能均劣于 AB 型、B 型、C 型管桩。为了确保水泥土复合管桩基础的安全，不宜选用 A 型管桩。

（4）水泥土强度下限值、水泥品种及掺量

在水泥土复合管桩工程应用中，水泥土复合管桩与承台采用管桩嵌入承台、管桩填芯混凝土中埋设锚固钢筋的方式连接，其受力状态与加载模式三工况类似。聊城月亮湾工程、济宁诚信苑工程、东营万方广场工程等各试验桩在加载模式三工况下管桩与水泥土荷载分担比、应力比的研究结果表明，管桩与水泥土应力比为 11～35，水泥土直接承担约 30% 以下荷载，水泥土最低强度应满足承载要求。同时管桩承担的荷载需要通过管桩—水泥土界面传递至桩周土中，而该界面阻力极限值与水泥土无侧限抗压强度有关，为保证管桩与水泥土共同承担上部竖向荷载，避免管桩—水泥土界面发生剪切滑移，对水泥土强度亦有一定的最低要求。因此，考虑到水泥土复合管桩工程应用时的实际受力状态、管桩与水泥土的荷载分担比、管桩—水泥土界面粘结性能等因素，为保证水泥土复合管桩工程质量与安全，需要明确水泥土强度下限值，即对室内配比水泥土试块强度或桩身取芯水泥土强度的最低值做出明确规定。

试验表明，对于素填土、粉土、黏性土、松散—中密砂土，采用42.5级普通硅酸盐水泥、掺入比20%～35%，按《水泥土配合比设计规程》JGJ/T 233—2011[45]方法配制的水泥土试样在标准养护条件下28d龄期立方体抗压强度平均值可达到4MPa以上。因此，对于水泥土复合管桩中的水泥土强度下限值，《水泥土复合管桩基础技术规程》JGJ/T 330—2014[1]规定与桩身水泥土配比相同的室内水泥土试块（边长为70.7mm的立方体）在标准养护条件下28d龄期的立方体抗压强度平均值不宜低于4MPa；当桩身水泥土强度折减系数取0.33时，桩身取芯水泥土强度不宜低于1.32MPa。

当无可靠的水泥土复合管桩工程应用经验时，设计前应按现行行业标准《水泥土配合比设计规程》JGJ/T 233—2011[45]的有关规定进行室内水泥土配合比试验，选择合适的水泥品种、外掺剂及其掺量。水泥品种与强度等级对水泥土成桩质量至关重要，应根据工程要求确定。宜选用42.5级或以上的普通硅酸盐水泥，对于地下水有腐蚀性环境宜选用抗腐蚀性水泥。如在某些地区的地下水中含有大量硫酸盐，因硫酸盐与水泥发生反应时，对水泥土具有结晶性侵蚀，会出现开裂、崩解而丧失强度。为此应选用抗硫酸盐水泥，使水泥土中产生的结晶膨胀物质控制在一定的数量范围内，借以提高水泥土的抗侵蚀性能。

水泥掺量不宜小于被加固土质量的20%，当土质较差或设计要求水泥土强度较高时，水泥掺量可根据试验结果适当提高。水泥浆的水灰比应按工程要求确定，可取0.8～1.5。外掺剂可根据工程需要和地质条件选用具有早强、缓凝及节省水泥等作用的材料。

当桩长范围内为成层土时，应选择主要土层进行室内水泥土配合比试验，并以其中的较弱土层对应的标准养护条件下28d龄期的立方体抗压强度平均值作为桩身承载力计算依据。也可以结合成桩工艺性试验与静载试验，用钻芯法确定桩身水泥土强度。

（5）选型原则

综上所述，水泥土复合管桩在选型时，水泥土桩直径与管桩直径之比及两者之差、管桩长度及其与水泥土桩长度之比、管桩型号、水泥土强度下限值、水泥品种及掺量应符合下列规定：

① 水泥土桩直径与管桩直径之差，应根据环境类别、承载力要求、桩侧土性质等综合确定，且不应小于300mm；

② 水泥土桩直径与管桩直径之比可按表4-3的规定确定，水泥土强度高者取低值，反之取高值；

③ 管桩长度应根据计算确定，且不宜小于水泥土桩长度的2/3；

④ 管桩可按现行行业标准《建筑桩基技术规范》JGJ94—2008[2]的有关规

定采用 AB 型或 B 型、C 型预应力高强混凝土管桩，不宜采用 A 型桩，直径宜为 300mm、400mm、500mm、600mm、800mm；

⑤ 与桩身水泥土配比相同的室内水泥土试块（边长为 70.7mm 的立方体）在标准养护条件下 28d 龄期的立方体抗压强度平均值不宜低于 4MPa；

⑥ 宜选用普通硅酸盐水泥，强度等级可选用 42.5 级或以上，对于地下水有腐蚀性环境宜选用抗腐蚀性水泥，水泥掺量不宜小于被加固土质量的 20％。水泥浆的水灰比应按工程要求确定，可取 0.8～1.5。外掺剂可根据工程需要和地质条件选用具有早强、缓凝及节省水泥等作用的材料。

4.3.2 桩的布置

（1）桩间距

水泥土复合管桩作为桩基础使用时，采用图 4-13 所示的桩与承台或筏板连接构造时，试验研究表明，管桩承担 70％ 以上的上部竖向荷载。因此在水泥土复合管桩布置时，基桩中心距的确定原则应以考虑管桩直径 d 为主，兼顾水泥土复合管桩直径 D，并同时受下列因素的影响与制约：

① 管桩上下端封闭；

② 植入管桩时水泥土呈流塑状态；

③ 水泥土复合管桩属于摩擦桩；

④ 避免相邻桩水泥土施工时相互影响；

⑤ 桩侧土位移影响范围。

在济宁诚信苑工程单桩竖向抗压与水平静载试验中对桩侧土位移影响范围的测试结果表明，在单桩承载力特征值对应竖向荷载或水平临界荷载作用下，桩侧土的沉降与水平位移均随着至桩心距离的增大而迅速减小，距离桩心 2.5D 处桩侧土沉降约为桩顶沉降的 9％、水平位移为 0。这说明至桩中心 2.5D 范围桩侧土受桩承载影响较明显，超出该距离后影响较小甚至可以忽略。因此，基桩中心距不宜小于 2.5D。

综合上述因素，参照现行行业标准《建筑桩基技术规范》JGJ 94—2008[2]，水泥土复合管桩中心距应符合下列要求：对于排数不少于 3 排且桩数不少于 9 根的桩基，基桩的中心距不应小于 4.5d，且不应小于 2.5D；对于其他情况的桩基，基桩的中心距不应小于 4.0d，且不应小于 2.5D。

（2）桩端持力层

通过地层条件对水泥土复合管桩工作性状的数值分析研究及聊城、东营等工程试验表明，当地层中有可利用的较硬土层时，水泥土复合管桩中管桩底端至较硬土层不能超过一定距离，最好落在下部相对较硬土层内。因此《水泥土复合管桩基础技术规程》JGJ/T 330—2014[1] 规定：宜尽量选择中、低压缩性土层作为桩端持力层，发挥其对提高承载力的贡献。桩端全断面进入持力层的深度可按现行行业标准《建筑桩基技术规范》JGJ 94—2008[2] 的有关规定执行；当存在软弱下卧层时，桩端以下持力层厚度不宜小于 3D。

4.4 桩身承载力计算

4.4.1 轴心受压时桩身承载力

工程应用中水泥土复合管桩作为桩基础使用，采用管桩嵌入承台、管桩填芯混凝土中埋设锚固钢筋与承台或筏板连接。一般情况下，桩周土阻力提供承载力都大于桩身材料强度提供承载力。在以上条件下，对水泥土复合管桩轴心受压时破坏模式的静载试验研究结果表明，在极限荷载作用下，管桩由于承担荷载比例较大，首先出现剪切破坏，进而挤裂外围水泥土。因此水泥土复合管桩的桩头呈现管桩、水泥土先后破坏的渐进破坏模式。在以上破坏过程中，相比水泥土应力与对应强度的变化过程，管桩应力先达到混凝土轴心抗压强度设计值。

在荷载效应基本组合下的桩顶轴向压力设计值对应荷载作用下，管桩与水泥土均未发生破坏，管桩-水泥土界面也未发生剪切破坏，即管桩与水泥土变形协调，共同承担上部竖向荷载。因此，验算轴心受压情况下桩身竖向承载力时，应同时考虑管桩与水泥土两种材料的承载性能。

由济南黄河北水泥土复合管桩桩身内力测试数据表明，管桩底端截面处轴力仍为桩顶施加荷载的 0.32～0.57，而该截面以下均为单一水泥土材料，需要验算管桩底端截面处的水泥土材料强度是否满足上部荷载要求。因此，与单一材料构成的桩型不同，水泥土复合管桩轴心受压时桩身承载力验算控制部位不仅要针对桩头，还需包括管桩底端截面处。另外这两个部位的桩身承载力验算公式也各不相同，需要分别推导。

以下在给出水泥土复合管桩轴心受压时桩身承载力计算公式的基础上，分别对公式中涉及水泥土强度、管桩与水泥土应力比、管桩施工工艺系数、水泥土强度折减系数、水泥土材料分项系数等计算系数取值以及公式适用性逐一进行研究与分析。

4.4.1.1 计算公式

水泥土复合管桩轴心受压时受力情况如图 4-3 所示。

桩头处，荷载效应基本组合下桩顶轴向压力设计值 Q_c 应满足：

$$Q_c \leqslant \sigma_p A_p + \sigma_{cs} A_l \tag{4-3}$$

$$\sigma_p = \psi_c f_c \tag{4-4}$$

将式（4-2）、式（4-4）代入式（4-3），得：

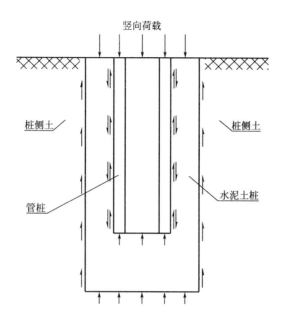

图 4-3 竖向抗压受力简图

$$Q_c \leqslant \psi_c f_c \left[A_p + \frac{A_l}{n_0} \right]$$ (4-5)

验算管桩底端截面处的材料强度时，传递至该截面的轴力为荷载效应基本组合下的桩顶轴向压力设计值扣除有管桩段水泥土复合管桩的侧阻力。因此，在该截面处，荷载效应基本组合下的桩顶轴向压力设计值 Q_c 还应满足：

$$Q_c - 1.35 \frac{Q_{sl}}{K} \leqslant \frac{\eta f_{cu} A_L}{1.6}$$ (4-6)

$$Q_{sl} = U \sum q_{sik} l_i$$ (4-7)

式中：Q_c——荷载效应基本组合下的桩顶轴向压力设计值（kN）；

ψ_c——管桩施工工艺系数；

f_c——管桩混凝土轴心抗压强度设计值（kPa），应按现行国家标准《混凝土结构设计规范》GB 50010—2010[3] 的有关规定取值；

A_p——管桩截面面积（m²）；

A_l——有管桩段水泥土净截面面积（m²）；

n_0——管桩与水泥土的应力比；

Q_{sl}——有管桩段水泥土复合管桩总极限侧阻力标准值（kN）；

K——安全系数，取 $K = 2$；

η——桩身水泥土强度折减系数；

f_{cu}——与桩身水泥土配比相同的室内水泥土试块（边长为 70.7mm 的立方体）在标准养护条件下 28d 龄期的立方体抗压强度平均值（kPa）；

A_L——水泥土复合管桩桩端面积（m²）；

U——水泥土复合管桩周长（m）；

q_{sik}——第 i 层土的极限侧阻力标准值（kPa），无当地经验时，可取现行行业标准《建筑桩基技术规范》JGJ 94—2008[2] 规定的泥浆护壁钻孔桩极限侧阻力标准值的 1.5 倍～1.6 倍；

l_i——管桩长度范围内第 i 层土的厚度（m）。

4.4.1.2 水泥土强度

影响水泥土抗压强度的因素众多，主要包括水泥掺入比、龄期、水泥品种及强度等级、土类别、土样含水率及有机质含量、外掺剂、水泥土搅拌均匀程度、制作方法等。《水泥土复合管桩基础技术规程》JGJ/T 330—2014[1] 规定与桩身水泥土配比相同的室内水泥土试块（边长为 70.7mm 的立方体）在标准养护条件下 28d 龄期的立方体抗压强度平均值不宜低于 4MPa；当桩身水泥土强度折减系数取 0.33 时，桩身取芯水泥土强度不宜低于 1.32MPa。水泥土复合管桩目前采用高喷搅拌法施工，水泥 P. O42.5，水灰比 0.8～1.2，水泥土掺入比为 20% 以上。为研究在现有水泥土复合管桩施工工艺及施工参数条件下，水泥土取芯强度或与桩身水泥土配比相同的室内水泥土试块立方体抗压强度平均值能否达到《水泥土复合管桩基础技术规程》JGJ/T 330—2014[1] 规定的水泥土强度下限值，本书在搜集不同影响因素下的水泥土强度资料的基础上，对济南黄河北试验桩桩身及济宁诚信苑工程的试验桩桩头的水泥土强度进行钻芯法检测，现将相关试验结果一一列举如下：

（1）不同影响因素下的水泥土强度资料[4-24]

共搜集整理了 37 组不同地域、土类、水泥品种、水泥掺入比、制作方法及龄期的水泥土强度，见表 4-4。从中可得出：对于液性指数大于 2.0 的淤泥质土、孔隙比超过 2.0 的软土，水泥土强度较低；对于黏土、粉土及含砂质土，水泥土强度则相对较高。对大多数土质而言，当水泥掺入比大于 20% 时，室内水泥土试块 28d 龄期的抗压强度能够达到 4MPa，桩身取芯水泥土抗压强度能够达到 1.32MPa。

水泥土强度   表 4-4

序号	地域	土类别	水泥品种	水泥掺入比	制作方法	水泥土强度（MPa）	龄期（d）	来源
1	北京	粉黏	P. O32.5	25%	室内配比	6～8	28	[4]

续表

序号	地域	土类别	水泥品种	水泥掺入比	制作方法	水泥土强度（MPa）	龄期（d）	来源
2	天津	黏土	P.O42.5	15%	室内配比	1.66～2.88	28	[5]
						2.06～3.20	60	
						2.24～3.67	90	
3	天津	粉土 $e=0.707$	P.O42.5	15%	室内配比	1.32～2.00	28	
						1.94～2.90	60	
						2.10～3.05	90	
4	天津	粉土 $e=0.795$	P.O42.5	15%	室内配比	1.87～2.56	28	
						2.52～3.30	60	
						2.68～3.74	90	
5	天津	粉质黏土	P.O42.5	15%	室内配比	2.13～3.16	28	
						2.40～4.09	60	
						2.73～5.60	90	
6	天津	粉质黏土	P.O42.5	15%	室内配比	2.04～3.44	28	
						3.14～4.60	60	
						3.38～5.60	90	
7	天津	黏土	P.O42.5	15%	室内配比	2.21～3.13	28	
						3.10～4.50	60	
						3.69～5.50	90	
8	深圳	淤泥 $I_L=2.0$	—	12%	室内配比	0.37～0.55	7	[6]
						0.46～0.64	14	
						0.56～0.75	28	
						0.67～0.86	60	
						0.78～0.93	90	
						0.86～0.97	120	
9	深圳	淤泥 $I_L=2.0$	—	14%	室内配比	0.45～0.68	7	
						0.56～0.79	14	
						0.70～0.93	28	
						0.87～1.11	60	
						1.01～1.21	90	
						1.13～1.28	120	
10	深圳	淤泥 $I_L=2.0$	—	16%	室内配比	0.55～0.84	7	
						0.70～0.98	14	
						0.89～1.18	28	
						1.14～1.45	60	
						1.35～1.59	90	
						1.53～1.72	120	

序号	地域	土类别	水泥品种	水泥掺入比	制作方法	水泥土强度（MPa）	龄期（d）	来源
11	深圳	淤泥 $I_L=2.0$	—	18%	室内配比	0.69~1.05	7	[6]
						0.91~1.24	14	
						1.18~1.53	28	
						1.55~1.90	60	
						1.86~2.12	90	
						2.18~2.29	120	
12	深圳	淤泥 $I_L=2.0$	—	20%	室内配比	0.82~1.26	7	
						1.13~1.50	14	
						1.48~1.88	28	
						2.02~2.43	60	
						2.45~2.71	90	
						2.94~2.98	120	
13	深圳	填土	P.C42.5	10%	室内配比	3.51	7	[7]
						4.87	30	
						7.30	90	
				12%	室内配比	3.84	7	
						4.93	30	
						7.5	90	
				14%	室内配比	4.67	7	
						6.47	30	
						10.1	90	
14	深圳	淤泥质土	P.C42.5	14%	室内配比	1.65	7	
						2.67	30	
						3.40	90	
				16%	室内配比	1.68	7	
						4.13	30	
						4.90	90	
				18%	室内配比	1.89	7	
						4.40	30	
						7.30	90	
15	深圳	含淤泥质砾砂层	P.C42.5	12%	室内配比	2.33	7	
						3.17	30	
						3.30	90	
				14%	室内配比	2.42	7	
						3.44	30	
						3.55	90	

续表

序号	地域	土类别	水泥品种	水泥掺入比	制作方法	水泥土强度（MPa）	龄期（d）	来源
15	深圳	含淤泥质砾砂层	P. C42.5	16%	室内配比	2.59	7	[7]
						4.16	30	
						4.55	90	
				10%	室内配比	1.51	7	
						2.17	30	
						2.60	90	
16	深圳	砾砂层	P. C42.5	12%	室内配比	2.59	7	
						4.90	30	
						5.70	90	
				14%	室内配比	2.91	7	
						5.00	30	
						6.20	90	
17	温州	黏土	P. O42.5	10%	室内配比	0.46	3	[8]
						0.60	7	
						0.72	14	
						1.03	28	
						1.30	60	
						1.49	90	
				12%	室内配比	0.54	3	
						0.63	7	
						0.86	14	
						1.19	28	
						1.62	60	
						1.87	90	
				15%	室内配比	0.65	3	
						0.78	7	
						1.08	14	
						1.43	28	
						1.90	60	
						2.26	90	
				18%	室内配比	0.75	3	
						0.93	7	
						1.28	14	
						1.79	28	
						2.35	60	
						2.70	90	

序号	地域	土类别	水泥品种	水泥掺入比	制作方法	水泥土强度（MPa）	龄期（d）	来源
18	温州	淤泥质黏土	P.O42.5	20%	室内配比	0.84	3	[8]
						1.13	7	
						1.58	14	
						2.17	28	
						2.87	60	
						3.43	90	
				10%	室内配比	0.43	3	
						0.53	7	
						0.61	14	
						0.73	28	
						0.87	60	
						0.95	90	
				12%	室内配比	0.50	3	
						0.57	7	
						0.68	14	
						0.83	28	
						0.94	60	
						1.13	90	
				15%	室内配比	0.62	3	
						0.75	7	
						1.01	14	
						1.29	28	
						1.63	60	
						1.92	90	
				18%	室内配比	0.73	3	
						0.90	7	
						1.22	14	
						1.75	28	
						2.25	60	
						2.67	90	
				20%	室内配比	0.82	3	
						1.15	7	
						1.54	14	
						2.09	28	
						2.77	60	
						3.20	90	

续表

序号	地域	土类别	水泥品种	水泥掺入比	制作方法	水泥土强度（MPa）	龄期（d）	来源
19	广东	淤泥	P.O42.5	10%	室内配比	0.51～1.60	28	[9]
				15%	室内配比	0.83～1.51	28	
				18%	室内配比	0.97～1.33	28	
				20%	室内配比	0.68～2.03	28	
20	河南	粉土	—	—	高喷取芯	4.86～5.32	28	[10]
		粉砂	—	—	高喷取芯	8.86～9.70	28	
		粉砂	—	—	高喷取芯	17.83～21.52	28	
21	天津	软土 $e=2.2～3.9$	P.O42.5	6.9%	室内配比	0.16～0.19	30	[11]
				11.1%	室内配比	0.57～0.67	30	
				16.0%	室内配比	0.70～0.79	30	
				21.7%	室内配比	0.79～0.84	30	
				28.6%	室内配比	0.90～1.03	30	
22	郑州	粉土稍密—中密	—	—	高喷取芯	5.9～6.1	28	[12]
		粉质黏土可塑	—	—	高喷取芯	4.6～5.2	28	
		砂质粉土中密	—	—	高喷取芯	6.8～9.2	28	
		细砂密实	—	—	高喷取芯	10.8～24.9	28	
23	武汉	淤泥流塑	—	—	搅拌取芯	0.20～1.00		[13]
24	上海		P.O42.5	20%	搅拌取芯	0.41～0.44	28	[14]
25	江苏		P.O42.5	20%	搅拌取芯	0.78	28	
26	天津		P.O42.5	20%	搅拌取芯	6.4	28	
27	浙江		P.O42.5	20%	搅拌取芯	0.49	28	
28	江苏	淤泥 $I_L=1.7$	—	15%	室内配比	1.57～2.70	28	[15]
						3.33～5.16	90	
29	安徽	淤泥 $I_L=1.70$	P.O32.5	15%	搅拌取芯	0.45	28	[16]
		淤泥质土 $I_L=1.09$	P.O32.5	15%	搅拌取芯	0.56	28	
		粉土 $e=0.957$	P.O32.5	15%	搅拌取芯	1.65	28	
30	广州	淤泥 $I_L=1.90$	P.O42.5	15%	搅拌取芯	2.1～2.2	90	[17]
		粉黏 $I_L=1.40$	P.O42.5	15%	搅拌取芯	4.4～4.7	90	
		含淤泥中砂	P.O42.5	15%	搅拌取芯	2.7～3.2	90	
31	广东	淤泥 $I_L=2.03$	P.O32.5R	16%	搅拌取芯	0.426	28	[18]
						0.771	90	
32	山东	淤泥 $I_L=2.12$	42.5	—	搅拌取芯	1.71	28	[19]
		黏土 $I_L=0.75$	42.5	—	搅拌取芯	3.15	28	
		砂土	42.5	—	搅拌取芯	5.12	28	

续表

序号	地域	土类别	水泥品种	水泥掺入比	制作方法	水泥土强度（MPa）	龄期（d）	来源
33	山西	粉土 e=0.73	P.S32.5	12%	室内配比	2.34	28	[20]
				15%	室内配比	2.41	28	
				18%	室内配比	2.83	28	
				21%	室内配比	4.38	28	
				24%	室内配比	4.43	28	
				28%	室内配比	6.25	28	
34	湖南	耕植土	—	—	粉喷取芯	0.81~0.92	28	[21]
		淤泥质土流塑—软塑	—	—	粉喷取芯	0.85~0.86	28	
		粉黏可塑	—	—	粉喷取芯	0.79~0.91	28	
35	山东	—	—	—	旋喷取芯	3.08~3.60	90	[22]
36	河南	—	—	—	旋喷取芯	5.0~21.4		[23]
37	福建	淤泥软塑—流塑	—	—	旋喷取芯	3.4~7.6	28	[24]

（2）济南黄河北试验桩水泥土强度

对济南黄河北试验桩桩身钻芯取样并进行水泥土无侧限抗压强度测试，结果见表 4-5，试验时水泥土龄期 70d～80d。从表 4-5 中可以得出，水泥品种为 P.O42.5，水灰比 1.0，水泥掺入量约 40% 时，各层土对应 70d～80d 龄期的水泥土无侧限抗压强度在 2.10MPa～12.57MPa 范围内。

济南黄河北试验桩水泥土强度（70d～80d 龄期） 表 4-5

土类	状态	w(%)	γ(kN/m³)	e	I_L	水泥品种	水泥掺入比(%)	制作方法	抗压强度标准值(MPa)
②粉砂	松散	—	—	—	—	P.O42.5	41%	取芯	6.33
③粉黏	可塑	32.5	18.3	0.906	0.70	P.O42.5	41%	取芯	2.10
④₁粉砂	稍密					P.O42.5	41%	取芯	5.63
④粉土	中密	29.1	18.6	0.865	0.69	P.O42.5	41%	取芯	4.29
⑤₁细砂	稍密					P.O42.5	41%	取芯	4.66
⑤黏土	可塑	37.3	18.1	1.043	0.39	P.O42.5	42%	取芯	8.80
⑥₁细砂	中密					P.O42.5	40%	取芯	10.11
⑥粉土	密实	25.1	19.2	0.704	0.67	P.O42.5	39%	取芯	12.57
⑦粉黏	可塑	23.3	19.8	0.657	0.40	P.O42.5	38%	取芯	9.68
⑧粉黏	硬塑	18.6	20.0	0.578	0.18	P.O42.5	38%	取芯	8.84
⑨₁细砂	中密					P.O42.5	39%	取芯	10.50
⑨粉黏	可塑	23.2	19.6	0.682	0.36	P.O42.5	39%	取芯	5.95

对表 4-5 水泥土抗压强度测试结果按土层类别及其状态不同进行整理，再根据《建筑地基处理技术规范》JGJ 79—2012[25] 有关规定，推定 28d 龄期水泥土抗压强度，推定结果见表 4-6。从中可发现，在济南黄河北试验桩既有施工工艺、施工参数及地层条件下，28d 龄期的桩身水泥土无侧限抗压强度均大于 1.32MPa。

济南黄河北试验水泥土强度推定值（28d 龄期）　　　　　　表 4-6

序号	土类	状态	水泥土抗压强度标准（MPa）	
			70d～80d 龄期	28d 龄期
1	粉砂	松散—稍密	5.63～6.33	3.88～4.37
2	细砂	稍密	4.66	3.21
		中密	10.11～10.50	6.97～7.24
3	粉土	中密	4.29	2.96
		密实	12.57	8.67
4	粉黏	$I_L = 0.70$	2.10	1.45
		$I_L = 0.18～0.40$	5.95～9.68	4.10～6.68

（3）济宁诚信苑工程试验桩水泥土强度

济宁诚信苑工程①层素填土埋深为 1m～1.5m，含水率 32.4%，重度 18.1kN/m³，孔隙比 0.95，液性指数 0.55，可塑状态。试验桩施工时水泥品种为 P.O32.5，掺入量约 30%～32%，水灰比 1.0。对试验桩的桩头钻芯取样并进行水泥土无侧限抗压强度测试，结果见表 4-7，试验时水泥土龄期 130d。从表 4-7 中可以得出 130d 龄期水泥土芯样无侧限抗压强度 1.94MPa～3.98MPa，平均值为 3.07MPa。根据《建筑地基处理技术规范》JGJ 79—2012[25] 有关规定，可以推定 28d 龄期水泥土抗压强度为 1.08MPa～2.21MPa，平均值为 1.67MPa。

济宁诚信苑工程试验桩水泥土强度（130d 龄期）　　　　　　表 4-7

抗压强度（MPa）	2.32	3.82	1.94	3.02	3.98	3.30	2.57	3.23	2.31	2.97	3.57	3.52	3.34
密度（g/cm³）	1.71	1.74	1.67	1.70	1.72	1.77	1.75	1.73	1.64	1.67	1.73	1.71	1.74
水泥掺入比（%）	32				30					32			

上述水泥土强度试验资料表明，在现有水泥土复合管桩施工工艺及施工参数条件下，对于素填土、粉土、黏性土、松散—中密砂土，采用 P.O42.5 水泥、掺入比为 20% 以上，水泥土取芯强度或与桩身水泥土配比相同的室内水泥土试块立方体抗压强度平均值能达到《水泥土复合管桩基础技术规程》JGJ/T 330—2014[1] 规定的水泥土强度下限值，即与桩身水泥土配比相同的室内水泥土试块（边长为 70.7mm 的立方体）在标准养护条件下 28d 龄期的立方体抗压强度能达到 4MPa 以上，而相应的桩身取芯水泥土无侧限抗压强度能够达到 1.32MPa 以上。

4.4.1.3 管桩与水泥土应力比

由式（4-2）可知，在加载模式三工况下，水泥土和管桩共同承担竖向荷载，变形符合等应变假定，管桩与水泥土应力比（以下简称"应力比"）可近似取两者弹性模量之比。目前对水泥土变形模量 E_{50} 研究较多，而对水泥土弹性模量 E_{cs} 的研究则相对较为缺乏。E_{50} 指应力为 50% 抗压强度时水泥土的割线模量。下面在搜集已有研究资料的基础上提出水泥土弹性模量的确定方法，并给出常见水泥土强度下管桩与水泥土应力比的取值范围。

龚晓南等[26] 研究表明，水泥土无侧限抗压强度 q_u＝274kPa～3518kPa 时，E_{50}/q_u 一般为 120～150，见表 4-8。

水泥土变形模量 E_{50} 表 4-8

试件编号	无侧限抗压强度 q_u(kPa)	破坏应变 ε_f(%)	变形模量 E_{50}(kPa)	E_{50}/q_u
1	274	0.80	37000	135
2	482	1.15	63400	131
3	524	0.95	74800	142
4	1093	0.90	165700	151
5	1554	1.00	191800	123
6	1651	0.90	223500	135
7	2008	1.15	285700	142
8	2392	1.20	291800	121
9	2513	1.20	330600	131
10	3036	0.90	474300	156
11	3450	1.00	420700	121
12	3518	0.80	541200	153

黄鹤等[27] 通过循环加卸载试验，给出了水泥土无侧限抗压强度 q_u＝2.05MPa～4.59MPa 时的变形模量值 E_{50}、弹性模量值 E_{cs}，见表 4-9。从中可发现，E_{50}/q_u＝450～950、E_{cs}/q_u＝800～1100、E_{cs}/E_{50}＝1.13～1.80；水泥土强度高时，E_{cs}/q_u 取高值，反之取低值。

水泥土模量与无侧限抗压强度的关系（28d 龄期）　　表 4-9

水泥掺入比（%）	无侧限抗压强度 q_u（MPa）	最大应力对应的应变（%）	弹性模量 E_{cs}（MPa）	E_{cs}/q_u	变形模量 E_{50}（MPa）	E_{50}/q_u	E_{cs}/E_{50}
15	2.050	0.300	1770	863	984	480	1.80
18	3.645	0.273	3579	982	2464	676	1.45
21	4.015	0.304	4162	1037	3669	914	1.13
24	4.590	0.299	4651	1013	3496	762	1.33
12	2.990	0.289	2424	811	1951	652	1.24

马军庆等[28] 通过对已有资料的统计，给出了水泥土变形模量与无侧限抗压强度关系：$E_{50}/q_u=148$。

曹宝飞等[29] 通过立方体抗压试验与水泥土梁抗弯试验，给出了水泥土变形模量与水泥土无侧限抗压强度、弹性模量之间的关系：$E_{50}/q_u=60\sim160$、$E_{cs}/E_{50}=4\sim5$。

李建军等[30] 分析了三轴试验、棱柱体试验、加筋水泥土梁试验、现场实测等不同试验方法对确定水泥土变形模量的影响，认为三轴试验得出的水泥土变形模量结果偏低，建议今后测试水泥土的变形模量可采用棱柱体抗压试验。无试验数据时，可取水泥土变形模量与水泥土无侧限抗压强度之比 $E_{50}/q_u=480\sim900$、弹性模量与水泥土无侧限抗压强度之比 $E_{cs}/q_u=863\sim1037$；水泥土强度高时，E_{50}/q_u、E_{cs}/q_u 取高值，反之取低值。

分析以上研究资料[26-30] 可以得出，水泥土弹性模量、变形模量及水泥土无侧限抗压强度之间的关系见表 4-10。考虑到不同试验方法对确定水泥土弹性模量的适用性，本书推荐水泥土弹性模量与水泥土无侧限抗压强度之比 $E_{cs}/q_u=600\sim1000$，水泥土强度高时，取高值，反之取低值。

水泥土弹性模量、变形模量、无侧限抗压强度关系　　表 4-10

序号	E_{50}/q_u	E_{cs}/E_{50}	E_{cs}/q_u	试验方法	来源
1	120～150	—	—	—	[26]
2	450～950	1.13～1.80	800～1100	棱柱体单轴抗压	[27]
3	148	—	—		[28]
4	60～160	4～5		模型梁试验	[29]
5	480～900		863～1037	棱柱体单轴抗压	[30]

根据上述水泥土弹性模量的确定方法，在常用水泥土强度范围内，管桩与水泥土弹性模量比见表 4-11，同时由式（4-2）可得出管桩与水泥土应力比的取值范围见表 4-12。计算时，管桩混凝土弹性模量 E_p 取 38GPa，水泥土强度折减系

数取 0.33。

管桩与水泥土弹性模量之比　　　　　表 4-11

室内配比 f_{cu}(MPa)	取芯 q_u(MPa)	管桩模量 E_p(MPa)	水泥土模量 E_{cs}(MPa)	E_p/E_{cs}
4～6	1.32～1.98	38000	792～1346	48.0～28.2
6～8	1.98～2.64	38000	1346～1980	28.2～19.2
8～10	2.64～3.30	38000	1980～2706	19.2～14.0
10～15	3.30～4.95	38000	2706～4950	14.0～7.7

管桩与水泥土应力比　　　　　表 4-12

室内配比 f_{cu}(MPa)	取芯 q_u(MPa)	应力比 n_0
4～6	1.32～1.98	30～50
6～8	1.98～2.64	20～30
8～10	2.64～3.30	15～20
10～15	3.30～4.95	10～15

注：水泥土强度高时 n_0 取低值，反之取高值；

　　聊城月亮湾工程与济宁诚信苑工程试验中，实测承载力特征值对应桩顶荷载工况下管桩与水泥土荷载分担比及应力比见表 4-13。需要说明的是，在表 4-13 中聊城水泥土强度 1.98MPa 采用室内配比试验结果推定；济宁水泥土强度取表 4-7 中的平均值 3.07MPa。

　　从表 4-13 中可发现，聊城月亮湾工程试验中管桩分担荷载为 78%～92%，平均值 85%，管桩与水泥土应力比约为 27，管桩与水泥土弹性模量之比约为 28，应力比实测值与弹性模量之比接近。济宁诚信苑工程试验中管桩分担荷载为 78%～88%，平均值 83%，管桩与水泥土应力比约为 15，管桩与水泥土弹性模量之比约为 16，两者同样较为接近。

管桩与水泥土应力比实测值与模量比的比较　　　　　表 4-13

试验名称	荷载分担比例(%)		应力比	材料强度(MPa)		弹性模量(MPa)		模量比
	管桩	水泥土		管桩	水泥土	管桩	水泥土	
聊城	85	15	27	C80	1.98	38000	1346	28
济宁	83	17	15	C80	3.07	38000	2443	16

　　聊城月亮湾工程与济宁诚信苑工程应力比实测资料说明，按管桩与水泥土弹性模量之比可用来近似计算管桩与水泥土应力比，上述水泥土弹性模量、管桩与水泥土应力比的确定方法及其取值范围是合理的。《水泥土复合管桩基础技术规程》JGJ/T 330—2014[1] 规定管桩与水泥土的应力比宜由现场试验确定，当无实

测资料可按表 4-12 取值；水泥土强度高时应力比取低值，反之取高值。

4.4.1.4 计算系数取值

（1）管桩施工工艺系数

因未考虑荷载偏心、弯矩作用、瞬时荷载等影响因素，按桩身材料强度计算桩的承载力时，需按桩型和成桩工艺的不同将桩身材料轴心抗压强度设计值乘以一折减系数。在国家现行标准、图集中该折减系数有多种称谓，如工作条件系数、基桩成桩工艺系数、综合折减系数。以下将各标准、图集中涉及的桩身强度折减系数取值按桩的类型分别进行整理，详见表 4-14。

桩身强度折减系数　　　　　　　　　　　　　　表 4-14

序号	名称	桩的类型	取值	来源
1	工作条件系数	非预应力预制桩	0.75	[31]
		预应力桩	0.55～0.65	
		灌注桩	0.6～0.8	
2	桩工作条件系数	现浇混凝土大直径管桩	0.6～0.8	[32]
3	工作条件系数	三岔双向挤扩灌注桩	0.80～0.90	[33]
4	基桩成桩工艺系数	混凝土预制桩、预应力混凝土空心桩	0.85	[2]
		干作业非挤土灌注桩	0.90	
		泥浆护壁和套管护壁非挤土灌注桩、部分挤土灌注桩、挤土灌注桩	0.7～0.8	
		软土地区挤土灌注桩	0.6	
5	成桩工艺系数	预制桩	0.8	[34]
		灌注桩	0.75	
6	综合折减系数	预应力混凝土管桩	0.7	[35]

从表 4-14 中发现，各标准、图集对于管桩桩身强度折减系数的规定差异较大。如《建筑地基基础设计规范》GB 50007—2011[31] 将预应力桩工作条件系数规定为 0.55～0.65；而《建筑桩基技术规范》JGJ 94—2008[2] 规定预应力混凝土空心桩的成桩工艺系数为 0.85，其他标准、图集规定的管桩工作条件系数或综合折减系数多在 0.6～0.8 范围内。管桩桩身受压承载力主要考虑高强度离心混凝土的延性差、加工过程中已对桩身施加轴向预应力、沉桩中对桩身混凝土的损坏等因素影响，尤其是管桩在施工中桩身常出现裂缝。对于水泥土复合管桩而言，管桩在同心植入水泥土中时，水泥土处于流塑状态，施工因素对桩身混凝土造成损坏的可能性很小。因此，在计算水泥土复合管桩轴心受压桩身承载力时，采用管桩施工工艺系数对管桩混凝土轴心抗压强度设计值进行折减时可取上述取值中的高值。《水泥土复合管桩基础技术规程》JGJ/T 330—2014[1] 规定管桩施工工艺系数取 0.85。

（2）水泥土强度折减系数

水泥土强度折减系数是一个与拟建工程性质以及工程经验密切相关的参数。拟建工程性质包括工程地质条件、上部结构对地基的要求以及工程的重要性等。工程经验包括对施工队伍素质、施工质量、实际加固强度与室内配比试验强度比值以及对实际工程加固效果等情况的掌握，其中实际加固强度与室内配比试验强度之比是水泥土强度折减系数取值的主要影响因素。现将搜集到的水泥土强度折减系数或桩身取芯强度与室内配比试验强度之比列于表 4-15。

水泥土强度折减系数　　　　　　　　　　表 4-15

序号	名称	对应状态	取值						来源
			搅拌桩			高喷桩			
			施工工法	取值	龄期(d)	工程性质	取值	龄期(d)	
1	强度折减系数	特征值	干法	0.20～0.30	90	—	0.33	28	[25]
			湿法	0.25～0.33	90				
2	强度折减系数	特征值	干法	0.2～0.3	90	临时性工程	0.5～0.7	28	[62]
			湿法	0.25～0.33	90	永久性重要工程	0.3～0.4	28	
3	桩身强度折减系数	容许承载力	干法	0.20～0.30	90	—	0.3～0.4	28	[36]
			湿法	0.25～0.33	90				
4	强度折减系数	设计值		0.3～0.4	90	—	—	—	[37]
5	强度折减系数	极限值	干法	0.40～0.60	90	—	0.4～0.7	90	[38]
			湿法	0.50～0.66	90				
6	强度折减系数	特征值	干法	0.25～0.33	90	—	0.35～0.50		[39]
			湿法	0.30～0.40	90				
7	强度折减系数	特征值	扩大头	0.6～0.8	90	—	—	—	[40]
			其余	0.5～0.65	90	—	—		
8	强度折减系数	特征值	—	0.35～0.5	90				[41]
9	现场与室内水泥土强度之比			0.2～0.5					[41]
10	强度折减系数	标准值		0.35～0.50	90		0.35～0.50	28	[42]
11	桩体与室内水泥土强度之比	—	干法	0.604	28				[15]
			湿法	0.592	28				
			干法	0.459	90				
			湿法	0.505	90				
			干法	0.364	180				
			湿法	0.490	180				
12	桩体与室内水泥土强度之比	—	湿法	0.47	28				[16]
			湿法	0.58	90				

由表 4-15 可以看出，桩体实际水泥土强度与室内配比水泥土强度之比多介于 0.2～0.6 之间，在设计时水泥土强度折减系数多采用 0.2～0.5，仅部分规范取值为 0.5～0.8。

为偏于安全，《水泥土复合管桩基础技术规程》JGJ/T 330—2014[1] 规定水泥土强度折减系数，即桩体实际水泥土强度与室内配比水泥土强度之比取 0.33。

（3）水泥土材料分项系数

根据国家现行标准《工程结构可靠性设计统一标准》GB 50153—2008[43]、《水利水电工程结构可靠度设计统一标准》GB 50199—2013[44]、《水泥土配合比设计规程》JGJ/T 233—2011[45] 的有关规定，设计时将水泥土立方体抗压强度平均值作为水泥土抗压强度标准值使用。

根据《型钢水泥土搅拌墙技术规程》JGJT 199—2010[46] 第 4.2.5 条规定，水泥土材料分项系数取为 1.6。

采用公式（4-6）验算管桩底端截面处的水泥土材料强度时，《水泥土复合管桩基础技术规程》JGJ/T 330—2014[1] 规定与桩身水泥土配比相同的室内水泥土试块（边长为 70.7mm 的立方体）在标准养护条件下 28d 龄期的立方体抗压强度平均值作为水泥土抗压强度标准值使用，其材料性能分项系数取 1.6。

4.4.1.5 公式适用性分析

公式（4-5）是基于管桩桩头应力达到混凝土轴心抗压强度设计值时，计算桩头处的桩身轴向受压承载力设计值。根据表 4-12 所列管桩与水泥土应力比，计算相应的水泥土承受应力如表 4-16 所示。

水泥土应力（MPa） 表 4-16

f_{cu}	4	5	6	7	8	9	10	11	12	13	14	15
$\eta f_{cu}/1.6$	0.83	1.03	1.24	1.44	1.65	1.86	2.06	2.27	2.48	2.68	2.89	3.09
n_0	50	40	30	25	20	17.5	15	14	13	12	11	10
ψ_c	0.85	0.85	0.85	0.85	0.85	0.85	0.85	0.85	0.85	0.85	0.85	0.85
f_c	35.9	35.9	35.9	35.9	35.9	35.9	35.9	35.9	35.9	35.9	35.9	35.9
σ_{cs}	0.61	0.76	1.02	1.22	1.53	1.74	2.03	2.18	2.35	2.54	2.77	3.05

可以看出，水泥土承受应力 σ_{cs} 小于桩体水泥土强度设计值 $\eta f_{cu}/1.6$，即当管桩桩头应力达到材料强度设计值时，水泥土应力尚未达到材料强度设计值。

这说明，与加载模式三工况下受力状态类似，水泥土复合管桩采用管桩嵌入承台、管桩填芯混凝土中埋设锚固钢筋与承台或筏板连接，同时水泥土强度不小于《水泥土复合管桩基础技术规程》JGJ/T 330—2014[1] 规定的下限值情况下，桩顶轴向受压承载力设计值一般由管桩材料强度控制，因此在桩头材料强度验算时采用公式（4-5）是适用的，无需按基于水泥土材料强度另外推导公式进行验算。

4.4.2 轴心受拉时桩身承载力

水泥土复合管桩采用管桩嵌入承台，并在管桩填芯混凝土中埋设锚固钢筋的方式与承台连接。因此当桩轴心受拉时，管桩承担全部拉力，受力情况如图 4-4 所示。图中锚固钢筋承受的上拔力传递给填芯混凝土，经由填芯混凝土与管桩界面再传递给管桩，然后依次传递至水泥土桩与桩侧土中，因此桩身受拉承载力验算时，需分别考虑锚固钢筋、填芯混凝土与管桩界面、管桩等三部分。对于多节管桩来说，当桩接头采用焊接方法连接时，尚需考虑验算接头处焊缝的抗拉承载力。

以下在给出水泥土复合管桩轴心受拉时桩身承载力计算公式的基础上，对填芯混凝土与管桩内壁的粘结强度设计取值进行研究与分析。

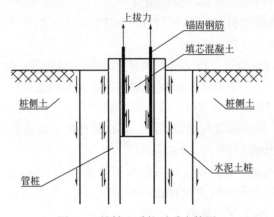

图 4-4 桩轴心受拉时受力简图

4.4.2.1 计算公式

桩轴心受拉时，荷载效应基本组合下的桩顶轴向拉力设计值 Q_{ct} 应同时满足下列公式要求：

$$Q_{ct} \leqslant f_y A_s \tag{4-8}$$

$$Q_{ct} \leqslant f_n u_c l_{ca} \tag{4-9}$$

$$Q_{ct} \leqslant C f_{py} A_{ps} \tag{4-10}$$

式中：Q_{ct}——荷载效应基本组合下的桩顶轴向拉力设计值（kN）；

C——考虑管桩纵向预应力钢筋墩头与端板连接处受力不均匀等因素影响而取的折减系数，可取 0.85；

f_{py}——管桩预应力钢筋抗拉强度设计值（kPa），应按现行国家标准《混凝土结构设计规范》GB 50010—2010[3] 的有关规定取值；

A_{ps}——管桩全部纵向预应力钢筋的截面面积（m²）；

f_n——填芯混凝土与管桩内壁的粘结强度设计值（kPa）；

u_c——管桩内腔圆周长度（m）；

l_{ca}——填芯混凝土深度（m）；

f_y——锚固钢筋的抗拉强度设计值（kPa），应按现行国家标准《混凝土结构设计规范》GB 50010—2010[3] 的有关规定取值；

A_s——填芯混凝土内锚固钢筋总面积（m²）。

式（4-8）、式（4-9）、式（4-10）分别验算了锚固钢筋、填芯混凝土与管桩界面、管桩等三个部分的水泥土复合管桩轴心受拉时的桩身承载力。

对于管桩接头处焊缝的抗拉承载力可按式（4-11）进行验算：

$$Q_{ct} \leqslant \frac{1}{4}\pi(D_1^2 - D_2^2)f_t^w \qquad (4-11)$$

式中：D_1——焊缝外径；

D_2——焊缝内径；

f_t^w——焊缝抗拉强度设计值，取 175MPa。

式（4-11）荷载效应基本组合下的桩顶轴向拉力设计值 Q_{ct} 未扣除管桩接头以上桩侧阻力，验算结果偏于安全。工程应用中水泥土复合管桩中管桩接头数量一般不超过 1 个，《水泥土复合管桩基础技术规程》JGJ/T 330—2014[1] 规定对于承受拔力的桩，接头连接强度不得小于管桩桩身强度。在这种情况下可不验算管桩接头处焊缝的抗拉承载力。

4.4.2.2 填芯混凝土与管桩内壁的粘结强度

填芯混凝土与管桩内壁的粘结强度设计取值可归属于后浇混凝土和预制混凝土构件之间的新老混凝土粘结问题，其粘结力主要由以下几部分组成：

（1）填芯混凝土中水泥胶凝体与管桩内壁的化学胶结力；

（2）填芯混凝土与管桩内壁接触面之间的摩擦力；

（3）接触面的粗糙不平所造成的机械咬合作用力。

在填芯混凝土与管桩内壁接触面的粘结力各组分中，化学胶结力所占比例很小，主要取决于接触面的摩擦力和机械咬合作用力。因此填芯混凝土与管桩内壁的粘结强度主要受填芯混凝土的强度和组成成分、管桩内壁的粗糙程度、填芯混凝土深度、管桩混凝土的强度等因素影响。现将搜集到的填芯混凝土与管桩内壁粘结强度资料列于表 4-17～表 4-20。

填芯混凝土与管桩内壁粘结强度一[47]　　　　　　　　表 4-17

序号	管桩型号	填芯混凝土		极限抗拉力（kN）	粘结强度标准值 f_{nk}（kPa）	f_{nk}/f_{tk}
		型号	轴心抗拉强度标准值 f_{tk}（kPa）	填芯深度（m）			
1	PHC 500 AB 100 C80	C40 微膨胀	2390	1.0	1283	1360	0.57
2				1.5	1380	980	0.41
3				2.0	1317	700	0.29

填芯混凝土与管桩内壁粘结强度二[48]　　　　表 4-18

| 序号 | 管桩型号 | 填芯混凝土 | | 极限抗拉力(kN) | 粘结强度标准值 f_{nk}(kPa) | f_{nk}/f_{tk} |
| | | 型号 | 轴心抗拉强度标准值 f_{tk}(kPa) | 填芯深度(m) | | | |

序号	管桩型号	型号	轴心抗拉强度标准值 f_{tk}(kPa)	填芯深度(m)	极限抗拉力(kN)	粘结强度标准值 f_{nk}(kPa)	f_{nk}/f_{tk}
1	PTC 400 65 b 实测＞C80	C30 微膨胀 实测 C65	实测 4170	0.45	464.2	1410	0.34
2				0.40	483.2	1550	0.37
3				0.35	458.0	1590	0.38

填芯混凝土与管桩内壁粘结强度三[49]　　　　表 4-19

序号	管桩型号	型号	轴心抗拉强度标准值 f_{tk}(kPa)	填芯深度(m)	极限抗拉力(kN)	粘结强度标准值 f_{nk}(kPa)	f_{nk}/f_{tk}
1	PC 500 AB 100 C60	C50 微膨胀	2640	2.0	1180	630	0.24
2				2.0	1294	690	0.26
3				2.5	1218	520	0.20
4				2.5	1252	530	0.20
5				2.0	1248	660	0.25

填芯混凝土与管桩内壁粘结强度四　　　　表 4-20

序号	管桩型号	型号	轴心抗拉强度设计值 f_t(kPa)	粘结强度设计值 f_n(kPa)	f_n/f_t	来源
1	PHC、PC	C30 微膨胀	1430	300～350	0.21～0.24	[50]
2	PHC、PC、PTC	C30 微膨胀	1430	360	0.25	[51]
3	PHC、PC、PTC	C30 微膨胀	1430	300	0.21	[52]
4	PHC、PC	C40 微膨胀	1710	200～400	0.12～0.23	[53]

由上述统计资料可以看出，填芯混凝土与管桩内壁粘结强度随着填芯混凝土强度等级的增大而增大，随着填芯深度的加大而减小，f_n/f_t 大部分介于 0.20～0.40 之间。

为偏于安全，《水泥土复合管桩基础技术规程》JGJ/T 330—2014[1] 推荐填芯混凝土与管桩的粘结强度设计值取填芯混凝土轴心抗拉强度设计值的 0.21 倍。当无试验资料时，填芯混凝土强度等级为 C30、C35、C40 时，填芯混凝土与管桩的粘结强度设计值可分别取 300kPa、330kPa、360kPa。

4.5 竖向承载力计算

水泥土复合管桩主要用于承受竖向抗压荷载，在设计时应尽量避免承受较大的上拔与水平荷载。因此，对于一般建筑物和受水平力（包括力矩和水平剪力）较小的高层建筑水泥土复合管桩基础，可按下列公式计算单桩在竖向力作用下的桩顶作用力效应：

（1）轴心竖向力作用下

$$Q_k = \frac{F_k + G_k}{n} \tag{4-12}$$

（2）偏心竖向力作用下

$$Q_{ik} = \frac{F_k + G_k}{n} \pm \frac{M_{xk} y_i}{\sum y_j^2} \pm \frac{M_{yk} x_i}{\sum x_j^2} \tag{4-13}$$

式中：　　Q_k——荷载效应标准组合轴心竖向力作用下，基桩的平均竖向力（kN）；

F_k——荷载效应标准组合下，作用于承台顶面的竖向力（kN）；

G_k——桩基承台和承台上土自重标准值（kN），对稳定的地下水位以下部分应扣除水的浮力；

n——桩基中的桩数；

Q_{ik}——荷载效应标准组合偏心竖向力作用下，第 i 基桩的竖向力（kN）；

M_{xk}、M_{yk}——荷载效应标准组合下，作用于承台底面，绕通过桩群形心的 x、y 主轴的力矩（kN·m）；

x_i、x_j、y_i、y_j——第 i、j 基桩至通过桩群形心的 y、x 主轴的距离（m）。

对水泥土复合管桩而言，在桩基竖向承载力计算时，在不考虑群桩效应的条件下，群桩基础中的基桩平均竖向力与单桩竖向承载力特征值必须满足下列设计表达式：

（1）荷载效应标准组合：

轴心竖向力作用下

$$Q_k \leqslant R_a \tag{4-14}$$

偏心竖向力作用下，除应满足式（4-14）外，尚应满足下式的要求：

$$Q_{kmax} \leqslant 1.2 R_a \tag{4-15}$$

（2）地震作用效应和荷载效应标准组合：

轴心竖向力作用下

$$Q_{Ek} \leqslant 1.25 R_a \tag{4-16}$$

偏心竖向力作用下，除应满足式（4-16）外，尚应满足下式的要求：

$$Q_{\text{Ekmax}} \leqslant 1.5R_{\text{a}} \tag{4-17}$$

式中：R_{a}——单桩竖向承载力特征值（kN）；

$\quad Q_{\text{kmax}}$——荷载效应标准组合偏心竖向力作用下，桩顶最大竖向力（kN）；

$\quad Q_{\text{Ek}}$——地震作用效应和荷载效应标准组合下，基桩的平均竖向力（kN）；

$\quad Q_{\text{Ekmax}}$——地震作用效应和荷载效应标准组合下，基桩的最大竖向力（kN）。

单桩竖向承载力特征值 R_{a} 应按下式确定：

$$R_{\text{a}} = \frac{1}{K}Q_{\text{uk}} \tag{4-18}$$

式中：K——安全系数，取 $K=2$；

$\quad Q_{\text{uk}}$——单桩竖向极限承载力标准值（kN）。

以下分别对水泥土复合管桩的单桩竖向抗压及抗拔极限承载力的确定方法进行阐述。

4.5.1 单桩竖向抗压承载力

单桩竖向抗压极限承载力标准值是指单桩在竖向荷载作用下到达破坏状态前或出现不适合继续承载的变形所对应的最大荷载，它取决于土对桩的支承阻力和桩身承载力。为保证水泥土复合管桩设计的可靠性，设计采用的单桩竖向抗压极限承载力标准值应通过单桩竖向抗压静载试验确定，具体试验方法可按现行行业标准《水泥土复合管桩基础技术规程》JGJ/T 330—2014[1] 的有关规定执行。初步设计时，应结合类似工程、邻近工程的经验，单桩竖向抗压极限承载力标准值可按式（4-19）～式（4-21）估算，并取其中的较小值。

$$Q_{\text{uk}} = U\sum q_{\text{sik}}L_i + q_{\text{pk}}A_{\text{L}} \tag{4-19}$$

$$Q_{\text{uk}} = u_{\text{p}}q_{\text{sk}}l \tag{4-20}$$

$$q_{\text{sk}} = \eta f_{\text{cu}}\xi \tag{4-21}$$

式中：Q_{uk}——单桩竖向极限承载力标准值（kN）；

$\quad U$——水泥土复合管桩周长（m）；

$\quad q_{\text{sik}}$——第 i 层土的极限侧阻力标准值（kPa）；

$\quad L_i$——水泥土复合管桩长度范围内第 i 层土的厚度（m）；

$\quad q_{\text{pk}}$——极限端阻力标准值（kPa）；

$\quad A_{\text{L}}$——水泥土复合管桩桩端面积（m²）；

$\quad u_{\text{p}}$——管桩周长（m）；

$\quad q_{\text{sk}}$——管桩—水泥土界面极限侧阻力标准值（kPa）；

$\quad l$——管桩长度（m）；

$\quad \eta$——桩身水泥土强度折减系数，可取 0.33；

$\quad f_{\text{cu}}$——与桩身水泥土配比相同的室内水泥土试块（边长为 70.7mm 的立方

体）在标准养护条件下 28d 龄期的立方体抗压强度平均值（kPa）；

ξ——管桩—水泥土界面极限侧阻力标准值与水泥土无侧限抗压强度平均值之比。

式（4-19）基于水泥土—土界面计算桩周土对水泥土复合管桩提供的支承阻力。当水泥土复合管桩的桩身结构设计参数符合本书 4.3.1 节所述桩的选型原则时，尤其是管桩长度不小于水泥土桩长度的 2/3 时，根据水泥土复合管桩荷载传递规律试验和数值分析研究成果，在竖向荷载作用下无管桩段的水泥土—土界面侧阻力可得到充分发挥。因此式（4-19）没有必要按有管桩段与无管桩段分别计算水泥土复合管桩的极限侧阻力。

式（4-19）涉及的第 i 层土的极限侧阻力标准值 q_{sik} 和极限端阻力标准值 q_{pk} 应通过试桩的静载试验结果统计分析求得。根据搜集到的 39 组试桩的单桩竖向抗压静载试验及内力测试资料，统计不同土层对应的水泥土复合管桩极限侧阻力标准值详见表 4-21，与岩土工程勘察报告及现行行业标准《建筑桩基技术规范》JGJ 94—2008[2] 建议的泥浆护壁钻孔桩极限侧阻力标准值对比，前者约为后者的 1.5 倍～1.6 倍；对于极限端阻力标准值的统计分析结果表明，前者与后者基本相当。由于多数试桩在极限荷载下破坏模式为桩头材料破坏，桩侧摩阻力尚未充分发挥，因此水泥土复合管桩的极限侧阻力标准值与泥浆护壁钻孔桩极限侧阻力标准值相比，所提出的 1.5～1.6 的提高倍数是偏于保守的。根据以上研究成果，现行行业标准《水泥土复合管桩基础技术规程》JGJ/T 330—2014[1] 规定：当无试验资料时，第 i 层土的极限侧阻力标准值可根据岩土工程勘察报告或现行行业标准《建筑桩基技术规范》JGJ 94—2008[2] 建议的泥浆护壁钻孔桩极限侧阻力标准值乘以 1.5 倍～1.6 倍得到。极限端阻力标准值可直接选取岩土工程勘察报告或现行行业标准《建筑桩基技术规范》JGJ 94—2008[2] 建议的泥浆护壁钻孔桩极限端阻力标准值。

极限侧阻力标准值　　　　　　　　　　　　　　　　表 4-21

土的名称	土的状态	q_{sik}(kPa)
填土	—	30～42
淤泥	—	18～28
淤泥质土	—	30～42
黏性土	$I_L > 1$	38～58
	$0.75 < I_L \leqslant 1$	58～80
	$0.50 < I_L \leqslant 0.75$	80～102
	$0.25 < I_L \leqslant 0.50$	102～126
	$0 < I_L \leqslant 0.25$	126～144
	$I_L \leqslant 0$	144～152

土的名称	土的状态	q_{sik}(kPa)
粉土	$e > 0.9$	36~64
	$0.75 \leqslant e \leqslant 0.9$	64~94
	$e < 0.75$	94~124
粉细砂	稍密	34~70
	中密	70~96
	密实	96~130

按照式（4-20）基于管桩—水泥土界面计算水泥土复合管桩中的水泥土对包裹其中的管桩所提供的支承阻力时，为简化计算，将管桩外围的水泥土视作均匀介质，同时不计入管桩端阻力，将其作为安全储备。按式（4-20）要求验算管桩—水泥土界面阻力的实质是为了避免管桩—水泥土界面发生剪切滑移，确保管桩与其外包裹的水泥土共同承担上部荷载。因此需将水泥土对管桩提供的阻力与式（4-19）计算值相比取两者中较小值作为单桩竖向抗压极限承载力标准值。

济南黄河北试验结果表明，实测极限荷载下管桩—水泥土界面阻力发挥度仅为 6.3%～25%，破坏模式多为管桩与外围水泥土材料的渐进破坏。这说明一般情况下管桩—水泥土界面阻力大于由桩身承载力所确定的单桩竖向抗压极限承载力标准值。因此采用式（4-19）、式（4-20）估算单桩竖向抗压极限承载力标准值时，必须按本书式（4-5）、式（4-6）验算水泥土复合管桩桩头及管桩底端截面处的桩身竖向承载力。

为明确式（4-21）中管桩—水泥土界面极限侧阻力标准值与水泥土无侧限抗压强度平均值之比 ξ 的取值，作者采用大比尺剪切模型试验测试了管桩与由粉质黏土、砂土、粉土等拌制的水泥土界面之间的粘结强度。综合考虑相关研究资料和大比尺模型测试结果，ξ 一般为 0.16～0.19，为偏于安全，按式（4-21）计算时可取 0.16。这里提到的水泥土无侧限抗压强度平均值可取水泥土复合管桩相应位置的桩身水泥土取芯强度平均值。对于与桩身水泥土配比相同的室内水泥土试块（边长为 70.7mm 的立方体）在标准养护条件下 28d 龄期的立方体抗压强度平均值，还需乘以桩身水泥土强度折减系数 η。

4.5.2 单桩竖向抗拔承载力

单桩竖向抗拔承载力计算目前可分为两大类[2]：一类为理论计算模式，以土的抗剪强度及侧压力系数为参数按不同破坏模式建立的计算公式；另一类是以抗拔桩试验资料为基础，采用抗压极限承载力计算模式乘以抗拔系数的经验性公式。前一类公式影响其剪切破坏面模式的因素较多，包括桩的长径比、有无扩底、成桩工艺、地层土性等，不确定因素多，计算较为复杂。为此，本书在研究水泥土复合管桩的单桩竖向抗拔极限承载力验算公式时，采用单桩或群桩的抗压极限承载力乘以相应抗拔系数的方法。

对于承受拔力的水泥土复合管桩，设计采用的单桩竖向抗拔极限承载力标准值应通过工程现场单桩竖向抗拔静载试验确定，具体试验方法及抗拔极限承载力取值可按现行行业标准《水泥土复合管桩基础技术规程》JGJ/T 330—2014[1] 的有关规定执行。水泥土复合管桩竖向抗拔承载机理研究表明，对于有管桩段的水泥土复合管桩，管桩与水泥土是作为一个整体共同承担上拔荷载。桩基的抗拔承载力破坏可能呈单桩拔出或群桩整体拔出这两种破坏模式。因此，初步设计时，可按式（4-22）～式（4-24）分别验算单桩或群桩呈非整体破坏和群桩整体破坏时单桩竖向抗拔极限承载力标准值，并取其中的较小值。

单桩或群桩呈非整体破坏时：

$$Q_{uk} = u_p \lambda_1 q_{sk} l \tag{4-22}$$

$$Q_{uk} = U \sum \lambda_{2i} q_{sik} l_i \tag{4-23}$$

群桩整体破坏时：

$$Q_{uk} = \frac{1}{n} U_l \sum \lambda_{2i} q_{sik} l_i \tag{4-24}$$

式中：Q_{uk}——单桩竖向极限承载力标准值（kN）；

λ_1、λ_{2i}——管桩抗拔系数、水泥土复合管桩抗拔系数；

l_i——管桩长度范围内第 i 层土的厚度（m）；

U_l——群桩外周边长度（m）。

水泥土复合管桩由水泥土和包裹其中的管桩等两种材料复合而成，除了按式（4-23）、式（4-24）计算水泥土—土界面对应的总极限侧阻力标准值，当单桩或群桩呈非整体破坏时，尚需按式（4-22）计算管桩—水泥土界面对应的总极限侧阻力标准值。此时，单桩竖向抗拔极限承载力还需取这两界面总极限侧阻力计算结果的较小值。因此，与传统的由单一材料构成的桩基不同，对水泥土复合管桩的管桩—水泥土界面、水泥土—土界面分别规定了两种抗拔系数，即管桩抗拔系数 λ_1、水泥土复合管桩抗拔系数 λ_{2i}。

这里值得注意的是，根据水泥土复合管桩竖向抗拔承载机理研究成果，在上述式（4-22）～式（4-24）中，单桩竖向抗拔极限承载力仅考虑管桩长度范围内的水泥土复合管桩的抗拔极限承载力，同时不计入水泥土复合管桩的自重。对于由单一水泥土材料构成的水泥土复合管桩部分，即无管桩段，因水泥土材料抗拉强度较低，为偏于安全计，所以不考虑无管桩段水泥土对单桩竖向抗拔极限承载力的贡献。

工程建设行业标准《建筑桩基技术规范》JGJ 94—2008[2] 第5.4.6条规定，如无当地经验时，群桩基础及设计等级为丙级建筑桩基，基桩的抗拔极限载力计

算时的抗拔系数 λ 可按表 4-22 取值，当基桩的长径比小于 20 时，抗拔系数 λ 取小值。

表 4-22

抗拔系数 λ

土类	λ 值
砂土	0.50～0.70
黏性土、粉土	0.70～0.80

表 4-22 抗拔系数 λ 即单桩抗拔抗压极限承载力之比是《建筑桩基技术规范》JGJ 94—2008[2] 通过部分试验结果并参照有关规范给出的。就试验结果来说，对于抗拔系数，灌注桩高于预制桩，长桩高于短桩，黏性土高于砂土。

现行行业标准《水泥土复合管桩基础技术规程》JGJ/T 330—2014[1] 的第 4.3.6 条规定，初步设计时按式 (4-22)～式 (4-24) 估算单桩竖向抗拔极限承载力标准值，管桩抗拔系数、水泥土复合管桩抗拔系数可按表 4-23 进行取值。

表 4-23

管桩、水泥土复合管桩抗拔系数

土类	λ_1 值	λ_{2i} 值
砂土	0.90～0.95	0.50～0.70
黏性土、粉土	0.80～0.90	0.70～0.80

比较表 4-22 与表 4-23，水泥土复合管桩抗拔系数 λ_{2i} 为对应于水泥土—土界面的抗拔系数，与其他单一材料构成的桩—土界面相比，该界面的抗拔系数并无明显的差别，因此水泥土复合管桩抗拔系数取值与现行行业标准《建筑桩基技术规范》JGJ 94—2008[2] 建议值一致。

表 4-23 中 λ_1 为对应于管桩—水泥土界面的抗拔系数，该界面极限侧阻力在抗拔与抗压时基本一致，其抗拔系数应比桩—土界面的抗拔系数高，因此 λ_1 建议值相比 λ_{2i} 值较高。另外表 4-23 中与 λ_1 值所对应的土类如砂土、黏性土、粉土实际上指的是在该类土中由高喷搅拌法所形成的水泥土，而与 λ_{2i} 值所对应的确实是该土类本身。试验结果表明砂土形成的水泥土强度明显比同条件下的其他黏性土、粉土高，因此对应的管桩抗拔系数建议取值也比其他土类高。

4.6 水平承载力计算

在建筑工程中，大多数桩基以承受竖向荷载为主，但在风荷载及地震等水平荷载较大时，就必须对桩的水平承载力进行计算。而有些建筑物主要承受水平荷载作用，如挡土结构物等，这时，水平承载力计算则成为主要方面。在水平荷载和弯矩作用下，桩身产生横向位移或挠曲，并挤压侧向土体，同时土体也对桩侧产生水平抗力，桩—土之间相互影响，共同作用，水平作用机理相当复杂。目前确定单桩水平承载力的方法主要有两类：一是通过单桩水平静载试验；二是通过理论计算，从桩顶水平位移允许值出发，或从材料强度、抗裂验算出发，有可能时结合当地经验，加以确定。以上方法中以单桩水平静载试验更为可靠。

为了确定水泥土复合管桩的水平承载力，作者通过聊城月亮湾工程、济宁诚信苑工程对在水平力作用下水泥土复合管桩的工作性状及破坏模式作了深入的试验研究。单桩水平静载试验时，水平力的施加方式采用了整体加载与芯桩加载两种模式。因为水泥土复合管桩作为基桩使用时，管桩嵌入承台或筏板一般不小于50mm，而桩头的水泥土部分则要凿至垫层底标高，所以当水泥土复合管桩承受水平荷载和弯矩作用时，其受力状态与芯桩加载模式基本相当。为此，采用芯桩加载模式下水泥土复合管桩水平承载力的试验研究成果作为确定桩水平承载力的依据。

芯桩加载模式下，即将水平荷载全部施加在管桩上的单桩水平静载试验研究表明，水泥土复合管桩破坏模式为外围水泥土开裂，而管桩未发生破坏。水泥土复合管桩水平极限荷载为水平临界荷载的 1.18 倍～1.20 倍，为了使单桩水平承载力特征值具有足够的安全储备，初步设计时水泥土复合管桩单桩水平承载力特征值可取临界荷载的 0.6 倍。在此研究基础上，结合现行行业标准《建筑桩基技术规范》JGJ 94—2008[2] 桩基水平承载力计算的有关规定，得出水泥土复合管桩的水平承载力确定方法。

对于一般建筑物和受水平力（包括力矩和水平剪力）较小的高层建筑且桩径相同的水泥土复合管桩群桩基础，群桩中单桩桩顶水平作用力可按下列公式计算：

$$H_{ik} = \frac{H_k}{n} \tag{4-25}$$

式中：H_{ik}——荷载效应标准组合下，作用于第 i 基桩的水平力（kN）；

$\quad\quad H_k$——荷载效应标准组合下，作用于桩基承台底面的水平力（kN）；

$\quad\quad n$——桩基中的桩数。

水泥土复合管桩单桩基础或群桩基础中的单桩水平承载力计算应满足下列要求：

（1）荷载效应标准组合：

$$H_{ik} \leqslant R_{ha} \tag{4-26}$$

（2）地震作用效应和荷载效应标准组合：

$$H_{Eik} \leqslant 1.25R_{ha} \tag{4-27}$$

式中：H_{Eik}——地震作用效应和荷载效应标准组合下，作用于第 i 基桩的水平力（kN）；

R_{ha}——单桩水平承载力特征值（kN）。

以下在给出水泥土复合管桩水平承载力计算公式的基础上，分别对公式中涉及地基土水平抗力系数的比例系数、管桩混凝土换算截面惯性矩、群桩效应综合系数等计算系数取值逐一进行研究与分析。

4.6.1 水平承载力计算

对于承受水平力较大的水泥土复合管桩，设计采用的单桩水平承载力特征值应通过工程现场单桩水平静载试验确定，具体试验方法及水平承载力取值可按现行行业标准《水泥土复合管桩基础技术规程》JGJ/T 330—2014[1] 的有关规定执行。初步设计时可按式（4-28）～式（4-33）估算单桩水平承载力特征值，群桩水平承载力特征值可取各单桩水平承载力特征值的总和。

$$R_{ha} = 0.6\frac{\alpha^3 EI}{\nu_x}\chi_{0a} \tag{4-28}$$

$$\alpha = \sqrt[5]{\frac{mb_0}{EI}} \tag{4-29}$$

$$EI = 0.85E_p I_p \tag{4-30}$$

$$I_p = \frac{\pi(d^2 - d_c^2)}{64}[(d^2 + d_c^2) + 2(\alpha_E - 1)p_g d_0^2] \tag{4-31}$$

$$I_c = \frac{\pi d_c^4}{64} \tag{4-32}$$

$$b_0 = 0.9(1.5d + 0.5) \tag{4-33}$$

式中：R_{ha}——单桩水平承载力特征值（kN）；

α——桩的水平变形系数（1/m）；

EI——桩身抗弯刚度（MN·m²）；

ν_x——桩顶水平位移系数，可按现行行业标准《建筑桩基技术规范》JGJ 94—2008[2] 的有关规定取值；

χ_{0a}——桩顶允许水平位移（mm）；

m——地基土水平抗力系数的比例系数（MN/m⁴），宜通过单桩水平静载试验确定，当无试验资料时，可按现行行业标准《建筑桩基技术规范》JGJ 94—2008[2] 规定的预制桩的地基土水平抗力系数的比例系数适当提高后采用；

b_0——桩身计算宽度（m）；

E_p——管桩混凝土弹性模量（MPa），应按现行国家标准《混凝土结构设计规范》GB 50010—2010[3] 的有关规定取值；

I_p——管桩混凝土换算截面惯性矩（m^4）；

d——管桩直径（m）；

d_c——管桩内径（m）；

α_E——管桩预应力钢筋弹性模量与混凝土弹性模量之比；

p_g——管桩纵向预应力筋配筋率；

d_0——管桩扣除保护层后的直径（m）。

单桩水平静载试验（水泥土复合管桩直径 800mm，植入 PHC 400 AB 95）结果表明：水平临界荷载对应水平位移为 4mm～9mm，相应的地基土水平抗力系数的比例系数为 40MN/m^4～80MN/m^4。对于水泥土复合管桩，地基土水平抗力系数的比例系数 m 值随管桩周围水泥土强度、厚度的增加而提高。这里需指出，m 值对于同一根桩并非定值，与荷载呈非线性关系，低荷载水平下，m 值较高；随荷载增加，桩侧土的塑性区逐渐扩展而降低。因此，m 取值应与实际荷载、允许位移相适应[2]。当无试验资料时，地基土水平抗力系数的比例系数 m 值可以按现行行业标准《建筑桩基技术规范》JGJ 94—2008[2] 中有关预制桩的规定，可适当提高后采用。

4.6.2 管桩混凝土换算截面惯性矩

对于管桩混凝土换算截面惯性矩 I_p 或截面模量的计算，《锤击式预应力混凝土管桩基础技术规程》DBJ/T 15—22—2008[50] 以及《预应力混凝土管桩基础技术规程》DB21/T 1565—2007[51] 第 5.2.12 条均给出了相应的计算公式，但存在如下问题：一是计算纵向钢筋对惯性矩或截面模量的贡献时，没有考虑管桩空心的影响；二是仍按照《建筑桩基技术规范》JGJ 94—2008[2] 第 5.7.2 条实心桩进行计算，然后通过减去管桩空心混凝土截面惯性矩或截面模量的方法来考虑空心的影响；三是按这种方法计算出的惯性矩或截面模量偏小 5%～9%。

《预应力混凝土管桩》10G409[35] 给出的计算方法虽然考虑了上述因素，但表述形式与《建筑桩基技术规范》JGJ 94—2008[2] 第 5.7.2 条不同。一是前者采用半径、后者采用直径；二是在考虑纵向钢筋影响时，前者采用纵向钢筋分布圆的半径、纵向钢筋截面积，后者为扣除保护层厚度的桩直径、配筋率。

因此，综合考虑管桩混凝土换算截面惯性矩计算的影响因素以及与《建筑桩基技术规范》JGJ 94—2008[2] 第 5.7.2 条的表达一致性，以下给出了管桩混凝土换算截面惯性矩 I_p 计算公式（4-31）的推导过程。

管桩混凝土换算截面惯性矩计算简图如图 4-5、图 4-6 所示。

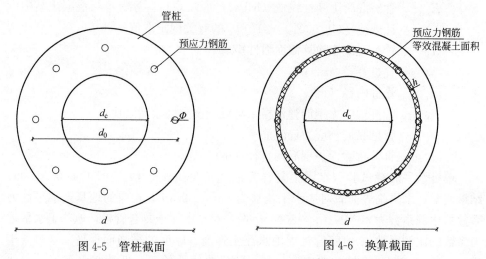

图 4-5   管桩截面   图 4-6   换算截面

注：d—管桩直径；d_0—扣除保护层厚度的管桩直径；d_c—管桩内径；E_s—预应力钢筋弹性模量；E_p—管桩混凝土弹性模量；p_g—配筋率；A_s—预应力钢筋面积；A_p—管桩截面面积；$\alpha_E = E_s/E_p$；Φ—预应力钢筋直径；h—预应力钢筋换算混凝土环厚度；A_c—预应力钢筋换算混凝土面积。

预应力钢筋换算混凝土面积 A_c 为：

$$A_c = A_s(E_s/E_p) = A_s \alpha_E \qquad (4\text{-}34)$$

扣除预应力钢筋所占面积，得预应力钢筋换算后多出的混凝土面积：

$$A_s(\alpha_E - 1) \qquad (4\text{-}35)$$

该面积为一个环状（图 4-6），环形厚度为 h，环的内、外直径分别为：

$$\left(d_0 - \frac{\phi}{2}\right) - \frac{h}{2} \text{、} \left(d_0 - \frac{\phi}{2}\right) + \frac{h}{2}$$

则

$$A_s(\alpha_E - 1) = \pi \frac{\left[\left(d_0 - \dfrac{\phi}{2}\right) + \dfrac{h}{2}\right]^2 - \left[\left(d_0 - \dfrac{\phi}{2}\right) - \dfrac{h}{2}\right]^2}{4} \qquad (4\text{-}36)$$

管桩混凝土换算截面惯性矩由两部分构成，一部分为由 A_p 计算的截面惯性矩，另一部分为由 $A_s(\alpha_E - 1)$ 计算的截面惯性矩。

A_p 计算的截面惯性矩：

$$I_1 = \frac{\pi(d^4 - d_c^4)}{64} \qquad (4\text{-}37)$$

$A_s(\alpha_E - 1)$ 计算的截面惯性矩

$$I_2 = \frac{\pi\left\{\left[\left(d_0 - \dfrac{\phi}{2}\right) + \dfrac{h}{2}\right]^4 - \left[\left(d_0 - \dfrac{\phi}{2}\right) - \dfrac{h}{2}\right]^4\right\}}{64}$$

$$= \frac{\pi \left\{ \left[\left(d_0 - \frac{\phi}{2} \right) + \frac{h}{2} \right]^2 - \left[\left(d_0 - \frac{\phi}{2} \right) - \frac{h}{2} \right]^2 \right\} \left\{ \left[\left(d_0 - \frac{\phi}{2} \right) + \frac{h}{2} \right]^2 + \left[\left(d_0 - \frac{\phi}{2} \right) - \frac{h}{2} \right]^2 \right\}}{64}$$

$$\text{(4-38)}$$

将公式（4-36）代入，得到

$$I_2 = \frac{A_s(\alpha_E - 1) \left\{ \left[\left(d_0 - \frac{\phi}{2} \right) + \frac{h}{2} \right]^2 + \left[\left(d_0 - \frac{\phi}{2} \right) - \frac{h}{2} \right]^2 \right\}}{16}$$

$$= \frac{A_s(\alpha_E - 1) \cdot 2 \cdot \left[\left(d_0 - \frac{\phi}{2} \right)^2 + \frac{h^2}{4} \right]}{16}$$

$$\text{(4-39)}$$

由于

$$p_g = \frac{A_s}{A_p} \rightarrow A_s = p_g A_p = p_g \frac{\pi(d^2 - d_c^2)}{4} \tag{4-40}$$

将公式（4-40）代入公式（4-39）得到

$$I_2 = \frac{2\pi(\alpha_E - 1) p_g (d^2 - d_c^2) \left[\left(d_0 - \frac{\phi}{2} \right)^2 + \frac{h^2}{4} \right]}{64} \tag{4-41}$$

因 Φ、h 远小于 d_0，为计算方便，公式（4-41）中略去小值 Φ、h，近似得到

$$I_2 \approx \frac{2\pi(\alpha_E - 1) p_g (d^2 - d_c^2) d_0^2}{64} \tag{4-42}$$

因此，管桩混凝土换算截面惯性矩 I_p 为

$$I_p = I_1 + I_2 = \frac{\pi(d^4 - d_c^4)}{64} + \frac{2\pi(\alpha_E - 1) p_g (d^2 - d_c^2) d_0^2}{64}$$

$$= \frac{\pi(d^2 - d_c^2)}{64} \left[(d^2 + d_c^2) + 2(\alpha_E - 1) p_g d_0^2 \right]$$

$$\text{(4-43)}$$

相应的

$$W_p = \frac{I_p}{d/2} = \frac{\pi(d^2 - d_c^2)}{32d} \left[(d^2 + d_c^2) + 2(\alpha_E - 1) p_g d_0^2 \right] \tag{4-44}$$

4.6.3 群桩效应

参照刘金波[55]、史佩栋[56]、高大钊[57] 等学者研究资料，水平荷载作用下不同桩距、桩数时的群桩效应综合系数见表 4-24；实测群桩效应综合系数为 1.17～2.80，平均值 1.97。

群桩效应综合系数表[56] 表 4-24

编号	桩距比	桩数 n（根）	水平承载力临界值（kN）			群桩效应综合系数	
			单桩 a	群桩计算值 b	群桩实测值 c	实测 $(c/n)/a$	计算 $(b/n)/a$
G-1	3	3×3	3.8	50.0	45.8	1.34	1.46
G-2	3	3×3	3.8	46.1	43.4	1.27	1.35
G-3	3	3×3	8.0	105	99	1.38	1.46
G-4	3	3×3	8.0	97	84	1.17	1.35
G-5	3	3×3	12.3	170	213	1.92	1.54
G-6	3	3×3	22.7	306	341	1.67	1.50
G-7	3	3×3	10.2	145	169	1.84	1.58
G-8	3	3×3	12.0	167	192	1.78	1.55
G-9	3	3×3	12.0	167	225	2.08	1.55
G-10	3	3×3	21.4	293	326	1.69	1.52
G-11	3	3×3	21.4	293	440	2.28	1.52
G-12	2	3×3	12.3	137	176	1.59	1.24
G-13	4	3×3	12.3	207	248	2.24	1.87
G-14	6	3×3	12.3	294	310	2.80	2.66
G-15	2	3×3	12.3	122	147	1.33	1.10
G-16	3	3×3	12.3	149	163	1.47	1.35
G-17	4	3×3	12.3	172	200	1.81	1.55
G-18	6	3×3	12.3	210	212	1.92	1.90
G-19	3	1×4	12.3	77	113	2.30	1.57
G-20	3	2×4	12.3	151	174	1.77	1.53
G-21	3	3×4	12.3	218	212	1.44	1.48
G-22	3	4×4	12.3	289	317	1.61	1.47
G-23	3	2×2	12.3	80	124	2.52	1.63
G-24	3	2×3	12.3	117	147	1.99	1.59
G-25	3	3×3	12.3	243	282	2.55	2.20
D-1	3	2×1	4.0	12.7	16.8	2.10	1.59
D-2	3	2×1	4.0	12.7	17.1	2.14	1.59
D-3	3	2×1	4.0	12.7	12.6	1.58	1.59
D-4	3	2×1	7.4	23.5	41.0	2.77	1.59
D-5	3	2×1	7.4	23.5	27.4	1.85	1.59

编号	桩距比	桩数 n（根）	水平承载力临界值（kN）			群桩效应综合系数	
			单桩 a	群桩计算值 b	群桩实测值 c	实测 $(c/n)/a$	计算 $(b/n)/a$
D-6	3	2×1	7.4	23.5	24.0	1.62	1.59
D-7	3	2×1	11.9	39.5	43.4	1.82	1.66
D-8	3	2×1	11.9	39.5	57.9	2.43	1.66
D-9	3	2×1	11.9	39.5	42.8	1.80	1.66
D-10	3	2×1	11.9	39.5	61.9	2.60	1.66
D-11	3	2×1	11.9	32.6	45.8	1.92	1.37
D-12	2	2×1	11.9	45.9	60.2	2.53	1.93
D-13	4	2×1	11.9	51.4	62.0	2.61	2.16
D-14	6	2×1	11.9	56.4	65.5	2.75	2.37
D-15	2	2×1	11.9	39.5	45.0	1.89	1.66
D-16	3	2×1	11.9	39.5	50.8	2.13	1.66
D-17	4	2×1	11.9	39.5	45.8	1.92	1.66
D-18	6	2×1	22.2	75.0	101.3	2.28	1.69
D-19	3	2×1	22.2	75.0	96.5	2.17	1.69
D-20	3	2×1	22.2	75.0	93.7	2.11	1.69
D-21	3	2×1	11.9	39.5	31.3	1.32	1.66
D-22	3	2×1	11.9	39.5	53.0	2.23	1.66
D-23	3	2×1	11.9	39.5	57.0	2.39	1.66

考虑到水泥土复合管桩是一种新桩型，适用于非抗震设计及抗震设防烈度小于等于8度地区的工业与民用建筑（构筑）物等工程的低承台桩基础，主要用于承受竖向抗压荷载，且群桩效应的研究工作不深入，为偏于安全，现行行业标准《水泥土复合管桩基础技术规程》JGJ/T 330—2014[1] 规定群桩效应综合系数取1.0。

4.7 桩基沉降计算

桩基础沉降计算是地基基础工程中的难题之一，涉及若干学科，并与地质条件、土的物理力学性质以及工程密切相关，至今还没有很好的方法，使其计算理论值与沉降实测值结果一致或十分接近。为此，国内外规范编制大多采用以解析法为基础，根据工程实测沉降数据研究，统计分析出经验系数或经验公式的半理论-半经验沉降计算方法。我国的地基基础规范中，有关沉降计算也是采用这种方法。

总结现行规范中有关桩基础沉降计算方法，其难点在于如何确定桩与地基土中应力分布、桩身材料模量、桩身压缩系数、地基土压缩模量、桩基沉降计算经验系数等内容。水泥土复合管桩基础沉降计算亦同样涉及上述内容，与灌注桩、混凝土预制桩等沉降计算方法类似。但水泥土复合管桩由高喷搅拌法形成的水泥土桩与同心植入的预应力高强混凝土管桩复合而形成的基桩，在桩身结构、轴力分布、弹性模量等方面有自身特点，在沉降计算时必须予以充分的考虑。

因此，以下在《建筑地基基础设计规范》GB 50007—2011[31]、《建筑桩基技术规范》JGJ 94—2008[2] 桩基沉降计算方法的基础上，依据水泥土复合管桩试验与原型观测资料反演分析，结合数值计算方法，研究了水泥土复合管桩基础沉降性状，针对水泥土复合管桩自身特点，提出了适合水泥土复合管桩的桩基最终沉降量计算方法。

4.7.1　现行标准计算方法

对《建筑地基基础设计规范》GB 50007—2011[31]、《建筑桩基技术规范》JGJ 94—2008[2] 中，有关单桩、单排桩、疏桩基础以及桩中心距不大于 6 倍桩径的桩基沉降计算方法分别归纳如下：

（1）单桩、单排桩、疏桩基础的沉降计算

按《建筑桩基技术规范》JGJ 94—2008[2] 第 5.5.14 条的规定，当承台底地基土不分担荷载时，对于单桩、单排桩、桩中心距大于 6 倍桩径的疏桩基础的沉降计算应符合下列规定：桩端平面以下地基中由基桩引起的附加应力，按考虑桩径影响的明德林（Mindlin）解及《建筑桩基技术规范》JGJ 94—2008[2] 附录 F 计算确定。将沉降计算点水平面影响范围内各基桩对应力计算点产生的附加应力叠加，采用单向压缩分层总和法计算土层的沉降，并计入桩身压缩 s_e。

桩基的最终沉降量可按下列公式计算：

$$s = \varphi \sum_{i=1}^{n} \frac{\sigma_{zi}}{E_{si}} \Delta z_i + s_e \tag{4-45}$$

$$\sigma_{zi} = \sum_{j=1}^{m} \frac{Q_j}{l_j^2} \left[\alpha_j I_{p,\,ij} + (1 - \alpha_j) I_{s,\,ij} \right] \tag{4-46}$$

$$s_e = \xi_e \frac{Q_j l_j}{E_c A_{ps}} \tag{4-47}$$

式中：　m——以沉降计算点为圆心，0.6 倍桩长为半径的水平面影响范围内的基桩数；

　　　　n——沉降计算深度范围内土层的计算分层数；分层数应结合土层性

质，分层厚度不应超过计算深度的 0.3 倍；

σ_{zi}——水平面影响范围内各基桩对应力计算点桩端平面以下第 i 层土 1/2 厚度处产生的附加竖向应力之和；应力计算点应取与沉降计算点最近的桩中心点；

Δz_i——第 i 计算土层厚度（m）；

E_{si}——第 i 计算土层的压缩模量（MPa），采用土的自重压力至土的自重压力加附加压力作用时的压缩模量；

Q_j——第 j 桩在荷载效应准永久组合作用下，桩顶的附加荷载（kN）；当地下室埋深超过 5m 时，取荷载效应准永久组合作用下的总荷载为考虑回弹再压缩的等代附加荷载；

l_j——第 j 桩桩长（m）；

A_{ps}——桩身截面面积；

α_j——第 j 桩总桩端阻力与桩顶荷载之比，近似取极限总端阻力与单桩极限承载力之比；

$I_{p,ij}$、$I_{s,ij}$——分别为第 j 桩的桩端阻力和桩侧阻力对计算轴线第 i 计算土层 1/2 厚度处的应力影响系数，可按《建筑桩基技术规范》JGJ 94—2008[2] 附录 F 确定；

E_c——桩身混凝土的弹性模量；

s_e——计算桩身压缩；

ξ_e——桩身压缩系数。端承型桩，取 $\xi_e=1.0$；摩擦型桩，当 $l/d \leqslant 30$ 时，取 $\xi_e=2/3$；$l/d \geqslant 50$ 时，取 $\xi_e=1/2$；介于两者之间可线性插值；

φ——沉降计算经验系数，无当地经验时，可取 1.0。

（2）桩中心距不大于 6 倍桩径的桩基沉降计算

按《建筑桩基技术规范》JGJ 94—2008[2] 第 5.5.6 条规定，对于桩中心距不大于 6 倍桩径的桩基，其最终沉降量计算可采用等效作用分层总和法。等效作用面位于桩端平面，等效作用面积为桩承台投影面积，等效作用附加压力近似取承台底平均附加压力。等效作用面以下的应力分布采用各向同性均质直线变形体理论。

桩基任一点最终沉降量可用角点法按下式计算：

$$s = \varphi \cdot \varphi_e \cdot s' = \varphi \cdot \varphi_e \cdot \sum_{j=1}^{m} p_{0j} \sum_{i=1}^{n} \frac{z_{ij}\bar{\alpha}_{ij} - z_{(i-1)j}\bar{\alpha}_{(i-1)j}}{E_{si}} \tag{4-48}$$

按《建筑地基基础设计规范》GB 50007—2011[31] 附录第 R.0.1 条规定，桩基础最终沉降量的计算采用单向压缩分层总和法：

$$s = \varphi_p \cdot \sum_{j=1}^{m} \sum_{i=1}^{n_j} \frac{\sigma_{j,i} \Delta h_{j,i}}{E_{sj,i}} \tag{4-49}$$

式中：s——桩基最终计算沉降量（mm）；

$\quad m$——桩端平面以下压缩层范围内土层总数；

$\quad E_{sj,i}$——桩端平面下第 j 层土第 i 个分层在自重应力至自重应力加附加应力作用段的压缩模量（MPa）；

$\quad n_j$——桩端平面下第 j 层土的计算分层数；

$\quad \Delta h_{j,i}$——桩端平面下第 j 层土的第 i 个分层厚度（m）；

$\quad \sigma_{j,i}$——桩端平面下第 j 层土第 i 个分层的竖向附加应力（kPa），可分别按照《建筑地基基础设计规范》GB 50007—2011[31] 附录第 R.0.2 条（实体深基础法）或第 R.0.4 条（Mindlin 解）的规定计算；

$\quad \varphi_p$——桩基沉降计算经验系数，各地区应根据当地的工程实测资料统计对比确定。

4.7.2　单桩沉降计算

针对单桩、单排桩、桩中心距大于 6 倍桩径的疏桩基础（以下简称"单桩沉降计算"），《建筑桩基技术规范》JGJ 94—2008[2] 采用单向压缩分层总和法计算土层的沉降，并计入桩身压缩 s_e。而《建筑地基基础设计规范》GB 50007—2011[31] 在计算桩基沉降时则没考虑计入桩身压缩。对于水泥土复合管桩，在单桩沉降计算时，一方面桩端以下土层压缩量可按单向压缩分层总和法计算，地基内竖向附加应力依据明德林应力公式方法进行计算；另一方面桩身压缩量如何计算以及是否需要计入总沉降量，这需要充分考虑水泥土复合管桩自身的特点，如桩身材料弹性模量、桩身轴力的分布、端阻比以及桩身压缩系数，而且需要通过实测资料分析等手段来综合确定。

以下分别对水泥土复合管桩的桩身压缩量、桩端以下土层压缩量计算展开较为详细的阐述，在此基础上得出单桩沉降计算公式并对其适应性进行了分析。

4.7.2.1　桩身压缩量计算

水泥土复合管桩桩身结构从纵向上可分为有管桩段与无管桩段，其中有管桩段由水泥土与管桩两种材料组成，而无管桩段则由单一的水泥土材料构成。这两段桩身材料的弹性模量有较大差异。另外对水泥土复合管桩在竖向荷载作用下内力测试结果表明，桩身轴力分布在有管桩段与无管桩段有明显区别，呈现不同的特点。因此需按有无管桩的区别分段进行水泥土复合管桩桩身压缩量的计算。为此，首先需要分段给出水泥土复合管桩的桩身材料弹性模量，尤其是明确有管桩段水泥土复合管桩桩身材料复合模量；其次在研究水泥土复合管桩桩身轴力分布特点的基础上，分段研究管桩底部及水泥土复合管桩底部的端阻比 α_l、α_L 取值；第三提出有管桩段与无管桩段桩身压缩系数 ξ_{e1}、ξ_{e2}。

（1）桩身材料弹性模量

水泥土复合管桩的有管桩段由水泥土与管桩两种材料组成，桩身材料弹性模量应取有管桩段水泥土复合管桩桩身材料复合模量 E_{pcs}。水泥土复合管桩作为桩基础使用时，管桩桩顶嵌入承台，水泥土部分与承台下素混凝土垫层直接接触，管桩—水泥土界面未发生滑移，二者能共同承担外部竖向荷载，受力模型如图 4-7 所示。这说明在竖向荷载作用下，管桩与水泥土共同变形，符合等应变假定。在此假定条件下，可推导出有管桩段水泥土复合管桩桩身材料复合模量 E_{pcs} 计算公式（4-53），具体过程如下：

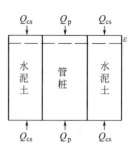

图 4-7 受力模型

$$\frac{Q}{AE_{pcs}} = \frac{Q_p}{A_p E_p} = \frac{Q_{cs}}{A_{cs} E_{cs}} \tag{4-50}$$

$$E_{pcs} = \frac{QA_p E_p}{AQ_p} = \frac{(Q_p + Q_{cs})A_p E_p}{AQ_p} \tag{4-51}$$

$$E_{pcs} = \frac{\left(Q_p + \dfrac{Q_p A_{cs} E_{cs}}{A_p E_p}\right) A_p E_p}{AQ_p} = \frac{A_p E_p + A_{cs} E_{cs}}{A} = m_p E_p + (1 - m_p)E_{cs} \tag{4-52}$$

$$E_{pcs} = m_p E_p + (1 - m_p)E_{cs} \tag{4-53}$$

式中：Q——水泥土复合管桩总轴力；

　　　Q_p——管桩截面轴力；

　　　Q_{cs}——外围水泥土截面轴力；

　　　A——水泥土复合管桩总截面面积；

　　　A_p——管桩截面面积；

　　　A_{cs}——水泥土截面面积；

　　　E_{pcs}——有管桩段水泥土复合管桩桩身材料复合模量（MPa）；

　　　E_p——管桩混凝土弹性模量（MPa）；

　　　E_{cs}——水泥土弹性模量（MPa）；

　　　m_p——管桩截面面积与有管桩段水泥土复合管桩总截面面积之比。

由公式（4-53）可以看出，有管桩段水泥土复合管桩桩身材料复合模量 E_{pcs} 采用考虑面积比的复合模量，其影响因素为管桩截面面积与有管桩段水泥土复合管桩总截面面积之比 m_p、管桩混凝土弹性模量 E_p、水泥土弹性模量 E_{cs} 三个参数，并且随 m_p 的增大线性增加。管桩混凝土弹性模量 E_p 可按现行国家标准《混凝土结构设计规范》GB 50010—2010[3] 的有关规定，取 C80 混凝土对应的弹性模量 38000MPa。

水泥土复合管桩的无管桩段为单一的水泥土材料，桩身材料弹性模量可取水泥土弹性模量 E_{cs}。根据本书 4.4.1.3 节管桩与水泥土应力比中关于 E_{cs} 的研究成果，水泥土弹性模量 E_{cs} 根据试验确定，无试验资料时可近似取水泥土无侧限抗压强度的 600 倍～1000 倍，水泥土强度高时取高值，反之取低值。

下面对济南黄河北试验（8 根桩）、聊城月亮湾工程（11 根桩）、济宁诚信苑工程（3 根桩）共计 22 根水泥土复合管桩的桩身材料模量分别按有管桩段与无管桩段两部分进行计算，计算结果详见表 4-25。

水泥土复合管桩的桩身材料弹性模量

表 4-25

工程名	桩号	尺寸	弹性模量（MPa）		
			E_p	E_{cs}	E_{pcs}
济南黄河北试验	7 号	D 800 L 12//PHC 300 A 70 6	38000	3450～3550	7070～7160
	8 号	D 800 L 12//PHC 300 A 70 8	38000	3450～3550	7070～7160
	3 号	D 1000 L 16//PHC 400 A 95 9	38000	3450～3550	7640～7730
	4 号	D 1000 L 16//PHC 400 A 95 12	38000	3450～3550	7640～7730
	11 号	D 1200 L 21//PHC 500 A 125 12	38000	3450～3550	8150～8240
	12 号	D 1200 L 21//PHC 500 A 125 16	38000	3450～3550	8150～8240
	18 号	D 1500 L 25//PHC 600 AB 130 15	38000	3450～3550	7400～7490
	19 号	D 1500 L 25//PHC 600 AB 130 18	38000	3450～3550	7400～7490
聊城月亮湾工程试验	试 3 号	D 1000 L 24//PHC 400 AB 95 15.81	38000	1300～1400	5750～5840
	试 4 号	D 1000 L 24//PHC 400 AB 95 18	38000	1300～1400	5750～5840
	试 5 号	D 1000 L 24//PHC 400 AB 95 18	38000	1300～1400	5750～5840
	1-9 号	D 1000 L 24//PHC 500 AB 100 17	38000	1300～1400	7750～7840
	1-58 号	D 1000 L 24//PHC 500 AB 100 17	38000	1300～1400	7750～7840
	1-88 号	D 1000 L 24//PHC 500 AB 100 17	38000	1300～1400	7750～7840
	1-105 号	D 1000 L 24//PHC 500 AB 100 17	38000	1300～1400	7750～7840
	4-11 号	D 1000 L 24//PHC 500 AB 100 17	38000	1300～1400	7750～7840
	4-73 号	D 1000 L 24//PHC 500 AB 100 17	38000	1300～1400	7750～7840
	4-104 号	D 1000 L 24//PHC 500 AB 100 13.97	38000	1300～1400	7750～7840
	4-137 号	D 1000 L 24//PHC 500 AB 100 13.7	38000	1300～1400	7750～7840
济宁诚信苑工程试验	试 1 号	D 800 L 21.7//PHC 400 AB 95 16.7	38000	2300～2400	9240～9320
	试 2 号	D 800 L 21.63//PHC 400 AB 95 16.63	38000	2300～2400	9240～9320
	试 3 号	D 800 L 21.2//PHC 400 AB 95 16.2	38000	2300～2400	9240～9320

由表 4-25 可以看出，有管桩段水泥土复合管桩桩身材料复合模量 E_{pcs} 约为

水泥土弹性模量 E_{cs} 的 2～6 倍。

（2）桩身轴力分布

在计算桩身弹性压缩时，对于由单一材料构成的桩基如混凝土灌注桩，《建筑桩基技术规范》JGJ 94—2008[2] 假定桩身材料为弹性，并且桩侧阻力呈矩形、三角形分布，相应地轴力从桩顶到桩端分布可简化为一直线。对于由水泥土与管桩两种材料通过优化匹配关系复合而成的水泥土复合管桩，在竖向荷载作用下桩身轴力分布是否也可以简化为一直线值得进一步探讨。

实测济南黄河北 8 根水泥土复合管桩的桩身轴力分布如图 4-8（a）所示。数值反演分析得到聊城月亮湾工程 1-9 号试验桩的桩身轴力见图 4-8（b）。图 4-8 中轴力值对应的桩顶荷载值为各试验桩的单桩承载力特征值；另外图 4-8 中实线为桩身轴力的实测值或数值计算值；虚线则是桩身轴力的分段线性拟合结果，分段按有管桩段与无管桩段，分界点在管桩底端处。从图 4-8 可发现，水泥土复合管桩的桩身轴力分布有自身的特点，在有管桩段与无管桩段有明显区别，不能像混凝土灌注桩等单一材料构成的桩基那样，可简单假定为一直线分布。如图 4-8 中虚线所示，水泥土复合管桩在单桩承载力特征值对应荷载作用下的桩身轴力分布基本为折线分布，拐点在管桩底端。

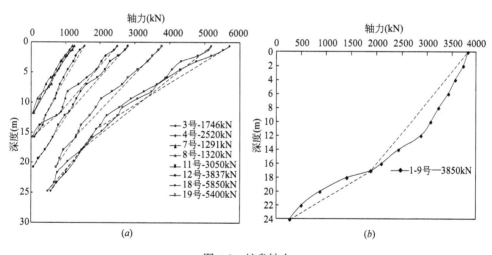

图 4-8　桩身轴力

（a）实测；（b）数值计算

为进一步说明水泥土复合管桩桩身轴力按折线分布的合理性，根据济南黄河北试验桩身内力测试资料，表 4-26 对比了《建筑桩基技术规范》JGJ 94—2008[2] 推荐的轴力直线分布与此处确定的折线分布之间对管桩底部轴力与桩顶荷载之比估计的差距。

轴力直线分布与折线分布对比　　　　　　　　表 4-26

桩号	尺寸	轴力与桩顶荷载之比			
		复合桩底 1	直线分布 管桩底 2	折线分布 管桩底 3	差距 (2−3)/3(%)
7 号	D 800 L 12//PHC 300 A 70 6	0.06	0.53	0.52	1.92
8 号	D 800 L 12//PHC 300 A 70 8	0.04	0.36	0.39	−7.69
3 号	D 1000 L 16//PHC 400 A 95 9	0.05	0.47	0.43	9.30
4 号	D 1000 L 16//PHC 400 A 95 12	0.02	0.27	0.34	−20.59
11 号	D 1200 L 21//PHC 500 A 125 12	0.02	0.44	0.36	22.22
12 号	D 1200 L 21//PHC 500 A 125 16	0.19	0.38	0.34	11.76
18 号	D 1500 L 25//PHC 600 AB 130 15	0.10	0.46	0.32	43.75
19 号	D 1500 L 25//PHC 600 AB 130 18	0.09	0.34	0.29	17.24

从表 4-26 可以看出，当水泥土复合管桩桩径较小时，轴力按直线分布与折线分布这两种方法所确定的管桩底部处轴力与桩顶荷载之比的差距较小，如 7 号、8 号、3 号桩，都不大于 10%；当水泥土复合管桩桩径较大时，这两者的差距较大，最大甚至达到 43.75%。这说明水泥土复合管桩桩身轴力分布近似按折线分布相对合理。因此，在计算水泥土复合管桩的桩身压缩量时，必须按此桩身轴力分布特点，确定管桩底部及水泥土复合管桩底部的端阻比取值以及有管桩段与无管桩段的桩身压缩系数。

（3）端阻比

为便于表述，将管桩底部桩身总轴力占桩顶荷载之比 α_l、水泥土复合管桩底部总端阻力占桩顶荷载之比 α_L 均定义为端阻比。端阻比与桩顶荷载水平、桩侧阻力发挥程度等相关。端阻比 α_l、α_L 的理论计算公式如下：

$$Q_1 = Q_0 - \int_0^l \pi D q_s(z) \mathrm{d}z \rightarrow \alpha_l = 1 - \frac{\pi D \int_0^l q_s(z) \mathrm{d}z}{Q_0} \quad (4\text{-}54)$$

$$Q_2 = Q_0 - \int_0^L \pi D q_s(z) \mathrm{d}z \rightarrow \alpha_L = 1 - \frac{\pi D \int_0^L q_s(z) \mathrm{d}z}{Q_0} \quad (4\text{-}55)$$

式中：Q_0——水泥土复合管桩的桩顶荷载；

　　　Q_1——管桩底部桩身总轴力；

　　　Q_2——水泥土复合管桩底部总端阻力；

　　　$q_s(z)$——水泥土复合管桩的桩侧阻力。

确定水泥土复合管桩的桩侧阻力 $q_s(z)$ 分布存在相当困难，需通过桩身内力测试得到。当无试验资料时，可以近似按照现行行业标准《水泥土复合管桩基础技术规程》JGJ/T 330—2014[1] 规定的桩侧、桩端阻力取值办法进行计算。

济南黄河北 7 号、8 号、3 号、4 号、11 号、12 号、18 号、19 号共 8 根水泥土复合管桩的端阻比 α_l、α_L 实测值随桩顶荷载与单桩承载力特征值之比的变化规律如图 4-9 所示，端阻比 α_l、α_L 随着荷载的增加而增大。

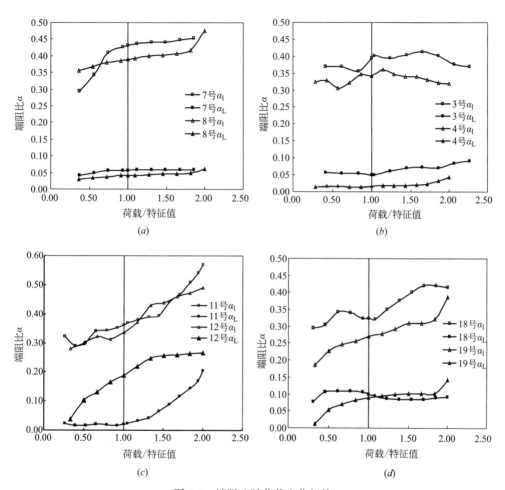

图 4-9 端阻比随荷载变化规律

(a) 7 号、8 号桩；(b) 3 号、4 号桩；(c) 11 号、12 号桩；(d) 18 号、19 号桩

依据端阻比 α_l、α_L 的理论计算公式（4-54）、公式（4-55）以及前述桩侧阻力 $q_s(z)$ 取值方法，计算了济南黄河北试验、聊城月亮湾工程、济宁诚信苑工程各桩的端阻比，详见表 4-27。

由表 4-27 可以看出，端阻比 α_l 取值范围：l/D 为 7～14 时，α_l 可取 0.29～0.52；l/D 为 14～20 时，α_l 可取 0.15；l/D 为 20～25 时，α_l 可取 0.1，l/D 大者 α_l 取低值。端阻比 α_L 可取 0.02～0.19，桩径大者 α_L 取高值。

端阻比计算值 表 4-27

工程名	桩号	尺寸	侧阻力(kN)		实测端阻比		计算端阻比		$\dfrac{\alpha_{l算}}{\alpha_{l测}}$	$\dfrac{\alpha_{L算}}{\alpha_{L测}}$
			管桩段	全段	$\alpha_{l测}$	$\alpha_{L测}$	$\alpha_{l算}$	$\alpha_{L算}$		
济南黄河北试验	7 号	D 800 L 12//PHC 300 A 70 6	479	783	0.52	0.06	0.43	0.07	0.83	1.17
	8 号	D 800 L 12//PHC 300 A 70 8	594	851	0.39	0.04	0.35	0.07	0.90	1.75
	3 号	D 1000 L 16//PHC 400 A 95 9	915	1517	0.43	0.05	0.44	0.07	1.02	1.40
	4 号	D 1000 L 16//PHC 400 A 95 12	1099	1552	0.34	0.02	0.34	0.06	1.00	3.00
	11 号	D 1200 L 21//PHC 500 A 125 12	1319	2666	0.36	0.02	0.56	0.11	1.56	5.50
	12 号	D 1200 L 21//PHC 500 A 125 16	1824	3021	0.34	0.19	0.45	0.09	1.32	0.47
	18 号	D 1500 L 25//PHC 600 AB 130 15	2377	4412	0.32	0.10	0.51	0.09	1.59	0.90
	19 号	D 1500 L 25//PHC 600 AB 130 18	3169	4828	0.29	0.09	0.40	0.09	1.38	1.00
聊城月亮湾工程	试 3 号	D 1000 L 24//PHC 400 AB 95 15.81	2045	2946	—	—	0.36	0.07	—	—
	试 4 号	D 1000 L 24//PHC 400 AB 95 18	2830	3490	—	—	0.24	0.06	—	—
	试 5 号	D 1000 L 24//PHC 400 AB 95 18	2830	3490	—	—	0.24	0.06	—	—
	1-9 号	D 1000 L 24//PHC 500 AB 100 17	2651	3421	—	—	0.27	0.06	—	—
	1-58 号	D 1000 L 24//PHC 500 AB 100 17	2649	3419	—	—	0.28	0.06	—	—
	1-88 号	D 1000 L 24//PHC 500 AB 100 17	2420	3190	—	—	0.29	0.07	—	—
	1-105 号	D 1000 L 24//PHC 500 AB 100 17	3664	3434	—	—	0.27	0.06	—	—
	4-11 号	D 1000 L 24//PHC 500 AB 100 17	2507	3277	—	—	0.29	0.07	—	—
	4-73 号	D 1000 L 24//PHC 500 AB 100 17	2655	3424	—	—	0.27	0.06	—	—
	4-104 号	D 1000 L 24//PHC 500 AB 100 13.97	2013	3112	—	—	0.40	0.07	—	—
	4-137 号	D 1000 L 24//PHC 500 AB 100 13.7	2039	3117	—	—	0.39	0.07	—	—

工程名	桩号	尺寸	侧阻力(kN)		实测端阻比		计算端阻比		$\dfrac{\alpha_{l算}}{\alpha_{l测}}$	$\dfrac{\alpha_{L算}}{\alpha_{L测}}$
			管桩段	全段	$\alpha_{l测}$	$\alpha_{L测}$	$\alpha_{l算}$	$\alpha_{L算}$		
济宁诚信苑工程	试1号	D 800 L 21.7//PHC 400 AB 95 16.7	2608	2910	—	—	0.16	0.06	—	—
	试2号	D 800 L 21.63//PHC 400 AB 95 16.63	2204	2657	—	—	0.23	0.07	—	—
	试3号	D 800 L 21.2//PHC 400 AB 95 16.2	2608	2910	—	—	0.16	0.06	—	—

此外表 4-27 中管桩底端处端阻比 α_l 计算值与实测值较接近,而水泥土复合管桩底部端阻比 α_L 计算值大部分大于实测值。这是由于在工作荷载下桩端土阻力未充分发挥导致 α_L 实测值偏小,因此在计算端阻比 α_L 时,可以适当降低水泥土复合管桩的端阻力取值。当然设计计算时如不降低端阻力取值,相应地桩身压缩量计算结果偏于安全。

（4）桩身压缩系数

对于灌注桩、预制桩等混凝土桩,按照《建筑桩基技术规范》JGJ 94—2008[2] 规定,基于桩身材料的弹性假定及桩身轴力（图 4-10a）呈直线分布,桩身压缩系数 ξ_e 可按公式（4-56）计算。

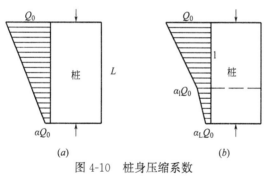

图 4-10　桩身压缩系数
（a）混凝土桩；（b）水泥土复合管桩

$$\xi_e = \frac{\int_0^L \left[Q_0 - \pi d \int_0^z q_s(z)\,\mathrm{d}z \right] \mathrm{d}z}{Q_0 L} = \frac{\int_0^L \left[Q_0 - \pi d \int_0^z \frac{Q_0(1-\alpha)}{L\pi d}\,\mathrm{d}z \right] \mathrm{d}z}{Q_0 L} = \frac{1+\alpha}{2}$$

(4-56)

式中：ξ_e——桩身压缩系数；

Q_0——水泥土复合管桩的桩顶荷载；

$q_s(z)$——水泥土复合管桩的桩侧阻力；

α——桩底端阻力占桩顶荷载之比。

对于水泥土复合管桩，在竖向荷载作用下桩身轴力按照折线型分布，拐点在管桩底端（图 4-10b），相应地桩身压缩系数按有管桩段与无管桩段进行分段计算。其他仍然沿用《建筑桩基技术规范》JGJ 94—2008[2] 规定，如桩身材料的弹性假定等，可推导出有管桩段与无管桩段桩身压缩系数 ξ_{e1}、ξ_{e2} 的计算公式 (4-57)、公式 (4-58)，具体过程如下：

$$\xi_{e1} = \frac{\int_0^l \left[Q_0 - \pi d \int_0^z q_s(z) \mathrm{d}z \right] \mathrm{d}z}{Q_0 l} = \frac{\int_0^l \left[Q_0 - \pi d \int_0^z \frac{Q_0(1-\alpha_l)}{l\pi d} \mathrm{d}z \right] \mathrm{d}z}{Q_0 l} = \frac{1+\alpha_l}{2}$$

(4-57)

$$\xi_{e2} = \frac{\int_0^{L-l} \left[Q_0\alpha_l - \pi d \int_0^z q_s(z) \mathrm{d}z \right] \mathrm{d}z}{Q_0(L-l)}$$

$$= \frac{\int_0^{L-l} \left[Q_0\alpha_l - \pi d \int_0^z \frac{Q_0(\alpha_l - \alpha_L)}{(L-l)\pi d} \mathrm{d}z \right] \mathrm{d}z}{Q_0(L-l)} = \frac{\alpha_l + \alpha_L}{2}$$

(4-58)

式中：ξ_{e1}——有管桩段桩身压缩系数；

ξ_{e2}——无管桩段桩身压缩系数；

α_l——管桩底部桩身总轴力占桩顶荷载之比；

α_L——水泥土复合管桩底部总端阻力占桩顶荷载之比。

考虑到桩身轴力折线型分布假定与实际的轴力分布仍有一定差异，因此计算桩身压缩量时还应乘以折减系数 β_1、β_2，即修正后的桩身压缩系数 ξ_{e1}、ξ_{e2} 分别采用下列公式计算：

$$\xi_{e1} = \beta_1 \frac{1+\alpha_l}{2}$$

(4-59)

$$\xi_{e2} = \beta_2 \frac{\alpha_l + \alpha_L}{2}$$

(4-60)

式中：β_1——有管桩段桩身压缩折减系数，无资料积累时可取 1；

β_2——无管桩段桩身压缩折减系数，无资料积累时可取 1。

依据公式 (4-59)、公式 (4-60)，计算了济南黄河北 7 号、8 号、3 号、4 号、11 号、12 号、18 号、19 号共 8 根水泥土复合管桩的有管桩段与无管桩段桩身压缩系数，详见表 4-28。表中端阻比采用各试验桩的实测值，水泥土复合管桩的有管桩段桩身压缩系数为 0.65~0.76，而无管桩段桩身压缩系数则为 0.18~0.29。

桩身压缩系数

表 4-28

工程名	桩号	尺寸	端阻比		桩身压缩系数	
			α_l	α_L	ξ_{e1}	ξ_{e2}
济南黄河北试验基地	7 号	$D\ 800\ L\ 12//PHC\ 300\ A\ 70\ 6$	0.52	0.06	0.76	0.29
	8 号	$D\ 800\ L\ 12//PHC\ 300\ A\ 70\ 8$	0.39	0.04	0.70	0.22
	3 号	$D\ 1000\ L\ 16//PHC\ 400\ A\ 95\ 9$	0.43	0.05	0.72	0.24
	4 号	$D\ 1000\ L\ 16//PHC\ 400\ A\ 95\ 12$	0.34	0.02	0.67	0.18
	11 号	$D\ 1200\ L\ 21//PHC\ 500\ A\ 125\ 12$	0.36	0.02	0.68	0.19
	12 号	$D\ 1200\ L\ 21//PHC\ 500\ A\ 125\ 16$	0.34	0.19	0.67	0.27
	18 号	$D\ 1500\ L\ 25//PHC\ 600\ AB\ 130\ 15$	0.32	0.10	0.66	0.21
	19 号	$D\ 1500\ L\ 25//PHC\ 600\ AB\ 130\ 18$	0.29	0.09	0.65	0.19

（5）桩身压缩量计算

前述在研究水泥土复合管桩的桩身材料弹性模量取值以及桩身轴力呈折线分布的基础上，水泥土复合管桩的桩身压缩量需按有管桩段与无管桩段分别进行计算。为此，进一步分段明确了端阻比 α_l、α_L 以及桩身压缩系数 ξ_{e1}、ξ_{e2} 等桩身压缩量计算参数取值。参照《建筑桩基技术规范》JGJ 94—2008[2] 桩身压缩量计算公式（4-47），基于桩身材料弹性假定及桩身轴力折线分布，水泥土复合管桩的桩身压缩量可按下列公式计算：

$$s_e = \xi_{e1} \frac{Q_j l}{E_{pcs}(A_p + A_l)} + \xi_{e2} \frac{Q_j (L-l)}{E_{cs} A_L} \tag{4-61}$$

式中：s_e——桩身压缩量（mm）；

ξ_{e1}、ξ_{e2}——有管桩段、无管桩段桩身压缩系数；

E_{pcs}、E_{cs}——有管桩段水泥土复合管桩桩身材料复合模量、水泥土弹性模量（MPa）；

Q_j——第 j 基桩在荷载效应准永久组合作用下，桩顶的附加荷载（kN）；

l、L——管桩、水泥土复合管桩长度（m）；

A_l——有管桩段水泥土净截面面积；

A_L——水泥土复合管桩桩端面积；

A_p——管桩截面面积。

表 4-29 对比分析了轴力按直线与折线分布对水泥土复合管桩的桩身压缩量计算结果的影响，计算公式分别采用式（4-47）与 式（4-61）。

从表 4-29 可以看出，在水泥土复合管桩桩径较小时，轴力按直线分布假定计算的桩身压缩量与折线分布假定计算的桩身压缩量差距较小，如 7 号、8 号、3 号桩，都不大于 6%；当水泥土复合管桩桩径较大时，直线分布假定计算的桩身压缩量大于折线分布假定计算的桩身压缩量，这两者最大差距达到 23.32%。因此，根据桩身轴力折线分布特点并且按有管桩段与无管桩段来分段计算水泥土复合管桩的桩身压缩量是合理的。

桩身压缩量轴力直线与折线分布对比　　　　　表 4-29

桩号	尺寸	桩身压缩量（mm）		
		轴力直线分布 1	轴力折线分布 2	差距(1-2)/2（%）
7 号	D 800 L 12//PHC 300 A 70 6	8.30	8.18	1.47
8 号	D 800 L 12//PHC 300 A 70 8	5.79	6.06	-4.46
3 号	D 1000 L 16//PHC 400 A 95 9	7.90	7.49	5.47
4 号	D 1000 L 16//PHC 400 A 95 12	7.08	7.97	-11.17
11 号	D 1200 L 21//PHC 500 A 125 12	11.13	9.69	14.86
12 号	D 1200 L 21//PHC 500 A 125 16	12.76	12.10	5.45
18 号	D 1500 L 25//PHC 600 AB 130 15	19.14	15.52	23.32
19 号	D 1500 L 25//PHC 600 AB 130 18	13.52	12.47	8.42

4.7.2.2 土层压缩量

参照《建筑地基基础设计规范》GB 50007—2011[31] 的有关规定，计算水泥土复合管桩桩端以下土层压缩量时采用单向压缩分层总和法，对于桩端平面下计算土层内的竖向附加应力采用各向同性均质线性变形体理论，按 Mindlin（明德林）应力公式方法进行计算，并且在将单桩荷载分解为桩端阻力与沿桩身均匀分布的侧阻力时，不考虑三角形分布的侧阻力。因此单桩桩端以下土层压缩量可按下列公式计算：

$$s' = \sum_{i=1}^{n_1} \frac{\sigma_{zi}}{E_{si}} \Delta z_i \tag{4-62}$$

式中：s'——单桩桩端以下的土层压缩量（mm）；

　　　n_1——沉降计算深度范围内土层的计算分层数，应结合土层性质确定；

　　　σ_{zi}——桩端平面下第 i 计算土层 1/2 厚度处竖向附加应力（kPa），可按现行国家标准《建筑地基基础设计规范》GB 50007—2011[31] 附录 R 中的明德林应力公式方法计算；

　　　E_{si}——第 i 计算土层的压缩模量（MPa），应采用土的自重应力至土的自重应力加附加应力作用段的压缩模量；

　　　Δz_i——第 i 计算土层的厚度（m），不应超过计算深度的 0.3 倍。

对于桩基沉降计算深度，《建筑桩基技术规范》JGJ 94—2008[2] 规定采用应力比法确定，即计算深度处的附加应力不大于该处土自重应力的 20%。对于水泥土复合管桩，沉降计算深度也按应力比法确定，但计算深度处附加应力与自重应力之比采用何种标准需进一步研究确定。为此，按照附加应力与自重应力之比 5%、10%、20% 作为沉降计算深度确定标准，分别计算了济南黄河北、聊城月亮湾工程、济宁诚信苑工程共 22 根试验桩的桩端以下土层压缩量，见表 4-30。

<table>
<tr><td colspan="4" style="text-align:center">桩基沉降计算深度确定</td><td colspan="2" style="text-align:right">表 4-30</td></tr>
</table>

工程名	桩号	尺寸	桩端以下土层厚度(m)			土层压缩量(mm)		
			5%	10%	20%	5%	10%	20%
济南黄河北试验	7 号	*D* 800 *L* 12//PHC 300 A 70 6	2.10	1.55	1.00	3.76	3.27	2.63
	8 号	*D* 800 *L* 12//PHC 300 A 70 8	2.10	1.55	1.00	3.32	2.85	2.26
	3 号	*D* 1000 *L* 16//PHC 400 A 95 9	2.15	1.10	0.55	5.98	4.45	2.91
	4 号	*D* 1000 *L* 16//PHC 400 A 95 12	2.15	1.10	0.55	6.43	4.60	2.89
	11 号	*D* 1200 *L* 21//PHC 500 A 125 12	2.00	1.00	0.45	4.63	3.36	2.06
	12 号	*D* 1200 *L* 21//PHC 500 A 125 16	3.70	2.60	1.55	22.72	21.22	18.78
	18 号	*D* 1500 *L* 25//PHC 600 AB 130 15	3.05	1.95	1.40	18.71	16.42	14.60
	19 号	*D* 1500 *L* 25//PHC 600 AB 130 18	3.05	1.95	1.40	16.13	14.11	12.52
聊城月亮湾工程试验	试 3 号	*D* 1000 *L* 24//PHC 400 AB 95 15.81	2.00	1.50	0.50	2.20	1.95	0.94
	试 4 号	*D* 1000 *L* 24//PHC 400 AB 95 18	2.00	1.50	0.50	2.28	2.02	0.98
	试 5 号	*D* 1000 *L* 24//PHC 400 AB 95 18	2.50	1.50	1.00	2.86	2.56	1.29
	1-9 号	*D* 1000 *L* 24//PHC 500 AB 100 17	2.40	1.50	1.00	3.10	2.59	2.14
	1-58 号	*D* 1000 *L* 24//PHC 500 AB 100 17	2.50	1.50	1.00	3.18	2.64	2.17
	1-88 号	*D* 1000 *L* 24//PHC 500 AB 100 17	2.50	1.50	1.00	3.41	2.84	2.33
	1-105 号	*D* 1000 *L* 24//PHC 500 AB 100 17	2.50	1.50	1.00	3.93	3.26	2.68
	4-11 号	*D* 1000 *L* 24//PHC 500 AB 100 17	2.00	1.50	1.00	2.62	2.34	1.92
	4-73 号	*D* 1000 *L* 24//PHC 500 AB 100 17	2.50	1.50	1.00	3.21	2.66	2.19
	4-104 号	*D* 1000 *L* 24//PHC 500 AB 100 13.97	2.50	1.50	1.00	3.39	2.81	2.31
	4-137 号	*D* 1000 *L* 24//PHC 500 AB 100 13.7	2.00	1.50	1.00	3.01	2.50	2.05
济宁诚信苑工程试验	试 1 号	*D* 800 *L* 21.7//PHC 400 AB 95 16.7	1.50	1.20	0.60	3.58	3.03	2.08
	试 2 号	*D* 800 *L* 21.63//PHC 400 AB 95 16.63	1.50	0.90	0.30	2.64	2.06	0.98
	试 3 号	*D* 800 *L* 21.2//PHC 400 AB 95 16.2	1.50	0.90	0.60	3.09	2.62	1.79

从表 4-30 中可以看出按照附加应力与自重应力之比为 20% 确定桩基沉降计算深度时，桩端以下计算土层厚度较小，一般小于水泥土复合管桩的直径，根据圣维南原理，该范围内应力变化剧烈，宜计算至更深处。另外考虑到水泥土复合管桩下部无管桩段轴力较小，桩端下土层中附加应力衰减较快。因此水泥土复合管桩的桩基沉降计算深度可按照附加应力与土的自重应力之比为 10% 来确定。

4.7.2.3 单桩沉降计算公式及适用性

依据前述对桩身压缩量及桩端以下土层压缩量计算研究，基于桩身材料弹性假定及桩身轴力折线分布，水泥土复合管桩的单桩沉降计算采用单向压缩分层总和法，并计入桩身弹性压缩量，计算公式如下：

$$s = \varphi \cdot s' + s_e \tag{4-63}$$

式中：s——单桩沉降量（mm）；

s_e——桩身压缩量（mm），按公式（4-61）计算；

φ——沉降计算经验系数，可按当地经验取值；

s'——单桩桩端以下的土层压缩量（mm），按公式（4-62）计算。

桩基沉降计算深度按应力比法确定，即计算深度处的附加应力与土的自重应力之比不大于 0.1。

为分析式（4-63）计算单桩沉降的适用性，计算了济南黄河北试验、聊城月亮湾工程、济宁诚信苑工程各水泥土复合管桩的单桩沉降量，详见表 4-31～表 4-33。计算时桩顶荷载值达到单桩承载力特征值，端阻比 α_l、α_L 取实测值，计算深度按附加应力与土的自重应力之比不大于 0.1 确定。

济南黄河北试验单桩沉降 表 4-31

桩号	桩顶荷载(kN)	L/D (l/D)	计算沉降(mm)				实测 s_s(mm)	s_s/s	桩身压缩系数		端阻比	
			s'	s_e	s_e/s (%)	s			ξ_{e1}	ξ_{e2}	α_l	α_L
7 号	1291	15(7.5)	3.27	8.18	71.46	11.45	12.84	1.12	0.76	0.29	0.52	0.06
8 号	1320	15(10)	2.85	6.06	68.02	8.91	14.85	1.67	0.70	0.22	0.39	0.04
3 号	1746	16(9)	4.45	7.49	62.72	11.94	9.85	0.83	0.72	0.24	0.43	0.05
4 号	2520	16(12)	4.60	7.97	63.41	12.57	12.25	0.97	0.67	0.18	0.34	0.02
11 号	3050	17.5(10)	3.36	9.69	74.26	13.05	12.37	0.95	0.68	0.19	0.36	0.02
12 号	3837	17.5(13.3)	21.22	12.10	36.32	33.32	27.12	0.81	0.67	0.27	0.34	0.19
18 号	5850	16.7(10)	16.42	15.52	48.59	31.94	20.71	0.65	0.66	0.21	0.32	0.10
19 号	5400	16.7(12)	14.11	12.47	46.92	26.58	18.14	0.68	0.65	0.19	0.29	0.09

聊城月亮湾工程单桩沉降 表 4-32

桩号	桩顶荷载(kN)	L/D (l/D)	计算沉降(mm)				实测 s_s(mm)	s_s/s	桩身压缩系数		端阻比	
			s'	s_e	s_e/s (%)	s			ξ_{e1}	ξ_{e2}	α_l	α_L
试 3 号	3150	24(15.81)	4.05	8.20	66.93	12.60	6.82	0.56	0.68	0.22	0.36	0.07
试 4 号	3300	24(18)	3.74	8.79	70.14	12.53	10.46	0.83	0.62	0.15	0.24	0.06
试 5 号	3450	24(18)	3.91	9.19	70.14	13.10	12.98	0.99	0.62	0.15	0.24	0.06
1-9 号	3850	24(17)	3.91	7.77	66.52	11.68	11.23	0.96	0.64	0.17	0.27	0.06
1-58 号	3850	24(17)	3.99	7.74	66.27	11.82	9.07	0.77	0.64	0.17	0.28	0.06
1-88 号	3850	24(17)	4.83	7.91	62.10	12.73	10.66	0.84	0.68	0.18	0.29	0.07
1-105 号	4759	24(17)	4.93	9.60	66.08	14.53	14.17	0.97	0.67	0.17	0.27	0.06
4-11 号	3500	24(17)	3.91	7.19	64.75	11.10	8.18	0.74	0.65	0.17	0.29	0.06
4-73 号	3850	24(17)	4.03	7.77	65.87	11.80	7.57	0.64	0.64	0.17	0.27	0.06
4-104 号	3850	24(13.97)	4.78	7.25	60.26	12.04	9.38	0.78	0.70	0.24	0.40	0.07
4-137 号	3610	24(13.7)	4.20	6.63	61.22	10.84	8.46	0.78	0.70	0.23	0.39	0.07

济宁诚信苑工程单桩沉降 表 4-33

桩号	桩顶荷载 (kN)	$L/D/$ (l/D)	计算沉降(mm)				实测 s_s (mm)	s_s/s	桩身压缩系数		端阻比	
			s'	s_e	$s_e/s(\%)$	s			ξ_{e1}	ξ_{e2}	α_l	α_L
试 1 号	3300	27.12/20.87	5.62	11.70	67.55	17.33	12.11	0.70	0.58	0.11	0.16	0.06
试 2 号	2850	27.03/20.78	4.17	11.42	73.25	15.59	10.29	0.66	0.62	0.15	0.23	0.07
试 3 号	2850	26.5/20.25	4.86	10.11	67.55	14.97	8.33	0.56	0.58	0.11	0.16	0.06

根据以上 22 根水泥土复合管桩的单桩竖向抗压静载试验、内力测试及单桩沉降计算结果说明，桩身压缩量与桩顶沉降之比 s_e/s 为 36.32%～74.26%，平均值 63.65%，这说明桩身压缩量平均值大于桩端以下计算土层压缩量，单桩压缩量占总沉降量比例较大。因此现行行业标准《水泥土复合管桩基础技术规程》JGJ/T 330—2014[1] 规定计算单桩沉降时必须计入桩身压缩量。若忽略桩身压缩，则引起的误差过大。

此外，由上述各表可以看出，实测沉降与计算沉降之比 s_s/s 为 0.56～1.67，平均值为 0.84，计算的单桩沉降与实测沉降较为接近。因此，无当地经验时，对于水泥土复合管桩单桩沉降计算经验系数可取 1.0，计算结果偏于安全。公式 (4-63) 不仅适用于水泥土复合管桩的单桩沉降计算，同样可用于单排桩、桩中心距大于 6 倍桩径的桩基沉降计算。

4.7.3 群桩沉降计算

针对中心距不大于 6 倍桩径的桩基沉降计算（以下简称为"群桩沉降计算"），现行国家标准《建筑地基基础设计规范》GB 50007—2011[31] 以及《建筑桩基技术规范》JGJ 94—2008[2] 均采用单向压缩分层总和法，只考虑桩端平面以下土层压缩量，不计入桩身压缩量。在收集整理全国上百项已建桩基工程沉降观测资料基础上给出了桩基沉降计算经验系数与沉降计算深度范围内压缩模量当量值的关系。

在计算水泥土复合管桩群桩沉降时可以借鉴以上现行国家标准的研究成果，如桩端土层压缩量采用单向压缩分层总和法，土层竖向附加应力按 Mindlin（明德林）应力公式方法进行计算等，但也要考虑到水泥土复合管桩自身的特点。水泥土复合管桩由高喷搅拌法形成的水泥土桩与同心植入的预应力高强混凝土管桩复合而形成的基桩，与同直径的混凝土灌注桩相比，桩身材料弹性模量 E_{pcs}、E_{cs} 较小，由前述单桩沉降实测分析可以看出，桩身压缩量占总沉降量比例较大。因此需要依据观测资料对桩身压缩量在群桩沉降中所占比例作进一步分析。水泥土复合管桩是一种新桩型，目前沉降观测资料较少，尚无法给出适合于全国范围内应用的沉降计算经验系数。随着水泥土复合管桩在全国范围的推广应用和观测资料的积累，桩基沉降计算经验系数会不断得到补充与完善。

下面以聊城月亮湾工程的沉降观测资料为例，对桩身压缩量在群桩沉降中所占比例以及桩基沉降计算经验系数作一探讨。

4.7.3.1 桩身压缩量与群桩沉降比较

聊城月亮湾工程1号、4号楼均为地上23层、地下2层，剪力墙结构，采用桩筏基础，其中水泥土复合管桩桩径1.0m、有效桩长21.0m，植入管桩型号为PHC 500 AB 100，桩长14m。两栋楼共布置了18个沉降观测点，完成主体地上23层，历时305天，各观测点沉降值及相邻观测点倾斜变形值如图4-11、图4-12所示。1号楼沉降量为8.42mm～28.41mm，平均沉降量为19.03mm，相邻观测点倾斜为0.06‰～1.18‰；4号楼沉降量为11.15mm～24.36mm，平均沉降量为18.06mm，相邻观测点倾斜最大值为0.64‰。聊城月亮湾工程1号、4号楼的沉降量与倾斜均小于《建筑桩基技术规范》JGJ 94—2008[2] 规定的建筑桩基沉降变形允许值。

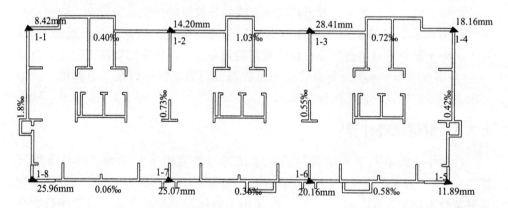

图 4-11　1号楼沉降

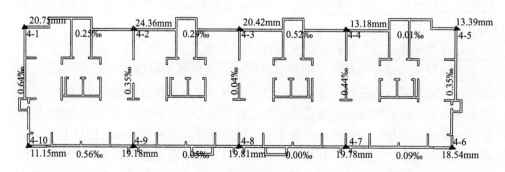

图 4-12　4号楼沉降

分别依据《建筑桩基技术规范》JGJ 94—2008[2]、《建筑地基基础设计规范》GB 50007—2011[31]（以下简称"桩规法"、"Mindlin法"），采用PKPM软件计算了聊城月亮湾工程 1 号楼桩基础沉降。计算时，沉降计算深度范围内土层压缩模量当量值取 30.61MPa，桩规法取桩基等效沉降系数 0.51，沉降计算经验系数 0.54；Mindlin 法取沉降计算经验系数 0.69。将 1 号楼桩规法与 Mindlin 法 PK-PM 沉降计算结果以及沉降实测值的最大值、最小值及平均值列入表 4-34。为分析桩身压缩量在群桩沉降中所占比例，计算了 1 号楼各桩的桩身压缩量，并分别与沉降实测值、桩规法和 Mindlin 法计算值进行比较，对比统计结果详见表 4-34。

桩身压缩量与群桩沉降比较　　　　　　　　　　　　表 4-34

依据	沉降量（mm）			桩身压缩（mm）			桩身压缩量所占比例（%）		
	最大值	最小值	平均值	最大值	最小值	平均值	最大值	最小值	平均值
桩规法	27.26	25.66	26.58				20.85	12.15	14.24
Mindlin 法	34.05	26.55	30.61	5.47	3.23	3.78	20.00	9.80	12.48
实测	28.41	8.42	19.03				44.89	13.31	19.86

在荷载效应准永久组合作用下，1 号楼水泥土复合管桩计算的桩身压缩量最小值 3.23mm，最大值 5.47mm 平均值为 3.78mm，约占《建筑桩基技术规范》JGJ 94—2008[2] 或《建筑地基基础设计规范》GB 50007—2011[31] Mindlin 法计算沉降量的 9.80%～20.85%，平均值为 13.36%；占实测值的 13.31%～44.89%，平均值为 19.86%。因此无论与实测值相比还是桩规法与 Mindlin 法计算值比，水泥土复合管桩桩身压缩量平均占群桩沉降的 10% 以上。

通过以上分析，水泥土复合管桩在群桩沉降计算时不仅需要考虑桩端平面以下土层压缩量，而且必须计入桩身压缩量。

4.7.3.2 沉降计算经验系数

下面以聊城月亮湾工程的沉降观测资料来探讨水泥土复合管桩群桩沉降计算时的沉降计算经验系数取值问题。

表 4-34 中聊城月亮湾工程 1 号楼桩基础沉降实测值为主体结构已全部完成历时 305 天的沉降，此时荷载施加已基本完成，根据固结理论可估算此时固结度约为 75%～80%。桩端以下地层主要为中密—密实的⑤层粉细砂、可塑⑥层粉质黏土，可不考虑次固结沉降，预测该楼最终沉降量则为 23.79mm～25.37mm，该值减去桩身压缩量计算值可得桩端以下土层压缩量最终为 20.01mm～21.59mm。

将该值即 20.01mm～21.59mm 作为聊城月亮湾工程 1 号楼桩端以下土层压缩量最终实际值与《建筑地基基础设计规范》GB 50007—2011[31] Mindlin 法计算沉降量相比，计算时需扣除 Mindlin 法沉降计算经验系数 0.69 的影响，可得出聊城月亮湾工程 1 号楼水泥土复合管桩基础的沉降计算经验系数为 0.45～

0.49。该值约为《建筑地基基础设计规范》GB 50007—2011[31] 附录表 R.0.5 推荐值的（0.65～0.71）倍。

另外，考虑到实际桩与桩之间相互影响的有限性，结合 PKPM 软件中推荐的"单向压缩分层总和法—弹性解修正"计算结果，修正法沉降约为未修正 Mindlin 法计算值的 0.65 倍。

根据《建筑桩基技术规范》JGJ 94—2008[2]，对于采用后注浆施工工艺的灌注桩，桩基沉降计算经验系数应根据桩端持力层土层类别，乘以 0.7（砂、砾、卵石）～0.8（黏性土、粉土）折减系数。水泥土复合管桩施工时先由高喷搅拌法形成水泥土桩，后再同心植入预应力高强混凝土管桩，可理解为前注浆工艺，与后注浆工艺异曲同工，且前者侧阻阻力一般比后者大。因此水泥土复合管桩在目前观测资料较少的情况下也可以参考后注浆灌注桩，沉降计算经验系数取其他桩基沉降计算经验系数乘以约 0.7 的折减系数。

综上所述，在水泥土复合管桩基础群桩沉降计算时，对于桩端以下土层最终沉降，计算经验系数可取《建筑地基基础设计规范》GB 50007—2011[31] 附录 R 推荐值的（0.65～0.70）倍，见表 4-35。

沉降计算深度范围内土层压缩模量的当量值 $\overline{E}_s$ 应按现行国家标准《建筑地基基础设计规范》GB 50007—2011[31] 的有关规定确定。计算经验系数可根据 $\overline{E}_s$ 内插取值。

沉降计算经验系数　　　　　　　　　　　　　　　表 4-35

$\overline{E}_s$（MPa）	$\leqslant 15$	25	35	$\geqslant 40$
φ	0.68	0.54	0.40	0.20

4.7.4 桩基最终沉降量计算

对于水泥土复合管桩，不论单桩、单排桩、桩中心距大于 6 倍桩径的桩基，还是桩中心距不大于 6 倍桩径的群桩基础，桩基最终沉降量可采用单向压缩分层总和法计算桩端以下土层沉降，并计入桩身弹性压缩量 s_e，计算公式为式（4-64）～式(4-68)。桩基沉降计算深度 Z_n 可按应力比法确定，即计算深度处的附加应力 σ_z 与土的自重应力 σ_c 应符合式（4-69）要求。

$$s = \varphi \sum_{i=1}^{n1} \frac{\sigma_{zi}}{E_{si}} \Delta z_i + s_e \tag{4-64}$$

$$s_e = \xi_{e1} \frac{Q_j l}{E_{pcs}(A_p + A_l)} + \xi_{e2} \frac{Q_j(L-l)}{E_{cs} A_L} \tag{4-65}$$

$$\xi_{e1} = \beta_1 \frac{1 + \alpha_l}{2} \tag{4-66}$$

$$\xi_{e2} = \beta_2 \frac{\alpha_l + \alpha_L}{2} \tag{4-67}$$

$$E_{pcs} = m_p E_p + (1 - m_p) E_{cs} \tag{4-68}$$

$$\sigma_z \leqslant 0.1 \sigma_c \tag{4-69}$$

式中： s ——桩基最终沉降量（mm）；

φ ——沉降计算经验系数，可按当地经验取值；

n_1 ——沉降计算深度范围内土层的计算分层数，应结合土层性质确定；

σ_{zi} ——桩端平面下第 i 计算土层 1/2 厚度处竖向附加应力（kPa），可按照现行国家标准《建筑地基基础设计规范》GB 50007—2011[31] 中的明德林应力公式方法计算；

E_{si} ——第 i 计算土层的压缩模量（MPa），应采用土的自重应力至土的自重应力加附加应力作用段的压缩模量；

Δz_i ——第 i 计算土层的厚度（m），不应超过计算深度的 0.3 倍；

s_e ——桩身压缩量（mm）；

ξ_{e1}、ξ_{e2} ——有管桩段、无管桩段桩身压缩系数；

Q_j ——第 j 基桩在荷载效应准永久组合作用下，桩顶的竖向附加荷载（kN）；当地下室埋深超过 5m 时，取荷载效应准永久组合作用下的总荷载为考虑回弹再压缩的等代附加荷载；

E_{pcs}、E_{cs} ——有管桩段水泥土复合管桩桩身材料复合模量、水泥土弹性模量（MPa）；

l、L ——管桩、水泥土复合管桩长度（m）；

β_1、β_2 ——有管桩段、无管桩段桩身压缩折减系数，无试验资料时可取 1.0；

α_l、α_L ——管桩底部桩身总轴力占桩顶荷载之比、水泥土复合管桩底部总端阻力占桩顶荷载之比，宜根据试验确定，当无试验资料时可根据现行行业标准《水泥土复合管桩基础技术规程》JGJ/T 330—2014[1] 规定的桩侧、桩端阻力取值办法进行计算；

m_p ——管桩截面面积与有管桩段水泥土复合管桩总截面面积之比；

σ_z ——土中竖向附加应力（kPa）；

σ_c ——土的自重应力（kPa）。

与现行国家标准《建筑地基基础设计规范》GB 50007—2011[31]、《建筑桩基技术规范》JGJ 94—2008[2] 相比，水泥土复合管桩基础最终沉降量计算方法及其参数选取，有如下特点：

（1）不论水泥土复合管桩采用何种布置形式，如单桩、单排桩、桩中心距不大于 6 倍桩径等，桩身压缩量占总沉降量比例较大，桩基最终沉降量计算时均应计入桩身弹性压缩量。

（2）水泥土复合管桩桩身可分为有管桩段与无管桩段，两段的桩身轴力分布、弹性模量有较大差异，需分段计算桩身压缩量。

（3）对于水泥土复合管桩桩身材料弹性模量，有管桩段桩身材料弹性模量采用考虑面积比的复合模量 E_{pcs}；无管桩段采用水泥土弹性模量 E_{cs}，宜根据试验确定，当无试验资料时可近似取水泥土无侧限抗压强度的（600～1000）倍，水泥土强度高时取高值，反之取低值。

（4）在竖向荷载作用下水泥土复合管桩的桩身轴力以管桩底端为拐点基本呈折线分布，基于桩身材料弹性假定，同时考虑桩侧阻力实际分布形式与矩形分布假定的差异，在计算桩身压缩量时需分段考虑有管桩段、无管桩段的桩身压缩系数与桩身压缩折减系数。

（5）对于沉降计算经验系数，尚需不断积累工程观测资料加以丰富与完善。无当地经验时，对于单桩、单排桩、桩中心距大于 6 倍桩径的桩基，可取 1.0；对于桩中心距不大于 6 倍桩径的群桩基础，对于桩端以下土层最终沉降，可取《建筑地基基础设计规范》GB 50007—2011[31] 附录 R 推荐值的 0.65～0.70 倍。

4.8 构造要求

4.8.1 桩与承台连接构造

水泥土复合管桩与承台采用管桩嵌入承台、管桩填芯混凝土中埋设锚固钢筋的方式连接，也可结合当地经验在桩顶设置加强帽等构造措施，如图 4-13 所示。

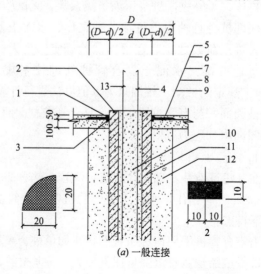

（a）一般连接

图 4-13 桩与承台或筏板连接构造（一）

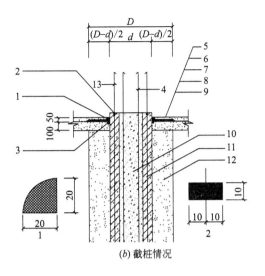

(b) 截桩情况

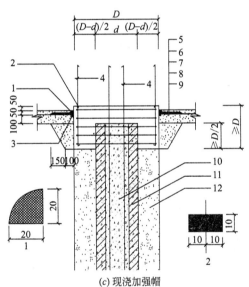

(c) 现浇加强帽

图 4-13　桩与承台或筏板连接构造（二）

1—聚硫嵌缝膏；2—遇水膨胀橡胶条；3—缓膨型遇水膨胀橡胶条；4—锚固钢筋；5—C20 细石混凝土；
6—底板防水层；7—聚合物水泥防水砂浆；8—1.5 厚水泥基渗透结晶型防水涂料；9—混凝土垫层；
10—填芯混凝土；11—预应力高强混凝土管桩；12—水泥土桩；13—管桩纵向预应力钢筋

施工时应注意：

（1）水泥土桩桩头要凿至垫层底标高，设置加强帽时应凿至垫层底标高以下 $D/2$；

（2）桩与承台连接的防水构造应按照现行行业标准《建筑桩基技术规范》

JGJ 94—2008[2] 的有关规定执行。

水泥土复合管桩与承台连接时构造做法应符合下列要求：

（1）管桩嵌入承台或筏板内的长度，当管桩直径小于 800mm 时不宜小于 50mm，当管桩大于等于 800mm 时不宜小于 100mm。

（2）对于承压桩，填芯混凝土的主要作用是改善桩顶的受力状态，有利于桩与承台的连接，填芯混凝土深度应大于 6 倍管桩直径，且不得小于 3.0m；对于承受拔力的桩，填芯混凝土还起到将力均匀传至桩身的作用，其深度应按公式（4-9）计算确定，且不得小于 3.0m；对于承受水平力较大的桩，宜通长填芯。填芯混凝土的灌注深度及质量直接影响到力的传递，设计时应慎重处理，必要时可通过试验确定。

（3）对于承压桩，锚固钢筋数量和规格可按表 4-36 选取；对于承受拔力的桩，锚固钢筋面积应按公式（4-8）计算确定且应满足表 4-36 规定，也可以采用管桩底部固定锚固钢筋的构造措施，即把通长的锚固钢筋焊接于管桩底部的端板或桩尖上，由锚固钢筋将拔力传递至管桩底部。箍筋可按表 4-36 选取。

桩顶与承台或筏板连接的配筋表（mm） 表 4-36

管桩直径	300	400	500	600	800	1000
锚固钢筋	4Φ16	4Φ20	6Φ18	6Φ20	6Φ20	8Φ20
箍　筋	φ6@200	φ6@200	φ8@200	φ8@200	φ8@150	φ8@150

（4）埋入填芯混凝土中的锚固钢筋长度应与填芯混凝土深度相同。

（5）锚固钢筋锚入承台内的长度：承压桩不应小于 35 倍钢筋直径；承受拔力的桩应按现行国家标准《混凝土结构设计规范》GB 50010—2010[3] 的有关规定确定。

4.8.2 其他构造要求

除了桩与承台连接构造外，下面对水泥土复合管桩的管桩接头数量及连接质量、桩中心至承台边缘距离、填芯混凝土、承台之间的连接等其他构造要求逐一进行阐述。

为了保证水泥土复合管桩施工质量，应在水泥土桩施工完成后及时植入管桩，尽量缩短桩机挪动、接桩时间等，因此选择桩长时应考虑管桩成品长度，控制水泥土复合管桩中管桩接头数量不宜超过 1 个。管桩的连接应符合现行行业标准《建筑桩基技术规范》JGJ 94—2008[2] 的有关规定；对于承受拔力的水泥土复合管桩，管桩承担全部拔力，管桩接头连接强度不得小于管桩桩身强度。

在确定桩中心至承台边缘距离时，水泥土复合管桩中的管桩与水泥土作为一个整体共同承担外部荷载，但是管桩承担约 70% 以上的荷载，因此应以管桩为主并兼顾水泥土桩，并应符合下列构造要求：

（1）边桩中心至承台边缘的距离不宜小于管桩的直径，且水泥土复合管桩的外边缘至承台边缘的距离不应小于 150mm；

（2）对于墙下条形承台梁，桩中心至承台梁边缘的距离不宜小于管桩的直径，且水泥土复合管桩的外边缘至承台梁边缘的距离不应小于 75mm。

填芯混凝土应采用微膨胀混凝土，强度等级不宜低于 C40。为了提高填芯混凝土与管桩桩身混凝土的整体性，应清除管桩内壁浮浆后采用微膨胀混凝土填芯。

承台之间的连接除应符合国家现行标准《建筑地基基础设计规范》GB 50007—2011[31]、《建筑桩基技术规范》JGJ 94—2008[2] 的有关规定外，尚应符合下列构造要求：

（1）同一承台的桩数不多于 2 根时，应加强承台间的拉结；

（2）有抗震要求的柱下桩基承台，宜在两个主轴方向设置连系梁。

参 考 文 献

[1]　JGJ/T 330—2014.水泥土复合管桩基础技术规程［S］.

[2]　JGJ 94—2008.建筑桩基技术规范［S］.

[3]　GB 50010—2010.混凝土结构设计规范［S］.

[4]　彭勇.加筋水泥土桩力学性能室内模型试验［D］.北京：中国地质大学（北京）硕士学位论文，2009.

[5]　朱延忠.天津市区水泥土的力学特性及水泥土桩承载力研究［D］.天津：天津大学硕士学位论文，2005.

[6]　李琦.深圳地区海相淤泥水泥土强度特性的研究［D］.北京：铁道科学研究院硕士学位论文，2005.

[7]　李书伟.深圳市后海地区土层水泥土室内试验报告［C］//第六届全国地基处理学术讨论会暨第二届全国基坑工程学术讨论会论文集.温州，2000：121-124.

[8]　潘林有.温州软土水泥土强度特性规律的室内试验研究［J］.岩石力学与工程学报，2003，22（5）：863-865.

[9]　林鹏，许淑贤，许镇鸿.软土地基水泥土的室内强度试验分析［J］.西部探矿工程，2002，（4）：6-7.

[10]　田宏图.钻芯检测旋喷桩水泥土抗压强度中的若干问题［J］.铁道建筑，2007，（4）：75-76.

[11]　栾晶晶.高含水量水泥土的力学特性的试验研究［D］.天津：天津大学硕士学位论文，2005.

[12]　杨凤灵，吴燕.土质条件对水泥土桩桩身强度影响的分析［J］.华北水利水电学院学报，2006，27（4）：82-84.

[13] 和礼红，李艳，张妮娜，等.钉形水泥土双向搅拌桩桩身强度差异原因分析与检测探讨 [J].岩土力学，2010，31（S1）：255-260.

[14] 梁志荣，李忠诚，刘江，等.三轴水泥土搅拌桩强度分析及试验研究 [J].地下空间与工程学报，2009，5（S2）：1562-1567.

[15] 彭志鹏.水泥搅拌桩桩体强度探讨 [J].铁道勘察，2007，（4）：70-72.

[16] 任书林.水泥土搅拌桩强度的分析 [J].安徽水利水电职业技术学院学报，2008，8（2）：45-46.

[17] 罗大生，肖超，张可能，等.深层水泥土双向搅拌桩强度试验研究 [J].矿冶工程，2011，32（1）：5-8.

[18] 廖建春.现场水泥土工程性质试验研究//龚晓南.高速公路地基处理理论与实践 [C].北京：人民交通出版社，2005.

[19] 潘月雷，王志强.胶州湾地区水泥土的无侧限抗压强度试验研究 [J].山西建筑，2011，37（31）：60-61.

[20] 梁仁旺，张明，白晓红.水泥土的力学性能试验研究 [J].岩土力学，2001，22（2）：211-213.

[21] 湖南城市学院土木工程检测中心.石首（湘鄂界）至华容高速公路粉喷桩钻芯检测报告 [EB/OL].[2011-06].http：//wenku.baidu.com/view/6887607201f69e3143329481.html.

[22] 山东铁正工程试验检测中心.胶济客运专线旋喷桩取芯检验报告 [EB/OL].[2007-11-11].http：//wenku.baidu.com/view/aa0a2c2b647d27284b735187.html.

[23] 陆庆珩，储峰，高伟东.高压旋喷桩桩身质量的检测分析 [J].河南建材，2007，（5）：26-27.

[24] 陈建星，邱敏.高压旋喷桩在厦深铁路工程中的应用 [J].施工技术，2010，39（6）：80-82.

[25] JGJ 79—2012.建筑地基处理技术规范 [S].

[26] 龚晓南.地基处理手册（第三版）[M].北京：中国建筑工业出版社，2008.

[27] 黄鹤，张俐，杨晓强，等.水泥土材料力学性能的试验研究 [J].太原理工大学学报，2000，31（6）：705-709.

[28] 马军庆，王有熙，李红梅，等.水泥土参数的估算 [J].建筑科学，2009，25（3）：65-67.

[29] 曹宝飞.水泥土变形模量及弹性模量试验研究 [J].中国西部科技，2006，34：18-19.

[30] 李建军，梁仁旺.水泥土抗压强度和变形模量试验研究 [J].岩土力学，2009，30（2）：473-477.

[31] GB 50007—2011.建筑地基基础设计规范 [S].

[32] JGJ/T 213—2010.现浇混凝土大直径管桩复合地基技术规程 [S].

[33] JGJ 171—2009.三岔双向挤扩灌注桩设计规程 [S].

[34] JGJ 135—2007.载体桩设计规程 [S].

[35] 10G409.预应力混凝土管桩 [S].

[36] TB 10106—2010.铁路工程地基处理技术规程 [S].

[37] YBJ 225-91.软土地基深层搅拌加固法技术规程［S］.

[38] DG/TJ 08-40—2010.地基处理技术规范［S］.

[39] DB 33/1001—2003.建筑地基基础设计规范［S］.

[40] 苏JG/T 024—2007.钉形水泥土双向搅拌桩复合地基技术规程［S］.

[41] 徐至钧.水泥土搅拌法处理地基［M］.北京：机械工业出版社，2004.

[42] 黄生文.公路工程地基处理手册［M］.北京：人民交通出版社，2005.

[43] GB 50153—2008.工程结构可靠性设计统一标准［S］.

[44] GB 50199—2013.水利水电工程结构可靠度设计统一标准［S］.

[45] JGJ/T 233—2011.水泥土配合比设计规程［S］.

[46] JGJ/T 199—2010.型钢水泥土搅拌墙技术规程［S］.

[47] 刘庆斌.管桩内孔填芯钢筋混凝土抗拉强度试件的研究［J］.山西建筑，2010，36（27）：86-88.

[48] 张忠.预应力混凝土管桩填芯混凝土抗拔试验研究及理论分析［D］.安徽：合肥工业大学硕士论文，2006.

[49] 汪加蔚，裘涛，干钢，等.预应力混凝土管桩结构抗拉强度的试验研究［J］.混凝土与水泥制品，2004，（3）：24-27.

[50] DBJ/T 15—22—2008.锤击式预应力混凝土管桩基础技术规程［S］.

[51] DB21/T 1565—2007.预应力混凝土管桩基础技术规程［S］.

[52] DBJ 14-040—2006.预应力混凝土管桩基础技术规程［S］.

[53] DGJ32/TJ 109—2010.预应力混凝土管桩基础技术规程［S］.

[54] GB 50021—2001（2009年版）.岩土工程勘察规范［S］.

[55] 刘金波.建筑桩基技术规范理解与应用［M］.北京：中国建筑工业出版社，2008：109.

[56] 史佩栋.桩基工程手册（桩和桩基础手册）［M］.北京：人民交通出版社，2008.

[57] 高大钊，赵春风，徐斌.桩基础的设计方法与施工技术［M］.北京：机械工业出版社，1999：92-93.

[58] 张雁，刘金波.桩基手册［M］.北京：中国建筑工业出版社，2009.

[59] GB 50011—2010.建筑抗震设计规范［S］.

[60] JGJ 72—2004.高层建筑岩土工程勘察规程［S］.

[61] JGJ 8—2016.建筑变形测量规范［S］.

[62] DL/T 524—2005.电力工程地基处理技术规程［S］.

5 水泥土复合管桩施工

5.1 概述

水泥土复合管桩是由高喷搅拌法形成的水泥土桩与同心植入的预应力高强混凝土管桩复合而成的一种新型组合桩，具有大直径、长桩、高承载力等特点。在众多影响因素中，水泥土复合管桩施工质量是该桩型成功应用于工程，充分发挥其自身特点的关键与前提。因此，水泥土复合管桩施工，既要符合桩基施工的一般性要求，要又符合该桩型自身的特点。目前，水泥土复合管桩施工主要依据现行行业标准《水泥土复合管桩基础技术规程》JGJ/T 330—2014[1]，在综合考虑工程地质与水文地质条件、设计文件、施工技术条件与环境的基础上，强化对施工质量的控制与管理。

按照桩基施工的一般性要求，依据国家现行标准如《建筑施工组织设计规范》GB 50502—2009[2]、《建筑地基处理技术规范》JGJ 79—2012[3]、《建筑桩基技术规范》JGJ 94—2008[4] 以及设计文件、岩土工程勘察报告，施工单位在进行水泥土复合管桩施工时需要编制相应的施工组织设计或施工方案，内容主要包括工程概况、施工安排、施工进度计划、施工准备与资源配置计划、施工方法与工艺要求、施工现场平面布置、施工安全与文明施工等方面。其中，施工安排包括施工目标、施工顺序、组织管理机构及岗位职责、施工的重点与难点。

与其他桩型如灌注桩、管桩相比，水泥土复合管桩施工有如下特点：

（1）单根水泥土复合管桩施工需要分为水泥土桩施工、管桩植入两个步骤；

（2）水泥土桩施工采用融合了高压旋喷和机械搅拌工艺的高喷搅拌法；

（3）施工完毕的水泥土桩，其成桩直径、长度、桩身质量需达到设计要求，满足不同地层条件下大直径、长桩、桩体水泥土搅拌均匀的要求；

（4）需要掌握好管桩植入水泥土桩的最佳时机，合理选择管桩开始施工与水泥土桩施工完成的时间间隔；

（5）管桩施工时，需要对桩位再次定位，并采取有效的桩身垂直度控制措施，以确保管桩与水泥土桩的同心度。

由此可看出，水泥土复合管桩在施工设备、施工工艺、技术要求等方面与既有桩基施工技术存在较大差别。因此，本章针对水泥土复合管桩上述特点，依据现行行业标准《水泥土复合管桩基础技术规程》JGJ/T 330—2014[1]，主要对施工机械及其配套设备、施工准备、施工作业、关键技术、常见问题及处理措施、安全与环保等内容进行较为翔实的介绍。

5.2 施工设备

水泥土复合管桩施工机械及其配套设备主要包括桩机及专用配套钻具、制浆设备、注浆设备。

桩机可分为整体式桩机与组合式桩机，整体式桩机将水泥土桩施工和管桩施工两种功能集成在一种设备上；组合式桩机则由水泥土桩施工机械和管桩施工机械两种设备组合而成。为了提高施工效率及保证成桩质量，有条件时应优先选用整体式桩机。

专用配套钻具由钻杆和钻头组成，安装在桩机上并与注浆设备相连接，具有高压喷射与机械搅拌功能，并根据不同的地层条件可选择合适的钻头形式。在水泥土桩施工时，依靠自重或主卷扬加压实现自钻式下沉，高压喷射可采用双管法或三管法。

制浆设备有半自动与全自动两种类型。半自动制浆设备包括水泥浆搅拌桶、储浆池、储浆桶。全自动制浆设备包括控制柜、散装水泥存储罐、自动上料机、水泥浆搅拌桶。

注浆设备主要包括注浆泵或高压水泵、空气压缩机、储浆桶。注浆泵或高压水泵的额定压力不应小于设计规定压力的 1.2 倍。空气压缩机的供气量和额定压力不应小于设计规定值。

下面对水泥土复合管桩施工机械及其配套设备的性能、技术参数做一简单介绍。

5.2.1 组合式桩机

水泥土桩施工机械采用履带式桩架，与立柱平行设置的钻杆顶端设置高压旋喷水龙头、动力头，钻杆底端设置搅拌翅、水平向喷嘴、钻头，钻杆通过高压旋喷水龙头与注浆设备连接。其中钻杆与钻头形式详见本章专用配套钻具部分，这里不再赘述。水泥土桩施工时采用高喷搅拌法工艺，根据工程需要和土质条件选用双管法或三管法。

目前常用的水泥土桩施工机械有两种型号，一种称之为改造型桩机，即在普通履带式长螺旋钻机或三轴搅拌桩机基础上改造而成；一种是 LGZ40 型桩机，采用全液压系统，配置了中空、大扭矩动力头以及无级调速双筒主卷扬机。这两种型号的水泥土桩施工机械如图 5-1 所示，对应的技术参数详见表 5-1。

(a)   (b)

图 5-1　水泥土桩施工机械

（a）改造型；（b）LGZ40 型

水泥土桩施工机械技术参数   表 5-1

序号	项目	改造型	LGZ40 型
1	成桩直径(mm)	700～1500	800～2000
2	成桩深度(m)	28	30
3	动力头转速(r/min)	23	1～20
4	动力头扭矩(kN·m)	50	150
5	主卷扬加压(kN)	—	400
6	驱动系统	电机驱动	液压驱动
7	功率(kW)	210	218
8	桩架高度(m)	35.40	28.50
9	平面尺寸(m×m)	12.00×7.00	12.80×7.66
10	整机重量(t)	90	80
11	接地比压(kPa)	100	100

　　改造型水泥土桩施工机械动力头扭矩较小、钻具抗扭能力差，无主卷扬加压功能，当遇有塑性指数较大的黏性土、中密以上砂层、含姜石夹层时，钻进效率明显降低。因此，当遇到含有较多块石、漂石或其他障碍物、含有不宜作为持力

层的坚硬夹层、密实砂层、塑性指数较大的黏性土时，需要通过现场试验确定水泥土复合管桩施工的可行性。

LGZ40 型水泥土桩施工机械配置了大扭矩动力头和主卷扬加压功能，与改造型水泥土桩施工机械相比，能够显著提高在以上地层中的钻进效率。此外，LGZ40 型水泥土桩施工机械由于采用中空动力头与可滑移移动钻杆，在满足成桩深度条件下降低了桩架高度，增加了桩机安全性及整体稳定性，并且在钻机操作室内配置了扭矩、转速、提升下沉速度、深度等自动化监控仪表，方便工人操作及质量控制，提高了信息化施工水平。

对于水泥土复合管桩而言，要求在水泥土尚处于流塑状态时，将管桩同心植入水泥土桩中至设计标高。因此，管桩施工时需注意以下技术关键点：管桩开始施工与水泥土桩施工完成的时间间隔；管桩在水泥土桩中植入时的二次定位控制；管桩植入后的垂直度保证措施；管桩与水泥土桩的同心度控制。

目前管桩施工设备一般有振动沉桩设备、静力压桩设备、锤击沉桩设备，各有优缺点，现比较如下：

（1）振动沉桩设备具有施工速度快，受场地限制小，灵活性大的优势，但存在振动大，有噪声，地层适应性差，桩身易倾斜等劣势。

（2）静力压桩设备具有施工速度快，无振动，无噪声，无污染的特点，存在占地面积大，行动缓慢，需要较大的施工工作面的缺点。

（3）锤击沉桩设备土层适应性广，施工速度快，成本费用低，受场地条件限制小等特点，缺点是噪声大，桩身垂直度控制困难，桩身易打斜。

以上三种管桩施工设备各有局限性，施工时需要根据工程实际情况合理选用，但不论采用何种施工设备，在管桩施工前均需要进行二次定位，并采取有效的桩身垂直度控制措施，以确保管桩与水泥土桩的同心度。依据已有的工程施工经验，管桩施工机械推荐采用静力压桩机。

5.2.2 整体式桩机

水泥土复合管桩整体式桩机目前常用类型为 XJUD108 型，具备水泥土桩施工和将管桩同心植入水泥土桩两种功能。该桩机采用三支点履带式桩架，在立柱上成 90°夹角设置水泥土桩施工机具与管桩施工机具，通过旋转立柱分别进行水泥土桩施工、管桩的定位及施工，进而完成整个水泥土复合管桩施工。水泥土桩施工机具包括与桩架立柱平行设置的钻杆，钻杆顶端的高压旋喷水龙头、动力头，钻杆底端的搅拌翅、水平向喷嘴、钻头。这与组合式水泥土桩施工机械配套钻具完全相同。管桩施工机具由设置于桩架顶端的卷扬、可沿桩架上下运动的高频振动锤，以及设置于桩架底端的夹桩器组成。XJUD108 型水泥土复合管桩整体式桩机的施工现场如图 5-2 所示，其技术参数详见表 5-2。

（a）　　　　　　　　　　　　　　　　　　（b）

图 5-2　整体式桩机

（<i>a</i>）水泥土桩施工；（<i>b</i>）管桩施工

整体式桩机技术参数　　　　　　　　　　　　　　　表 5-2

序　号	项　　　目	参　　数
1	成桩直径(mm)	600～2000
2	成桩深度(m)	28
3	动力头转速(r/min)	20
4	动力头扭矩(kN·m)	38
5	主卷扬加压(kN)	—
6	驱动系统	电液驱动
7	功率(kW)	210
8	桩架高度(m)	34.75
9	平面尺寸(m×m)	12.00×6.00
10	整机重量(t)	108
11	接地比压(kPa)	120
12	立柱旋转角度(°)	±90
13	振动锤功率(kW)	90～120
14	振动锤频率(r/min)	1100
15	激振力(kN)	560～780
16	拔桩力(kN)	250～400
17	可施工管桩直径(mm)	300～600

通过上述桩机功能介绍可知，整体式桩机采用旋转式立柱，实现了水泥土桩施工机具与管桩施工机具的交替工作。当水泥土桩施工完成后，立柱旋转90°，高频振动锤旋转至桩位处，立即开始了管桩植入水泥土的工序。与组合式桩机相比，省去了管桩二次定位工序，缩短了管桩植入时间间隔，减少了管桩与水泥土桩同心度的影响因素，这有利于提高施工效率、降低施工费用、减短施工周期，特别是便于施工人员掌握管桩植入水泥土的最佳时机。另外，整体式桩机由一台设备完成水泥土桩复合管桩的整个施工流程，所需施工作业面小于组合式桩机，特别适合于狭小场地的施工作业。

XJUD108型水泥土复合管桩整体式桩机也存在一些不足之处，今后需要进一步改进。比如与改造型水泥土桩施工机械类似，其动力头扭矩较小、无主卷扬加压功能，当遇有塑性指数较大的黏性土、中密以上砂层、含姜石夹层时，同样存在钻进效率低下的问题。此外尽管XJUD108型整体式桩机减少了管桩二次定位误差，但是为确保管桩同心植入水泥土桩，对管桩植入时的垂直度控制水平还有待于进一步提高。

因此，组合式桩机与整体式桩机各有优缺点，适用条件也各不相同。施工单位应在综合考虑水泥土复合管桩的设计要求、场地的工程地质条件与水文地质条件、场地环境条件等因素的基础上合理选择水泥土复合管桩施工机械。比如场地环境条件对施工机械选用的影响主要体现在边桩的施工。当场地狭窄，环境条件复杂，无法将基坑开挖范围加大，则管桩施工机械的选择必须考虑边桩的施工能力，在此条件下，可优先考虑整体式桩机。

5.2.3 专用配套钻具

与水泥土桩施工机械配套使用的专用钻具由钻杆和钻头组成。钻杆形式主要有光圆钻杆、搅拌翅钻杆、螺旋片钻杆三种形式，如图5-3所示。

水泥土复合管桩适用于素填土、粉土、黏性土、松散砂土、稍密—中密砂土等土层，尤其适用于软弱土层。光圆钻杆适用于以上大多数土层，但在可塑—硬塑以上状态且塑性指数较大的粉质黏土层、黏土层中施工时，存在钻进速度慢、水泥土搅拌不均匀的情况；在中密以上粉细砂层中施工时又存在浆、气无法正常上返的情况。针对以上两种情况，在光圆钻杆的基础上分别开发了搅拌翅钻杆与螺旋片钻杆两种钻杆形式，结合水泥土施工工艺及钻头的改进，初步解决了在以上土层施工时存在的困难，提高了钻进效率，水泥土搅拌更为均匀，浆、气也能得到正常疏导。当螺旋片钻杆钻进返土较多时，可通过整片或局部切割使螺旋片不连续的方式予以解决。

实际工程施工时，以上三种钻杆形式及其长度可根据设计要求、地层条件进行自由组合。搅拌翅或螺旋片的尺寸一般比水泥土桩设计直径小200mm。考虑

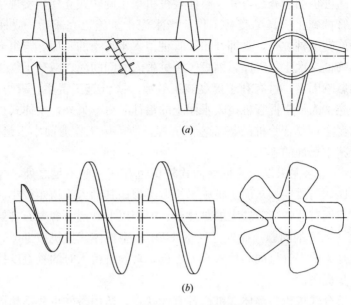

图 5-3　钻杆形式

(a) 搅拌翅钻杆；(b) 螺旋片钻杆

到钻杆受力情况、组装便捷性、使用可靠性等因素，钻杆外管选用外径为 $\phi 245mm$ 的合金钢管，外管内腔安装一根外径为 $\phi 110mm$ 的无缝钢管作为内浆管，内浆管和外管之间的空间作为气腔。

普通钻头在使用过程中常遇到钻进阻力高、扭矩大、磨损率高、气嘴容易被土颗粒和管路中泥浆渣堵塞等问题。针对以上情况，研制了一种新型钻头，如图 5-4 所示。钻头的搅拌翅、鱼尾用高强度钢材制作，镶嵌耐磨合金，在增加钻进速度的同时能够承受较大的扭矩。搅拌翅布置在喷杆前方，且为下薄上厚的梯形，在高压水泥浆对土体的切割下，有效地减少了喷杆磨损。通过对钻头内部结构改进，土颗粒和水泥浆沉渣可以积淀在底部气腔中，定期进行清理即可。钻头搅拌翅和喷杆组成上大下小的锥形，减少钻进阻力，在桩径范围内喷搅更加均匀。

5.2.4 制浆设备

制浆设备包括半自动与全自动两种。制浆设备的性能应与水泥土复合管桩施工时的需浆量相适应，并保证浆液搅拌均匀。必要时可设置带有搅拌功能的储浆桶，存放制备好的水泥浆，水泥浆自制备至用完时间不应超过 2h。

(1) 半自动制浆设备

半自动制浆设备包括水泥浆搅拌桶、储浆池、储浆桶，如图 5-5 所示。制备

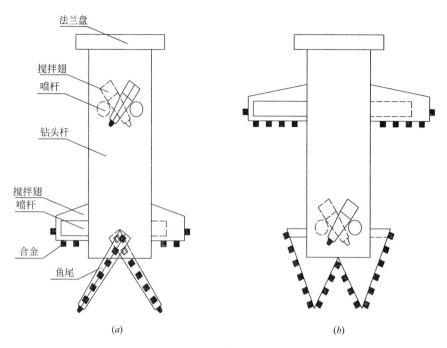

图 5-4　钻头形式

图 5-5　半自动制浆设备

水泥浆时，用水量通过搅拌桶的水位控制，水泥量通过水泥的实际使用袋数控制。先向水泥浆搅拌桶中加水，后加水泥，搅拌时间不少于 2min。水泥浆搅拌完成后，放入储浆池，经过滤进入储浆桶备用。

半自动制浆设备中，加水、加水泥等工序均由人工操作、计量、控制，自动化程度低，人为因素干扰大，水灰比控制精度一般，占用劳动力较多，现场粉尘大。

（2）全自动制浆设备

为了提高制浆的自动化水平，降低工程造价，保护环境，引入了国内先进的自动上料机和全封闭搅拌水泥浆方法，并对散装水泥进入水泥罐后以及水泥称量进入搅拌罐前进行了两次除尘，实现了制浆的全自动化。

全自动制浆设备包括控制柜、散装水泥存储罐、自动上料机、水泥浆搅拌桶，如图5-6所示。制备水泥浆时，用水量通过抽水泵工作时间控制，散装水泥通过连接在存储罐出口的绞笼输送至水泥浆搅拌桶上方的料斗内，水泥量由安装在料斗上的称重传感器控制。先向水泥浆搅拌桶中加水，后加水泥，搅拌时间不少于2min。

(a)   (b)

图 5-6　全自动制浆设备
(a) 控制柜；(b) 搅拌桶—上料机—存储罐

全自动制浆设备中加水、加水泥、水泥浆搅拌等工序全部采用自动化控制，节约了大量的人力资源，减少了人为因素干扰，通过桩机操作人员与制浆人员的及时沟通，可以实时调整不同地层中水泥浆掺入量，达到了水泥浆用量的精确化控制，为水泥土复合管桩连续施工提供了有力的支持。因此，条件允许时宜优先选用全自动制浆设备。

5.2.5　注浆设备

注浆设备包括注浆泵或高压水泵、空气压缩机、储浆桶，如图5-7所示。注浆泵或高压水泵的压力、流量应满足施工要求；空气压缩机的供气量和额定压力不应小于设计规定值；储浆桶应带有搅拌功能，其容积应能满足连续供给高压喷射浆液的需要。注浆泵一般采用三柱塞泵，通过变频调速电机控制注浆泵压力与流量。常用注浆泵型号有 BW600/10 型、GZB100 型、XPB-90EX 型，如图 5-8 所示，其技术参数详见表 5-3。空气压缩机额定压力不宜低于 0.7MPa，常用的空气压缩机技术参数见表 5-4。

图 5-7　注浆设备

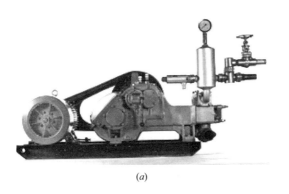

(a)

(b)　　　　　　　　　　　　　　　(c)

图 5-8　注浆泵

(a) BW600/10 型；(b) GZB100 型；(c) XPB-90EX 型

注浆泵技术参数 表 5-3

序号	项目	BW600/10	GZB100	XPB-90EX
1	额定功率(kW)	55	90	132
2	柱塞直径(mm)	100	50/60	70
3	最大工作压力(MPa)	10	40	39
4	排出流量(L/min)	600	110	165

空气压缩机技术参数 表 5-4

序号	项目	VF-6/7-A	LGY-10/8	LGY-7.5/13
1	额定功率(kW)	37	55	55
2	排气压力(MPa)	0.7	0.8	1.3
3	供气量(m³/min)	6	10	7.5

5.3 施工准备

5.3.1 资料准备

水泥土复合管桩施工前应准备齐全如下资料:

(1)工程勘察资料,包括各土层的厚度和组成、土的含水率、密实度、颗粒组成及含量、胶结情况、塑性指数、有机质含量、地下水位、pH 值、腐蚀性等。

(2)桩基工程施工图及图纸会审纪要。

(3)建筑场地和相邻区域内的建筑物、地下管线、地下构筑物和架空线路等调查资料。

(4)主要施工机械及其配套设备的技术性能资料。

(5)经审批的桩基工程施工组织设计,其内容应包括:编制依据、工程概况、地层结构及地下水概况、施工总体部署与施工准备、项目部主要人员组成与职责、工程材料用量与用水用电计划、主要施工机械设备类型与数量、主要施工工序的工艺方法及质量保证措施、进度计划、场地平面布置、文明施工及季节施工措施、危险源辨识及安全专项施工措施。

(6)水泥出厂合格证及质检报告。

(7)管桩出厂合格证及相关技术参数说明。

(8)有关施工工艺参数的试验参考资料。

5.3.2 场地准备

为保证水泥土复合管桩正常施工,施工用的供水、供电、道路、降水、排水、临时房屋等临时设施，必须在开工前准备就绪。

施工前应清除地下和空中障碍物并具备三通一平条件，平整后的场地标高应高出水泥土复合管桩设计桩顶标高不小于 0.5m。场地平整应给桩机预留足够的作业面，其中整体式施工设备作业面不少于 2m，组合式施工设备作业工作面不少于 6m。水泥土桩机钻塔高、自重大，要求施工场地应平整、密实，地基承载力应满足施工机械接地压力的要求。当场地过软不利于桩机行走或移动时，可根据桩机行走路线铺设钢板或铺筑碎石道路。

5.3.3 施工机械准备

进场前，由专业维修人员对施工机械及配套设备进行全面的检查与保养，备足易磨损零件，精心检查机械上各种安全防护装置、指示、仪表、报警等装置是否完好齐全，有缺损时应该及时修复。设备检查、保养完毕后及时进行记录。

进场后，根据施工场地平面布置，安放、组装制浆设备、注浆设备，用输浆管连接注浆泵出口和水泥土桩施工机械的高压旋喷水龙头进浆口，用输气管连接空气压缩机出口和水泥土桩施工机械的高压旋喷水龙头进气口。对施工机械试运行，标定流量、压力、钻杆提升速度与钻杆旋转速度等施工参数。

开工前，对施工机械及配套设备进行整体试运行，运行中对钻具尺寸、水泥浆流量与压力、钻杆提升速度与钻杆旋转速度等施工参数进行标定。必要时，按《水泥土复合管桩基础技术规程》JGJ/T 330—2014[1] 有关规定进行成桩工艺性试验。

5.3.4 材料准备

按设计要求选用相应型号的水泥、管桩等原材料，按照施工进度计划安排原材料进场。原材料进场后，由材料员和质检员依据供货合同和材料计划，对材料的合格证、规格型号、数量及标识等进行检查，合格后填写《原材料进场检验、标识记录》，并由质检员会同监理按现行标准规定进行抽样复检。

按同一厂家同一等级同一品种、同一批号且连续进场的袋装水泥不超过 200t 为一批，散装水泥不超过 500t 为一批，每批抽样不少于一次。材料取样检验均应由监理见证进行。原材料复试合格后，需对各种原材料进行标识存放，然后使用。发现不合格品应及时标识、隔离，并尽早通知供货商清运出场。不合格的原材料严禁用于工程。

5.3.5 工艺性试验

工艺性试验的目的是：验证地层条件适应性；选择施工机械，确定实际成桩步骤、浆液压力、水压、气压、水灰比、钻杆提升速度、钻杆旋转速度等工艺参数；了解钻进阻力及植桩情况并采取相应措施。综合考虑场地地层分布情况、设计资料等，选择有代表性场地进行工艺性试验，类似条件下试验数量不宜少于3组。

水泥土桩工艺性试验时，可先采用喷水的方法初步确定工艺参数，在此基础上再采用喷水泥浆的方法并宜植入管桩，并按表5-5做好施工记录。工艺性试验结束后，可以采用开挖、钻芯等方法检查成桩直径及桩身均匀程度。

下面简要说明开展工艺性试验的方法、步骤及注意事项。

（1）施工设备各项参数标定

根据设备出厂合格证与设计说明书，对拟采用的设备各项参数进行统一标定。参数主要有：水泥土桩施工机械重量、桩架高度、最大钻孔深度、最大钻孔直径、动力头额定功率、动力头最大扭矩、动力头输出转速、钻杆直径、搅拌叶片形式、尺寸、间距、高压泥浆泵额定功率和最大压力与最大排量、空气压缩机最大压力与排量、水泥浆搅拌设备的搅拌速度等。

（2）干作业成孔试验

试验目的是初步验证水泥土桩施工机械与专用配套钻具的施工能力，让钻机操作人员和技术人员熟悉试验区域的地层情况，为下一步进行喷水试验提供依据。

试验位置选择应符合下列要求：地质条件具有代表性；对后期工程桩施工没有妨碍；距离喷浆试验桩不少于2倍桩径，且不少于2m。

试验前，项目部需要对施工人员进行技术交底和安全交底，并安排专人负责检查电路系统。试验时，注意将钻头喷嘴处的浆气通道全部密封，避免干作业成孔过程中被土体封堵。成孔过程中，技术人员和桩机操作人员需全程记录，尤其是出现的异常情况，及时发现和排除设备故障。

（3）喷水试验

试验目的是初步选取水泥土桩施工参数，如浆压、水压、喷嘴直径及数量、下沉速度、提升速度，为下一步进行喷浆试验提供依据。

主要开展如下试验内容：

1）通过调整泥浆泵的压力、实际流量与根据设计方案理论计算得到的水泥浆总用量进行对比，从而对喷嘴的直径、数量进行调整，直至与理论流量相匹配。

2）通过检查钻具的最大下沉速度和上提速度来初步判定施工效率区间。

3）通过检查成孔直径来确定钻具搅拌叶片等长度是否合理。

4）通过统计成孔时间和搅拌叶片、喷嘴的数量来确定搅拌次数能否满足水泥土桩搅拌充分的要求。

工程名称：
设计桩顶/桩底标高：
水泥品种：
水灰比：　　　　设计桩径：　　　　搅拌翼外径：　　mm　　喷（浆、气、水）嘴直径：　　mm

施工记录表

表5-5

设计桩长：

序号	施工日期	桩号	孔口标高(m)	施工工序	水泥土桩									预应力高强混凝土管桩							备注
					时间		下沉/提升起始标高(m)	浆液压力(MPa)	气压(MPa)	水压(MPa)	钻杆旋转速度(r/min)	钻杆下沉提升速度(cm/min)	垂直度偏差(%)	水泥用量(kg)	时间		桩长(m)	桩顶标高(m)	送桩深度(m)	接桩时间	终压力/最终激振力(kN)	垂直度偏差(%)
					开始	结束									开始	结束						
				下沉																		
				提升																		
				下沉																		
				提升																		
				下沉																		
				提升																		
				下沉																		
				提升																		
				下沉																		
				提升																		
				下沉																		
				提升																		

施工单位项目技术负责人：　　　　质检员：　　　　监理工程师（建设单位项目技术负责人）：

193

5）通过观察上返浆气情况来对钻具形式进行改进。

6）试验结束后，对成孔直径、成孔深度、成孔时间、总返土量进行实际测量，并将相关数据进行整理，为喷浆试验做准备。

（4）喷浆试验

试验目的：采用喷水试验获得的水泥土桩各项施工参数，按设计要求施工完成整根水泥土桩，针对施工过程出现的异常情况，调整不合理的施工参数，并通过桩身质量检验以确定工程桩施工时的工艺参数及质量控制措施。

桩身质量可采用如下检验方法：

1）水泥土桩施工完成 28d 后，将施工过程中留置的标准养护、同条件养护的水泥土试块进行抗压试验，验证水泥土强度能否达到设计要求。

2）也可对水泥土桩进行开挖检查或取芯检测，检验成桩质量情况。

5.3.6　测量放线

水泥土复合管桩施工测量放线应符合下列要求：

（1）对建设方提供的坐标和高程控制点进行复核，并妥善保护。

（2）当单体建筑较多或各建筑间距较大时，应在每个单体建筑附近引测基桩轴线的控制点和水准点。基桩轴线的控制点和水准点应设在不受施工影响、位置稳定、易于长期保存的地方，并定期与建设方提供的控制点进行联测。

（3）按桩基施工图进行桩位放样并填写放线记录，桩位放样允许偏差应为10mm，自检合格后填写《工程定位测量放线记录》，经监理单位或建设单位复核签证后方可开工。可采用精度为 2+2ppm 的全站仪进行桩位放样。

（4）桩位点应设有不易破坏的明显标记，并宜在施工时进行桩位复核，避免漏桩，并校验桩位放样偏差。

5.4　施工作业

5.4.1　施工步骤

水泥土复合管桩施工步骤包括：采用高喷搅拌法施工水泥土桩，分别封闭首节管桩底端及末节管桩顶端，在水泥土初凝之前将管桩同心植入水泥土桩中至设计标高，其施工过程如图 5-9 所示。

水泥土复合管桩施工要点在于首先采用高喷搅拌法施工外围水泥土桩，其次为了防止植入管桩时造成外围水泥土开裂或沉桩不到位，影响成桩质量，应在水泥土初凝之前植入管桩，同时确保管桩与水泥土桩的同心度。

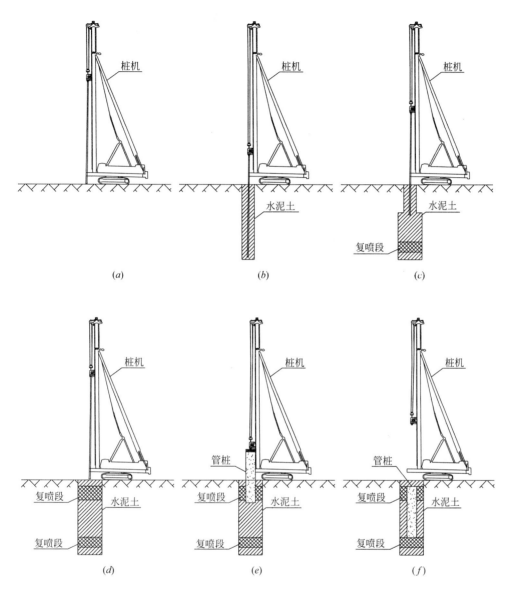

图 5-9　水泥土复合管桩施工过程

（a）水泥土桩机就位；（b）钻进下沉；（c）提升及复喷；

（d）水泥土桩完成；（e）植入管桩；（f）施工完成

　　水泥土初凝前特指在该时段内水泥土保持流塑状态，管桩同心植入水泥土桩后，不影响水泥土的成桩形态、后期强度以及管桩—水泥土界面的粘结强度。根据已有的工程经验，在正常施工条件下，水泥土桩施工完成后（2～3）小时，水泥土尚未初凝。综合考虑多种因素，管桩开始施工与水泥土桩施工完成时间间隔应通过现场试验确定，无施工经验时，推荐该时间间隔为（0.5～1.0）小时，最大不宜超过 2 小时。

为避免流塑状态的水泥土进入管桩内腔，影响后期填芯混凝土施工，应采用薄铁皮等方法将首节管桩底端及末节管桩顶端封闭。

5.4.2 施工工艺

采用组合式桩机时，水泥土复合管桩施工工艺流程应按图 5-10 进行。采用整体式桩机时，水泥土复合管桩施工工艺流程应按图 5-11 进行。

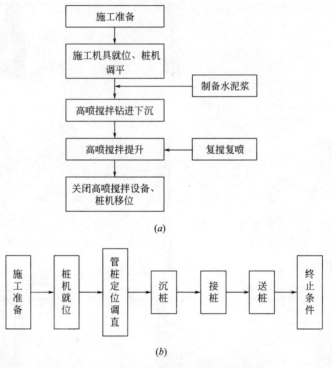

（a）

（b）

图 5-10 组合式桩机施工工艺流程
（a）水泥土桩施工；（b）管桩施工

各工艺流程工作内容及控制要点分述如下：

（1）水泥土桩施工机具就位、桩机调平

检查注浆泵、高压水泵、空气压缩机、水泥浆搅拌桶、储浆桶、高压旋喷水龙头、喷嘴等机具的性能指标是否符合施工要求，检查输气管、输浆管、供水管连接是否严密，将桩机移至桩位并对中、调平。水泥土桩机就位时，必须再次复核桩位；调平时可采用机械自带水准泡、线坠等。由现场技术人员检查确认无误后方可开机作业。

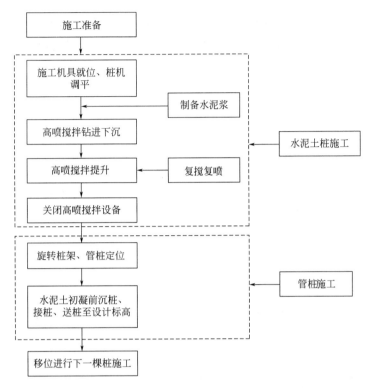

图 5-11 整体式桩机施工工艺流程

（2）制备水泥浆

启动水泥浆搅拌桶，制备水泥浆。现场所用的水泥品种、强度等级、水灰比、外掺剂的种类及掺量应符合设计要求，不得使用过期的和受潮结块的水泥。

水泥浆应经过二级过滤后方可使用，每根桩测试水泥浆比重不少于3次。

（3）高喷搅拌钻进下沉

启动注浆泵、高压水泵、空气压缩机、储浆桶、桩机等施工机具设备，浆液压力、水压、气压等施工参数应符合高喷搅拌的钻进下沉施工要求，喷射钻具开始自钻式下沉至设计深度。

钻进下沉前，必须人工开挖或用钢筋触探，确保桩位处无妨碍钻进的大块石头或建筑垃圾；钻进下沉前，必须试喷水，看喷嘴是否正常。

（4）高喷搅拌提升

喷射钻具在设计深度处喷浆搅拌30s后方可开始提升，提升过程中钻杆提升速度、钻杆旋转速度、浆液压力、水压、气压等施工参数应符合高喷搅拌的提升施工要求，并始终保持送浆连续，中途不得间断。提升时，经常检查提速，并做好记录。

（5）复搅复喷

重复前述作业，对桩身需要加固部位进行高压喷射搅拌的下沉与提升，实现对其复搅复喷。一般情况下，桩顶和管桩底端附近水泥土应复搅复喷。

（6）关闭高喷搅拌设备

关闭注浆泵、高压水泵、空气压缩机等设备。

（7）对于组合式桩机，移走水泥土桩施工机机械，采用全站仪二次定位，管桩施工机械就位、管桩定位调直；对于整体式桩机，旋转立柱、管桩定位。

（8）水泥土初凝前沉桩、接桩、送桩至设计标高。

植桩前必须将首节管桩底端及末节管桩顶端用厚度 1mm 以上薄铁皮封闭，要求封严密，不得漏浆；植桩时允许少量水泥土挤出；前 3m～4m 管桩可能在自重作用下自由下沉，应采取措施保证桩身垂直度。

（9）桩机移至下一个桩位，重复进行上述施工步骤，进行下一根桩施工。

5.4.3 水泥土桩施工

水泥土复合管桩中的水泥土桩施工除应符合现行行业标准《建筑地基处理技术规范》JGJ 79—2012[3]，尚应符合下列要求：

（1）水泥土桩施工参数如浆液压力、气压、水压及流量、喷嘴个数及直径、搅拌翅直径、钻杆提升速度、钻杆旋转速度、水泥品种及强度等级、水灰比、水泥用量等应根据工艺性试验确定，并在施工中严格加以控制，不得随意更改。在确保水泥土桩桩顶标高、有效桩长、桩径、垂直度、水泥土强度达到设计要求的前提下，施工单位可根据本工程的施工经验、土质条件等对施工参数作必要的调整。

表 5-6、表 5-7 列出了部分实际工程的高喷搅拌法水泥土桩施工参数，以供参考。

（2）水泥浆应过筛后使用，其搅拌时间不应少于 2min，自制备至用完的时间不应超过 2h。

（3）施工中钻杆垂直度允许偏差应为 1‰。

（4）严密注意地层变化情况，及时调整水泥浆压力、提速等施工参数。

（5）对需要提高强度或增加喷搅次数的部位应采取复搅复喷措施。

（6）停浆面高出桩顶设计标高不应小于 500mm，桩径、有效桩长不应小于设计值。

（7）在每根桩施工过程中必须进行水泥用量、桩位偏差、桩长、垂直度等指标的测量控制，确保满足设计及相关规范要求。

（8）必须按隐蔽工程要求做好施工记录，可按表 5-5 记录。

部分实际工程水泥土桩施工参数 　　表 5-6

适用土质		素填土、粉土、黏性土、松散～中密砂土
施工参数		
空气	压力(MPa)	0.7
	流量(m³/min)	1～2
	喷嘴间隙(mm)及个数	1～2(1～2)
浆液	水灰比	0.9～1.2
	压力(MPa)	4～25
	流量(L/min)	35～130
钻头	喷嘴孔径(mm)及个数	2.4～2.8(1～2)
	搅拌翅外径(mm)	350～700
钻杆	钻杆外径(mm)	219
	提升速度(cm/min)	20～25
	旋转速度(r/min)	23

部分实际工程水泥土桩直径与水泥浆压力 　　表 5-7

土质	标贯击数(击)	桩径(m)	水泥浆压力(MPa)
黏性土	4～11	1.0	7～15
粉土	7～18	1.0	10～15
砂土	5～12	1.0	7～10

5.4.4 管桩施工

水泥土复合管桩中的管桩施工除应符合现行行业标准《建筑桩基技术规范》JGJ 94—2008[4] 的有关规定外，尚应符合下列要求：

（1）管桩植入准备工作

管桩施工前，应完成相关准备工作，如将水泥土桩施工后的桩孔附近返浆清理干净，露出桩顶轮廓，以方便确定管桩植入位置；预先用薄铁皮等封闭首节管桩底端与末节管桩顶端；提前架设全站仪及水准仪；管桩施工设备预就位等。

（2）管桩垂直度控制

管桩垂直度控制对水泥土复合管桩成桩质量相当关键，应制定可靠的垂直度控制措施，管桩垂直度允许偏差应为 0.5%。

（3）管桩定位偏差控制

采用组合式桩机进行水泥土复合管桩施工时，为保证管桩与水泥土桩之间的同心度，在水泥土桩施工结束后宜采用精度为 2mm＋2ppm・S（S 为测量距离，单位为 km）的全站仪对管桩植入位置进行放样定位。采用整体式机械时，在水泥土桩施工完成后通过旋转立柱进行管桩定位。管桩定位允许偏差应为 10mm。

（4）管桩植入水泥土桩中时应采取必要的监控预防措施，如根据监测的植桩情况采取措施防止首节管桩掉入水泥土桩中。

（5）多节管桩连接质量控制

管桩接桩有焊接、法兰连接和机械快速连接三种方式，采用其中任一种连接方式时均应保证接桩质量和上下节段的桩身垂直度。

（6）管桩桩顶标高允许偏差应为 ±50mm。

（7）必须按隐蔽工程要求做好施工记录，可按表 5-5 记录。

5.4.5　基坑开挖与承台施工

基坑开挖与承台施工除应符合现行行业标准《建筑桩基技术规范》JGJ 94—2008[4] 的有关规定外，尚应符合下列要求：

（1）基坑开挖前，若地下水位较高，应根据实际情况采取合理的降、排水措施，且保证地下水位始终位于开挖面以下 0.5m。基坑开挖宜分层均匀进行，且桩周围土体高差不宜大于 1.0m。采用机械开挖土方时，不得碰及桩身，确保桩身不受损坏。挖到离桩顶标高 0.4m 以上时，宜改用人工挖除桩顶余土，以保证水泥土复合管桩的质量。当需要截除桩头时，应采用人工截桩头，不得造成桩顶标高以下桩身断裂。

（2）浇筑填芯混凝土前，应将管桩内壁浮浆清理干净。

（3）管桩及锚固钢筋埋入承台的长度应符合设计要求，承台混凝土应一次浇筑完成。

5.4.6　质量控制新技术

（1）水泥土桩机施工快速定位技术

水泥土桩机施工定位通常采用反复多次液压支腿调平底盘、桩机斜撑调直桩机立柱的方法，定位精度低、耗时长，没有从根本上解决底盘未调平、立柱未调直状态下桩机的快速定位问题，尤其不适用于带液压支腿的履带式三支点桩机的调平定位。针对这种情况，这里介绍了一种适用于带液压支腿的履带式三支点桩机的施工定位辅助装置，如图 5-12 所示。

该施工定位辅助装置包括如下技术特征：安装在履带式三支点桩机底盘前部立面上的两只底座、在底座上水平固定设置有 V 形构件，在 V 形构件的顶部设置有激光笔。激光笔安装在 V 形构件顶部，激光束由激光笔垂直向下投射，当光束照射在桩位处时即可定位调平。该定位装置克服了履带式三支点桩机现有定位方法的缺点，弥补了现有技术的不足，具体提供了一种结构简单、加工制作操

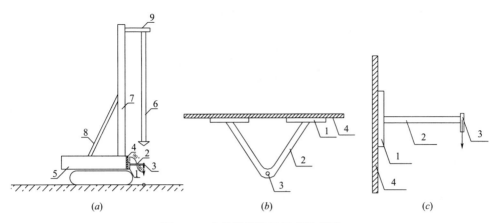

图 5-12　定位辅助装置原理示意图

（a）正立面图；（b）俯视图；（c）侧视图

1—底座；2—V 形构件；3—激光笔；4—立面；5—底盘；6—钻杆；7—桩机立柱；8—斜撑；9—动力头

作方便、造价低、定位精确效果好的履带式三支点桩机的定位辅助装置。

（2）管桩导向技术

一种适用于水泥土插芯组合桩的芯桩导向装置及芯桩导向方法可用于水泥土复合管桩中管桩施工时的垂直度控制。该项技术通过连接件固定在芯桩外侧，形成类似于钢筋笼保护层的导向装置，如图 5-13 所示，可以提高管桩植入水泥土

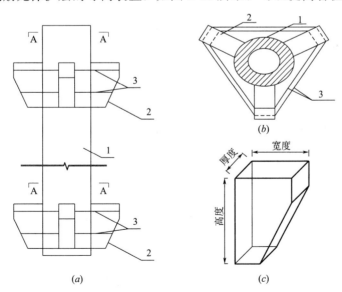

图 5-13　管桩导向装置示意图

（a）正立面图；（b）俯视图；（c）侧视图

1—预制管桩；2—钢筋混凝土导向块；3—钢丝

桩时的同心度和垂直度。为安装管桩导向装置，植入管桩与水泥土桩施工完成间隔时间最大不宜超过 3h。

5.5 施工常见问题及处理措施

水泥土复合管桩是一种新桩型，在工程应用过程中还需注意积累经验，对施工工艺方法和质量控制措施不断加以改进，确保工程质量。根据现有工程实践经验，本节列出了水泥土复合管桩施工常见问题、原因分析及其处理措施。这主要有以下两个目的：首先便于施工单位编制有针对性的施工应急预案；其次桩基施工时施工单位可以根据现场实际情况，快速找出原因，及时采取相应的处理措施，确保水泥土复合管桩施工质量。应当注意，水泥土桩施工出现问题需要处理时，有条件时必须先将钻头提出地面，严禁钻头埋于地下时修理设备；当需要较长时间停机时，必须清洗干净输浆管、注浆泵、注浆管、钻杆、钻头等管路及设备。

（1）桩位偏差

原因：定位不准；施工中垂直度偏差超出规定值。

措施：对水泥土桩及管桩施工采用全站仪定位、复检；采用线锤或经纬仪控制水泥土桩与管桩施工时的垂直度。

（2）水泥土复合管桩直径小

原因：钻头及搅拌翅直径小、浆液压力小；浆液流量小。

措施：调整浆液压力、流量、钻杆提升速度、钻杆旋转速度、搅拌翅直径等施工参数。

（3）桩身水泥土强度达不到设计要求

原因：水泥掺量小；水灰比大；搅拌不匀；局部喷浆量小、喷浆不连续。

措施：增大水泥掺量；减小水灰比；减小钻杆提升速度、增加搅拌均匀程度及喷浆量、连续喷浆。

（4）水泥土断桩

原因：喷浆不连续。

措施：恢复供浆后喷头提升或下沉 1.0m 后再行下沉或提升施工，保证接茬。

（5）钻进下沉困难、电流值高、跳闸

原因：电压偏低；土质坚硬，阻力太大；遇大块石等障碍物；漏电。

措施：调高电压；加大浆液压力；更换合适的钻具；开挖排除障碍物；检查电缆接头，排除漏电。

（6）浆液过早用完或剩余过多

原因：供浆管路堵塞、漏浆；钻杆提升速度过慢或过快；投料不准、加水量少或过多；钻进过程耗浆量太大。

措施：检修注浆泵及供浆管路；调整钻杆提升速度；重新标定投料量及加水量；减小钻进耗时。

（7）注浆泵堵塞、供浆管路堵塞、爆裂，喷嘴堵塞

原因：水泥浆杂质多；供浆管路内有杂物；杂物进入喷嘴。

措施：增加水泥浆过滤遍数或更换过滤网；拆洗供浆管路、注浆泵；检查拆洗喷嘴。

（8）注浆泵压力剧增或剧减

原因：喷浆嘴或注浆管路堵塞；喷浆嘴或注浆管路漏浆；喷杆磨损漏浆。

措施：拆洗检查；更换喷杆。

（9）注浆泵压力不稳

原因：注浆泵内进气；注浆泵内进入硬质颗粒；注浆泵机械磨损。

措施：排除空气；拆洗检查；更换磨损件。

（10）空气压缩机不工作

原因：线路或电机出现问题；喷气嘴堵塞或供气管路堵塞。

措施：检查线路及电机；检查清洗供气管路、喷气嘴及钻头内部气腔。

（11）水泥浆进入空气压缩机储气罐

原因：钻头在地下时气被憋住，造成回浆。

措施：提起钻头，清洗空气压缩机储气罐。

（12）注浆泵压力、钻杆提升速度等施工参数与设计不符

原因：喷嘴直径与设计不符；供浆管路堵塞；调速电机控制器出现问题。

措施：检查喷嘴直径；检查供浆管路；检查或更换调速电机控制器。

（13）冒浆多

原因：土质太黏，搅拌不动；遇硬土或障碍物下沉困难；浆液流量过大；喷浆下沉、提升速度小；水灰比过大。

措施：加强搅拌；清除障碍物；调整浆液流量；加大升降速度及喷搅遍数；减少水灰比。

（14）不返气、不返浆

原因：供气、供浆管路堵塞；下沉过快，上层黏土层封住返气、返浆通道。

措施：疏通供气、供浆管路；降低下沉速度；提起钻头，待返气、返浆后再行下沉施工。

（15）相邻桩附近冒气、冒水

原因：距离施工桩太近；临近桩施工完成时间较短。

措施：间隔施工；增加相邻桩施工时间间隔。

（16）埋钻

原因：钻头埋置地下较深时，钻杆停止转动同时不喷气、不喷浆；遇流砂等土层。

措施：降低钻进速度；检查电路及设备，防止出现钻杆停止转动等故障；维修设备时，应将钻杆提至地面。

（17）钻杆接头处漏浆

原因：接头处开裂或胶垫损坏。

措施：更换胶垫，拧紧接头。

（18）水龙头漏浆

原因：轴承磨损、密封圈磨损破裂。

措施：更换轴承、密封圈。

（19）管桩施工达不到设计标高

原因：管桩施工与水泥土桩施工完成时间间隔过长；接桩时间过长；水灰比小或注浆量少；压桩力或激振力不足；桩身偏斜，压入土中；水泥土不均匀。

措施：减少时间间隔；缩短接桩时间；增大水灰比或注水搅拌；加大压桩力或激振力；确保管桩位置及垂直度；增加喷搅次数。

（20）管桩掉入水泥土中

原因：水灰比过大；管桩未封底。

措施：减小水灰比；管桩封底；施工时采取控制措施。

（21）管桩内进浆

原因：管桩顶、底封闭不严密；接桩漏焊。

措施：管桩顶、底封严；焊接严密。

5.6 安全与环保

5.6.1 施工安全

水泥土复合管桩施工安全除应符合国家现行有关法律、法规及标准的有关规定外，尚应符合下列要求：

（1）建立项目安全管理组织机构、现场安全管理制度及保证体系

认真贯彻"安全第一，预防为主，综合治理"的方针，根据国家有关规定、条例，结合施工单位实际情况和工程的具体特点，组成专职安全员和班组兼职安全员以及工地安全用电负责人参加的项目安全生产管理网络，执行安全生产责任制，明确各级人员的职责，全面执行安全生产管理条例，严守操作规程，对存在安全隐患的地方应及时排除，杜绝任何事故的发生。

施工安全保证体系主要指的是为保证现场施工安全而进行的资源配置。项目安全生产管理机构根据现场安全管理制度应定期进行安全检查，定期召开安全活动会议并做好记录，确保作业标准化、规范化。

（2）开展安全生产教育培训

施工前应对施工人员进行技术交底和施工操作的安全教育，如进入施工场地人员必须佩戴安全帽，严禁酒后作业等。施工人员经培训合格后方可上岗作业。

（3）根据水泥土复合管桩的作业施工特点，按照国家《劳动保护法》发放相应的劳保用品：安全帽、工作服、防护眼镜、橡胶手套、防尘口罩等。

（4）机械操作安全技术要点

高压喷射注浆是水泥土复合管桩工程施工中的重要危险源，所以针对注浆泵、空气压缩机、桩机、浆气管路应制定相应操作安全技术要点。施工前应对注浆泵、空气压缩机、水龙头等设备和浆气管路系统进行安全检查。施工过程中，定期检查机械及防护设施，确保安全运行。所有机械设备必须严格按相关操作规程操作，严禁违规操作。

1）注浆泵

① 泵体内不得留有残渣和铁屑，各类密封圈套必须完整良好，无泄漏现象。

② 安全阀中的安全销要进行试压检验，必须确保在规定达到最高压力时，能断销卸压，决不可安装未经试压检验的或自制的安全销。

③ 指定专人司泵，压力表应定期检修，保证正常使用。

④ 注浆泵、桩机、浆液搅拌机等要密切联系、配合协作，应指定专人管理，一旦某处发生故障，应及时停泵停机，及时排除故障，并做好运转情况记录。

2）空气压缩机

① 在运行过程中，不应有异常声音发出，也不得有漏气、漏油现象。

② 不得在油面低于油位计两红线中的下线之下的区域内运行。若出现这种现象，应立即停机加油。

③ 在运行过程中，各类仪表、指示灯应处于正常状态，各控制元（部）件应正常工作，动作灵敏、可靠。

④ 应指定专人管理，运行过程中应注意运行状态，一般情况下应做好运行记录，空压机工作站应保持每两小时记录一次电压、电流、气压、排气温度、油位等数据，供日后检修时参考。

3）桩机

① 桩机操作人员应具有熟练的操作技能并了解高喷搅拌的全过程。

② 桩位需经现场技术员确认，确认无误后方可开钻。

③ 人与喷嘴距离应不小于 600mm，防止喷出浆液伤人。

4）管路

① 在使用时不得超过容许压力范围。

② 弯曲使用时不应小于规定的最小弯曲半径。

③ 经常检查输浆、输气管路的磨损情况，防止高压浆液、高压气体外泄。

（5）施工现场临时用电安全管理

① 施工现场的临时用电严格按照《施工现场临时用电安全技术规范》JGJ 46—2005[5] 的有关规定执行。施工现场使用的手持照明灯应采用 36V 的安全电压。

② 施工现场按符合防火、防风、防雷、防触电、防高压浆液、防高压气体等安全规定及安全施工要求进行布置，并完善各种安全标识。遇到暴风、暴雨、雷电时，应暂停施工并切断电源。

③ 施工作业区内应无高压线路；施工机械的任何部位与架空输电导线（电压 60kV～110kV）的安全距离：沿垂直方向不得少于 5m，沿水平方向不得少于 4m。

④ 电缆线路应采用"三相五线"接线方式，电气设备和电气线路必须绝缘良好，场内架设的电力线路其悬挂高度和线间距除按安全规定要求进行外，将其布置在专用电杆上。

（6）管桩的起吊、运输、堆放必须按照现行行业标准《建筑桩基技术规范》JGJ 94—2008[4] 有关要求进行，防止滑落伤人等质量与安全事故发生。水泥现场堆放需预防浸水变质。

（7）水泥土复合管桩施工完成后，应在桩孔处及时设置防护措施。

5.6.2 环境保护

施工现场环境管理越来越受到建设单位和社会各界的重视，同时各级政府也不断出台新的环境监管措施。为此，水泥土复合管桩施工时需重视环境保护，并制定相应的施工措施。

（1）成立施工环境卫生管理机构，在工程施工过程中遵守国家和地方政府下发的有关环境保护的法律、法规和规章，加强对施工燃油、工程材料、设备、废水、生产生活垃圾、弃渣的控制和治理，遵守有关防火及废弃物处理的规章制度，做好交通环境疏导，充分满足便民要求，认真接受城市交通管理，随时接受相关单位的监督检查。

（2）将施工和作业场地限制在工程建设允许的范围内，合理布置、规范围挡，做到标牌清楚、齐全，各种标识醒目，施工场地整洁文明。

（3）对施工中可能影响到的周边环境制定保护措施，加强实施中的监测、应对和验证，一旦发现桩基施工有影响环境现象发生，必须立即停止施工，查找原因。尽量采取设立隔声墙、隔声罩等消声措施降低施工噪声到允许值以下，同时尽可能避免夜间施工。

（4）设立专用排浆沟、集浆坑，对废浆、污水进行集中，认真做好无害化处理，从根本上防止施工废浆乱流。

（5）定期清运沉淀返浆，做好返浆、弃渣及其他工程材料运输过程中的防散落与沿途污染措施，废水除按环境卫生指标进行处理达标外，并按当地环保要求的指定地点排放。弃渣及其他工程废弃物按工程建设指定的地点和方案进行合理堆放和处治。

（6）对施工场地道路进行硬化，并在晴天经常对施工通行道路进行洒水，建议使用全自动制浆设备，实行全密闭搅拌水泥浆，并对散装水泥进入水泥罐后以及水泥称量进入搅拌罐前进行了两次除尘，防止尘土飞扬，污染周围环境。

参 考 文 献

［1］ JGJ/T 330—2014.水泥土复合管桩基础技术规程［S］.

［2］ GB 50502—2009.建筑施工组织设计规范［S］.

［3］ JGJ 79—2012.建筑地基处理技术规范［S］.

［4］ JGJ 94—2008.建筑桩基技术规范［S］.

［5］ JGJ 46—2005.施工现场临时用电安全技术规范［S］.

6 水泥土复合管桩质量检验与工程验收

6.1 概述

影响诸如单桩承载力和桩身完整性等水泥土复合管桩质量的众多因素存在于桩基施工的全过程中,仅有施工后的检验和验收是不全面、不完整的。类似施工过程中出现的局部地质条件与岩土工程勘察报告不符、工程桩施工参数与成桩工艺性试验确定的参数不同、原材料发生变化、设计变更、施工单位变更等情况,都可能产生质量隐患,加强施工过程中的检验是有必要的,因此,需要按不同施工阶段对水泥土复合管桩进行检验。按时间顺序划分,水泥土复合管桩质量检验可分为施工前检验、施工中检验和施工后检验三个阶段。

水泥土复合管桩质量检验主要包括对水泥土桩施工、管桩施工及施工工序过程的质量检验,主控项目包括水泥及外掺剂质量、水泥用量、桩数、桩位偏差、桩身完整性和单桩承载力。

本章针对水泥土复合管桩自身特点,依据现行行业标准《水泥土复合管桩基础技术规程》JGJ/T 330—2014[1],对水泥土复合管桩分阶段质量检验标准及工程验收进行介绍。

6.2 施工前检验

施工前检验项目包括:水泥、外掺剂、管桩、接桩用材料,施工机械设备及性能,桩位放样。各检验项目的允许偏差或允许值、检查方法按表 6-1 执行。

桩位放样指的是施工前根据水泥土复合管桩桩位平面布置图在施工现场进行的桩位放样,有别于水泥土桩施工结束后管桩施工前的再次放样定位。

施工机械设备及性能检验涵盖了注浆泵压力表、调速电机转速表,主要通过设备试运行及施工参数标定来实现,因此检查设备的标定记录即可。

进入现场的管桩除按表 6-1 要求进行检查外,还必须查验产品合格证。管桩内壁浮浆严重影响填芯混凝土与管桩内壁的粘结力,降低两者的整体性,因此规定管桩内壁不得残留有浮浆。

施工前质量检验标准 表 6-1

项	序	检查项目	允许偏差或允许值	检查方法
主控项目	1	水泥及外掺剂质量	符合出厂及设计要求	查产品合格证和抽样送检
一般项目	1	施工机械设备及性能	符合出厂及设计要求	查设备标定记录
	2	桩位放样(mm)	10	查放线记录
	3	管桩外观质量	无蜂窝、漏筋、裂缝、色感均匀、桩顶处无空隙	直观
	4	管桩桩径(mm)	±5	用钢尺量
	5	管壁厚度(mm)	≤5	用钢尺量
	6	管桩桩长	按设计要求	用钢尺量
	7	桩尖中心线(mm)	2	用钢尺量
	8	端部倾斜(mm)	0.5%d	用水平尺量
	9	桩体弯曲(mm)	1/1000 l	用钢尺量
	10	管桩内壁浮浆	不得有浮浆	直观
	11	接桩用材料	符合出厂及设计要求	查产品合格证或抽样送检

注：d 为管桩直径；l 为管桩长度。

6.3 施工中检验

6.3.1 成桩质量检验

对于工艺性试验成桩质量检验，通过开挖、钻芯等手段检验水泥土固结体的形态大小、垂直度、胶结情况、桩身均匀程度及水泥土强度，目的是研究上述检验结果与施工参数比如浆液压力及流量、喷嘴直径、钻杆提升速度、钻杆旋转速度之间的关系，从而确定合理的水泥土桩施工参数。

开挖检查一般在水泥土桩施工 3d 后进行，可沿水泥土固结体周围或一侧进行，开挖深度视土层性质和场地范围确定。

由于开挖检查深度有限，对于重要工程或因地质条件复杂、水泥土成桩质量可靠性差的工程，工艺性试验成桩质量检查还应采用钻芯法检查水泥土喷搅均匀程度、成桩直径沿地层的变化，必要时测试水泥土的抗压强度。钻芯法包括常规取芯与软取芯。其中软取芯是指在刚施工完成而尚未凝固的水泥土桩中取流塑状态水泥土制作试块，可参照现行行业标准《型钢水泥土搅拌墙技术规程》JGJ/T 199—2010[2] 的有关规定执行。水泥土取样点可设置在桩顶至管桩底端以下 0.5m 范围内以及对应最软弱土层位置处的水泥土桩内。软取芯法检验数量不宜小于总桩数的 1%，且不宜少于 3 根桩。

6.3.2 工程桩施工检验

工程桩施工检验项目包括：水泥用量、浆液压力、水压、气压、水灰比、钻杆提升速度、钻杆旋转速度、水泥土桩的桩底标高、水泥土桩垂直度、管桩垂直度、管桩的桩顶标高、接桩质量、接桩停歇时间、接桩上下节平面偏差、接桩节点弯曲矢高。各检验项目的允许偏差或允许值、检查方法按表 6-2 执行。

施工中质量检验标准 　　　　　　　　　　　　　表 6-2

项	序	检查项目	允许偏差或允许值	检查方法
主控项目	1	水泥用量	按设计要求	查施工记录
一般项目	1	浆液压力	按施工组织设计要求	查施工记录
	2	水压	按施工组织设计要求	查施工记录
	3	气压	按施工组织设计要求	查施工记录
	4	水灰比	按施工组织设计要求	查施工记录
	5	钻杆提升速度	按施工组织设计要求	查施工记录
	6	钻杆旋转速度	按施工组织设计要求	查施工记录
	7	水泥土桩垂直度（%）	1	经纬仪
	8	水泥土桩的桩底标高	按设计要求	测量钻头深度
	9	管桩垂直度（%）	0.5	经纬仪
	10	管桩的桩顶标高（mm）	±50	水准仪
	11	接桩质量	按设计或规范要求	满足设计或规范要求
	12	接桩停歇时间（min）	＞5	秒表测定
	13	接桩上下节平面偏差（mm）	10	用钢尺量
	14	接桩节点弯曲矢高（mm）	$1/1000\ l$	用钢尺量

注：l 为管桩长度。

表 6-2 给出了水泥土复合管桩施工质量检验项目及检验标准，便于施工单位在施工期间查明施工参数、工艺方法等是否满足设计要求或施工方案要求而开展自检工作，并且要求其对每根桩进行质量检验。这有助于问题得到及时发现、及时处理。当发现某些指标达不到设计要求时，需要即刻采取相应措施，使水泥土复合管桩施工质量达到设计要求。

对施工完毕不符合预定质量参数的桩或对施工质量有怀疑的桩须经监理单位确认后报设计单位进行处理。处理方法有多种，可以通过桩身完整性或单桩承载力的验证检测；也可以通过有效手段证明确实需要调整施工工艺参数来解决；或通过设计复核计算；对于不合格的桩采取补桩等措施。

6.4 施工后检验

6.4.1 一般要求

施工完成后的工程桩应进行桩身完整性检验和竖向承载力检验。基坑开挖至设计标高后应检查水泥土复合管桩的桩数、桩位偏差、桩径、桩顶标高，如不符合设计要求应采取有效的补救措施。各检验项目的允许偏差或允许值、检查方法按表 6-3 执行。

施工后质量检验标准 表 6-3

项序		检查项目	允许偏差或允许值	检查方法
主控项目	1	承载力	按设计要求	单桩静载试验
	2	桩位偏差(mm)	$100+0.005H$	用全站仪或钢尺量
	3	桩身完整性	按设计要求	低应变法
	4	桩数	按设计要求	现场清点
一般项目	1	水泥土复合管桩桩径	按设计要求	用钢尺量
	2	桩顶标高(mm)	± 50	水准仪

注：H 为施工现场地面标高与桩顶设计标高的距离。

水泥土复合管桩的桩位偏差通过量测管桩的桩位偏差进行控制。水泥土复合管桩的桩径是指以管桩中心为基准的外围水泥土的最小桩径，只要该最小桩径能达到设计要求即可。

6.4.2 桩身完整性检验

桩身完整性与基桩承载力密切相关，桩身完整性有时会严重影响基桩承载力，桩身完整性检测抽样率较高，费用较低，通过检测可减少桩基安全隐患，并可为判定基桩承载力提供参考。

桩身完整性检验应采用现行行业标准《建筑基桩检测技术规范》JGJ 106—2014[3] 中的低应变法。检测桩数不应少于总桩数的 20%，且不得少于 10 根，且每根柱下承台的检测桩数不应少于 1 根。

现场检测时，可分别对水泥土、管桩部分进行低应变检测，水泥土复合管桩的桩身完整性类别判定主要受管桩的桩身完整性控制。

由于水泥土强度低，采用低应变法往往难以达到满意的效果，一般只作为一种试验方法提供工程参考，当对水泥土桩身完整性有怀疑时，建议选择钻芯法进行检验。

工程实践中，在对水泥土复合管桩中管桩部分进行低应变法桩身完整性检测时，管桩低应变时域信号易受外围水泥土的影响，如图 6-1 所示。其中图 6-1 (a) 为置于土中的管桩低应变时域信号；图 6-1 (b) 为水泥土复合管桩中管桩低应变时域信号。研究表明[4]，管桩和水泥土界面粘结强度较高，管桩与水泥土耦合效应明显。当管桩周围水泥土软硬程度出现差异、水泥土外表面形状不规则时，会导致管桩低应变时域信号曲线出现同向反射信号，容易得出缺陷的错误结论。

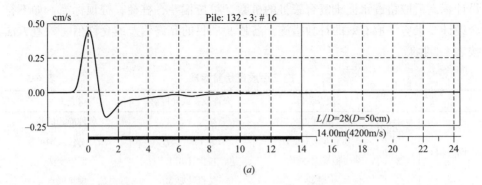

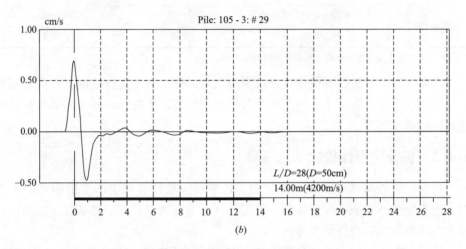

图 6-1 管桩低应变时域信号

（a）管桩-土体系；（b）管桩-水泥土-土体系

因此，采用低应变法判定管桩部分的桩身完整性时，应综合考虑管桩周围水泥土的影响，避免误判。有条件时，建议采用孔内摄像法[5] 对管桩部分的桩身完整性进行检测。

6.4.3 单桩竖向抗压承载力检验

竖向抗压承载力的检验应采用单桩竖向抗压静载试验，检测桩数不应少于同条件下总桩数的 1%，且不应少于 3 根；当总桩数少于 50 根时，不应少于 2 根。

单桩竖向抗压静载试验除应符合现行行业标准《建筑基桩检测技术规范》JGJ 106—2014[3] 的有关规定外，尚应符合下列规定：

（1）检测时宜在桩顶铺设粗砂或中砂找平层，厚度取 20mm～30mm；

（2）找平层上的刚性承压板直径应与水泥土复合管桩的设计直径相一致；

（3）对直径不小于 800mm 的水泥土复合管桩，Q-s 曲线呈缓变型时，单桩竖向极限承载力可取 s/D（D 为水泥土复合管桩直径）等于 0.05 对应的荷载值；

（4）为偏于安全，避免出现桩身材料破坏，按《建筑基桩检测技术规范》JGJ 106—2014[3] 相关规定确定的单桩竖向抗压极限承载力值，其对应的沉降不宜大于 $0.05D$。

6.4.4 单桩竖向抗拔承载力检验

对于承受拔力的水泥土复合管桩，应按现行行业标准《建筑基桩检测技术规范》JGJ 106—2014[3] 的有关规定进行单桩竖向抗拔静载试验。检测桩数不应少于同条件下总桩数的 1%，且不应少于 3 根。

进行单桩竖向抗拔静载试验时，可采用管桩内灌注填芯混凝土并预埋通长抗拔钢筋或管桩底端固定抗拔钢筋（焊接于端板或桩尖上）等方法传递上拔力，如图 6-2 所示，抗拔钢筋种类与数量应通过计算确定。

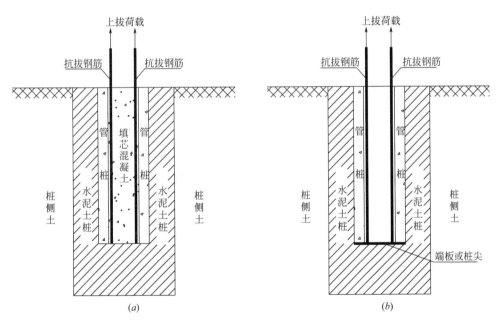

图 6-2 单桩竖向抗拔静载试验示意图
（a）填芯混凝土预埋抗拔钢筋；（b）管桩底端固定抗拔钢筋

6.4.5 单桩水平承载力检验

对于承受水平力较大的水泥土复合管桩，除应按现行行业标准《建筑基桩检测技术规范》JGJ 106—2014[3] 的有关规定进行单桩水平静载试验外，尚应符合下列规定：

（1）检测桩数不应少于同条件下总桩数的 1%，且不应少于 3 根；

（2）水平推力应施加在管桩上；

（3）单桩水平承载力特征值应按水平临界荷载的 0.6 倍取值，且不应大于单桩水平极限承载力的 50%。

水泥土复合管桩与承台采用管桩嵌入承台、管桩填芯混凝土中埋设锚固钢筋的方式连接时，相当于水平荷载施加在管桩上，因此水泥土复合管桩单桩水平静载试验时，水平荷载应施加在管桩上。

水泥土复合管桩是一种新桩型，为偏于安全，结合水平承载机理试验研究结果，单桩水平承载力特征值应同时满足不大于水平临界荷载的 0.6 倍与水平极限承载力的 50% 两个条件。

6.4.6 水泥土质量检验

按现行行业标准《建筑地基处理技术规范》JGJ 79—2012[6] 的有关规定，水泥土质量可采用浅部开挖或轻型动力触探进行检验。浅部开挖的检查数量为总桩数的 5%；轻型动力触探的检验数量为总桩数的 1%，且不少于 3 根。

经浅部开挖或轻型动力触探和静载荷试验对水泥土强度有怀疑时，应采用钻芯法对水泥土强度进行验证检测。钻芯法检测应在成桩 28d 后进行，检验数量为总桩数的 0.5%，且每项单体工程不应少于 6 点。

钻芯法检测时应符合下列要求：

（1）每根受检桩的钻芯孔数量不宜少于 2 个，开孔位置宜在距桩中心 0.25 $(D+d)$ 处均匀对称布置。D 为水泥土复合管桩直径，d 为管桩直径。

（2）应采用单动双管钻具钻取芯样，严禁使用单动单管钻具。

（3）每孔应截取芯样不少于 3 组，每组 3 块试件，桩顶、管桩底端以下 0.5m 范围内及最软弱土层处应截取芯样，其他位置芯样宜等间距截取。

（4）取一组 3 块试件强度的平均值作为该组水泥土芯样试件的抗压强度检测值；同一受检桩同一深度部位有两组或两组以上水泥土芯样试件抗压强度检测值时，取其平均值作为该桩该深度处水泥土芯样试件抗压强度检测值。

（5）取同一受检桩不同深度位置的水泥土芯样试件抗压强度检测值中的最小值，作为该桩水泥土芯样试件抗压强度检测值。

（6）当不具备上述条件时，也可采用结构取芯法在桩顶浅部钻取水泥土芯样，进行水泥土强度测定。每根受检桩至少钻取一组芯样，每组芯样 3 块试件，取抗压强度平均值作为该组水泥土芯样试件的抗压强度检测值。

钻芯法检测因检测桩数少、缺乏代表性，仅适用于对受检单桩的水泥土强度评价，因此成桩质量评价应按单根受检桩进行。

6.5　工程验收

基坑开挖至设计标高后，建设单位应会同施工、监理、设计等单位进行水泥土复合管桩及承台工程验收。由于水泥土复合管桩通过填芯混凝土、锚固钢筋与承台连接，且填芯混凝土及锚固钢筋一般在基坑开挖后与承台同期施工，因此填芯混凝土及锚固钢筋验收可纳入承台工程验收范畴。

6.5.1　水泥土复合管桩验收

水泥土复合管桩验收应在施工单位自检合格的基础上进行，并应具备下列资料：

(1) 岩土工程勘察报告、桩基施工图、图纸会审纪要、设计变更等；

(2) 经审定的施工组织设计、技术交底及执行中的变更单；

(3) 桩位测量放线图，包括工程桩位线复核签证单；

(4) 管桩的出厂合格证、相关技术参数说明、进场验收记录；

(5) 水泥等其他材料的质量合格证、见证取样文件及复验报告；

(6) 施工记录及隐蔽工程验收文件；

(7) 工程质量事故及事故调查处理资料；

(8) 单桩承载力及桩身完整性检测报告；

(9) 基坑挖至设计标高时基桩竣工平面图及桩顶标高图；

(10) 其他必须提供的文件或记录。

6.5.2　承台工程验收

承台工程验收时除应符合现行国家标准《混凝土结构工程施工质量验收规范》GB 50204—2015[7] 的有关规定外，尚应具备下列资料：

(1) 承台钢筋与混凝土、填芯混凝土与锚固钢筋的施工及检查记录；

(2) 桩头与承台的锚筋、边桩离承台边缘距离、承台钢筋保护层记录；

(3) 桩头与承台防水构造及施工质量；

(4) 承台厚度、长度和宽度的量测记录及外观情况描述；

(5) 其他必须提供的文件或记录。

参　考　文　献

[1]　JGJ/T 330—2014.水泥土复合管桩基础技术规程 [S].

［2］ JGJ/T 199—2010.型钢水泥土搅拌墙技术规程［S］.

［3］ JGJ 106—2014.建筑基桩检测技术规范［S］.

［4］ 宋义仲，程海涛等.高喷搅拌水泥土插芯组合桩复合地基技术研究报告［R］.山东省建筑科学研究院，2017.

［5］ CECS 253—2009.基桩孔内摄像检测技术规程［S］.

［6］ JGJ 79—2012.建筑地基处理技术规范［S］.

［7］ GB 50204—2015.混凝土结构工程施工质量验收规范［S］.

7 工程应用实例

7.1 聊城月亮湾工程

7.1.1 工程概况

聊城月亮湾工程 1 号、4 号住宅楼位于山东省聊城市振兴路与向阳路交叉口，均为地上 23 层、地下 2 层，基底标高－7.250m，剪力墙结构。1 号住宅楼东西长 34.9m，南北宽 18.5m；4 号住宅楼东西长 58.0m，南北宽 18.0m。

结构使用年限 50 年，抗震设防烈度为 7 度，采用桩筏基础，地基基础设计等级为乙级，建筑桩基设计等级为乙级。

7.1.2 工程地质与水文地质条件

场地地貌单元属于黄河冲积平原，自然地面标高约－1.300m，勘察揭露深度范围内地基土属第四系全新统沉积物，根据岩性和物理力学性质可分为 12 层，现自上而下分述如下：

① 层杂填土：杂色，稍密，湿，含云母片，上部局部含砖块、灰渣等建筑垃圾，土质不均，性质稍差，场区普遍分布，厚度 1.00m～6.80m，平均 2.23m。

② 层粉土：褐黄色，中密，湿，含云母片，摇振反应中等，干强度低，韧性低，局部土质不均，夹粉质黏土薄层，场区普遍分布，厚度 2.70m～9.00m，平均 7.10m。

②₁ 层粉质黏土：棕褐色，软塑—可塑，含氧化铁，刀切面稍光滑，干强度中等，韧性中等，局部缺失，厚度 0.20m～1.00m，平均 0.52m。

③ 层粉质黏土：棕褐色—灰色，软塑，含氧化铁、有机质，土质不均，较软，局部为黏质粉土，性质稍差，场区普遍分布，厚度 0.30m～1.53m，平均 0.79m。

④ 层粉土：褐黄色，中密，湿，含云母片，含水量较大，摇振反应中等，干强度低，韧性低，场区普遍分布，厚度 1.47m～3.70m，平均 2.92m。

④₁ 层粉质黏土：棕褐色，可塑，含氧化铁，刀切面稍光滑，干强度中等，韧性中等，场区普遍分布，厚度 3.30m～5.80m，平均 5.04m。

⑤ 层粉细砂：褐黄色—褐灰色，中密—密实，饱和，含石英、长石、云母片，场区普遍分布，厚度 13.50m～16.00m，平均 14.74m。

⑥ 层粉质黏土：棕褐色，可塑，含氧化铁，刀切面光滑，干强度中等，韧性中等，场区普遍分布，厚度 1.00m～3.20m，平均 2.20m。

⑦ 层粉土：褐黄色，中密，湿，含云母片，摇振反应中等，干强度低，韧性低，土质均匀，性质稳定，该层下部夹有粉砂，场区普遍分布，厚度 7.10m～10.50m，平均 8.76m。

⑧ 层粉质黏土：棕褐色，可塑—硬塑，含氧化铁，刀切面光滑，干强度中等，韧性中等，场区普遍分布，厚度 1.60m～4.10m，平均 2.49m。

⑨ 层粉砂：褐黄色，密实，饱和，含石英、长石、云母片，场区普遍分布，厚度 4.30m～5.50m，平均 4.82m。

⑩ 层黏土：棕褐色，可塑—硬塑，含氧化铁，刀切面光滑，干强度高，韧性高，场区普遍分布，厚度 3.10m～6.20m，平均 4.85m。

⑪ 层粉土：褐黄色，中密—密实，湿，含云母片，含水量较大，摇振反应中等，干强度低，韧性低，场区普遍分布，厚度 1.70m～3.30m，平均 2.78m。

⑫ 层黏土：棕褐色，可塑—硬塑，含氧化铁，刀切面光滑，干强度高，韧性高，场区普遍分布，未穿透。

本工程场地典型地层剖面及各层土物理力学指标如图 2-6、表 2-4 所示。

地下水属第四系孔隙潜水，含水层主要为粉土、粉砂土，地下水埋深约 3.00m，地下水年变化幅度为 1.00m～2.00m 左右。地下水的主要补给来源为大气降水、河渠水侧补及缓径流，主要排泄方式为大气蒸发及城市用水。地下水对混凝土不具有腐蚀性，对钢筋和钢结构具有弱腐蚀性。

7.1.3 设计

水泥土复合管桩初步设计时，外围水泥土桩直径 1000mm，桩长 20.0m。采用普通硅酸盐水泥，强度等级 42.5，平均掺入量为 500kg/m³，水灰比 1.0，与桩身水泥土配比相同的室内水泥土试块（边长为 70.7mm 的立方体）在标准养护条件下 28d 龄期的立方体抗压强度平均值不得小于 6MPa。水泥土桩中植入的管桩型号为 PHC 400 AB 95，桩长 14m，管桩两端用厚度不小于 1mm 的铁皮封闭，管桩填芯采用 C40 以上的微膨胀混凝土。单桩竖向抗压极限承载力标准值为 6000kN，桩顶标高 −7.200m，为管桩外边缘与筏板底面交点处的标高加 50mm，桩端进入⑤层粉细砂的长度约 10m，其中管桩进入⑤层粉细砂的长度约 3m。

工程桩正式施工前，根据地层与现场条件选择有代表性位置先施工试桩，以确定合理的设计与施工参数，为设计与施工提供依据。1 号、4 号住宅楼共布置了 3 根试桩，由于地下水位高于设计桩顶标高，为便于单桩承载力检测，试桩桩顶标高变更为 −3.200m，同时外围水泥土桩桩长 24m，管桩桩长 18m。设计要求单桩竖向抗压静载试验时，均应加载至桩的承载极限状态甚至破坏，即试验应进行到能判定单桩极限承载力为止。根据试桩的施工情况及单桩静载荷试验结果调整后方可进行其余基桩施工。

聊城月亮湾1号、4号住宅楼试桩编号为试3号、试4号、试5号，它们的竖向荷载-沉降（Q-s）曲线详见图3-2（b），单桩竖向抗压极限承载力检测值分别为6300kN、6600kN、6900kN。按《建筑基桩检测技术规范》JGJ 106—2014[1]第4.4.3条规定，为设计提供依据的聊城月亮湾1号、4号住宅楼试桩，其单桩竖向抗压极限承载力为6600kN。试桩试验前后对比如图7-1所示，从中可看出聊城月亮湾1号、4号住宅楼试桩在最大竖向荷载作用下，破坏形式为桩头材料破坏，说明桩周土阻力提供承载力大于桩身结构承载力。

(a) (b)

图 7-1　试桩试验前后对比

（a）试验前桩头成型情况；（b）试验后破坏情况

针对试桩的施工情况及单桩静载试验结果，山东省建筑科学研究院会同相关单位邀请设计、图审等方面专家在济南组织了聊城月亮湾1号、4号住宅楼水泥土复合管桩项目应用论证会。经技术论证，形成的专家意见主要内容如下：水泥土复合管桩课题组经过大量的理论分析与现场足尺模型试验，并在聊城月亮湾1号、4号住宅楼工程现场试桩，经检测单桩承载力满足设计要求。该桩型能充分发挥水泥土桩桩侧阻力大和高强预应力管桩桩身强度高等各自的性能优势，性价比高、节能环保，符合国家产业政策。设计单位应根据如下专家意见进行修改与调整：

（1）为了提高桩身结构承载力安全储备，确保工程安全，建议根据本工程桩基检测报告和设计条件调整水泥土复合管桩中的芯桩规格。

（2）水泥土复合管桩的布桩间距不宜小于2.5倍桩径（指水泥土桩外径）。

（3）管桩内需通长灌注不低于C40强度等级的混凝土。

（4）桩头部位预应力管桩周边水泥土范围内宜做素混凝土垫层。

根据以上项目应用专家论证会意见，设计单位出具了聊城月亮湾1号、4号住宅楼水泥土复合管桩基础施工图，两栋楼共布置240根水泥土复合管桩，其中1号住宅楼104根、4号住宅楼136根，最小桩间距2.5m，桩位布置如图7-2、图7-3所示。在工程桩施工中将管桩规格由PHC 400 AB 95变更为PHC 500 AB 100，

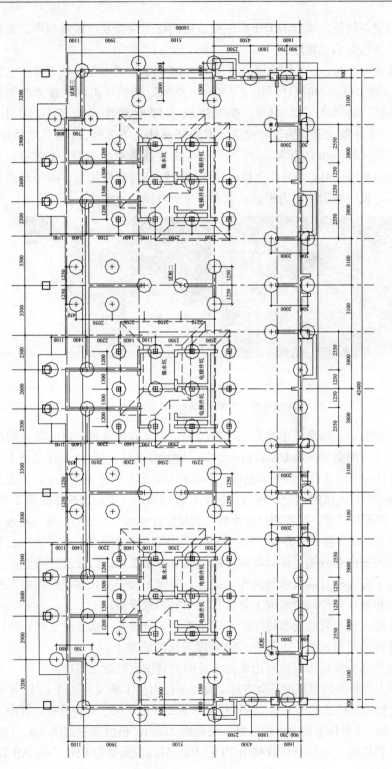

图 7-2　聊城月亮湾工程 1 号住宅楼桩位布置图

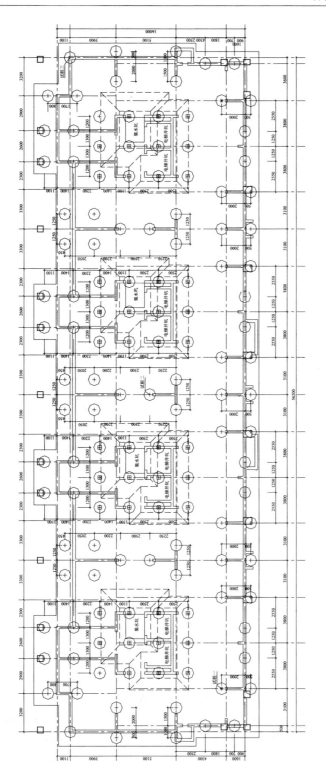

图 7-3 聊城月亮湾工程 4 号住宅楼桩位布置图

221

电梯井处更换为 PHC 500 AB 125，并在其内腔通长填入 C40 强度等级的微膨胀混凝土，外围水泥土桩桩长变更为 21.0m，工程桩单桩竖向抗压极限承载力标准值仍为 6000kN，其余设计参数均保持不变。

筏板厚度 900mm，顶标高为 −6.350m，混凝土强度等级为 C35，筏板下设置强度等级为 C15 的混凝土垫层，厚度 100mm。水泥土复合管桩与筏板采用管桩嵌入筏板 50mm、管桩填芯混凝土中埋设锚固钢筋的方式连接，如图7-4所示。

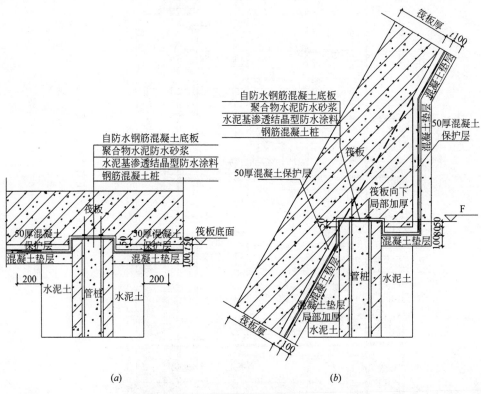

(a)　　　　　　　　　　　　(b)

图 7-4　水泥土复合管桩与筏板连接方式

(a) 一般情况；(b) 电梯井与集水坑倾斜筏板情况

桩基开挖后应进行单桩静载荷试验及桩身质量抽查检测，经有关单位联合认可该桩基符合要求后才能进行下一步施工。为便于工程桩单桩承载力验收检测，施工时桩顶标高提高至 −4.200m，外围水泥土桩桩长 24m，管桩桩长 17m，验收检测时单桩竖向抗压极限承载力标准值为 7000kN。聊城月亮湾 1 号、4 号住宅楼各选择 3 根工程桩进行验收检测，静载试验时不得加载至破坏。此外在这两栋住宅楼内非工程桩位各施工 1 根试桩，设计参数与做验收检测的工程桩相同。

7.1.4 施工

本工程水泥土复合管桩施工采用组合式桩机，包括两台水泥土桩施工机械、一台管桩施工机械。水泥土桩施工机械为改造型桩机，如图 5-1（a）所示，管桩施工机械为 ZYJ680 型静压桩机。相关施工设备型号与用途如表 7-1 所示。

施工设备型号与用途   表 7-1

序号	设备名称	设备型号	单位	数量	用途
1	水泥土桩施工机械	改造型	台	2	水泥土桩施工
2	注浆泵	GZB100	台	2	
3	空气压缩机	VF-6/7-A	台	2	
4	立式搅拌筒	$\Phi150\times120$	台	4	制备水泥浆
5	静力压桩机	ZYJ680	台	1	管桩施工
6	CO_2 保护焊机	NBC-500	台	1	

聊城月亮湾 1 号、4 号住宅楼水泥土复合管桩施工包括高喷搅拌水泥土桩施工和同心植入管桩两个步骤，具体施工工艺流程、各流程工作内容及控制要点详见 5.4.2 施工工艺部分。根据本工程工艺性试验及试桩的施工情况，水泥土桩施工时应符合下列技术要求：

（1）水泥土桩桩位放线偏差不得大于 1cm，施工偏差不得大于 3cm，垂直度偏差不得超过 1.0%，桩径不得小于设计直径。

（2）水泥土的桩顶、桩底标高利用精度为 DS_3 级的水准仪控制，桩顶标高偏差不得大于 5cm，桩底深度不得小于设计值。

（3）所使用水泥均应过筛，制备好的浆液不得离析，泵送必须连续，水泥用量、泵送时间、喷浆量、喷浆压力、施工深度、钻进与提升速度等均应有专人记录。

（4）水泥土桩施工采用下沉—提升一个循环以及局部复喷复搅工艺。为了保证桩身搅拌均匀、减小返浆量，在钻进下沉过程中采用低压力、小流量喷浆，避免喷嘴堵塞；提升与复搅复喷过程中则采用高压力、大流量喷浆，控制成桩直径及水泥土搅拌均匀程度。水泥土桩施工参数为：水灰比 1.0，水泥掺入量平均为 $500kg/m^3$，喷浆压力下沉时 2MPa，上提时不小于 11MPa，气压 0.6MPa～0.7MPa，提速 20cm/min～25cm/min，转速 23r/min。

（5）施工中如因故停浆，应将喷头提升至停浆点以上 1m 或将喷头下沉停浆点以下 1m 处，待恢复供浆后再喷浆钻进或提升；如因故停气则必须立刻停止喷浆，待恢复喷气后再行施工。若停机超过三个小时，宜清洗输浆管路。

管桩是施工在水泥土桩中心的，为了使二者有效复合，确保水泥土复合管桩的单桩承载力，则必须保证二者中心重合、合理掌握管桩植入时机等技术要求。

为此，管桩施工时需符合以下技术要求：

（1）植桩时间间隔

为了防止植入管桩时造成外围水泥土开裂或植桩不到位，影响成桩质量，控制水泥土桩施工完成与管桩植入完成之间的时间间隔为 1 小时，最大不宜超过 2 小时。

（2）桩位偏差

施工时均应控制水泥土桩与管桩的桩位偏差、垂直度，但以控制管桩桩位偏差为主，在竣工验收时以管桩为中心测量水泥土复合管桩有效桩径达到设计要求即可。本工程管桩施工时要求其压入水泥土桩中心位置，偏差不得大于 1cm，并且桩架与高强预应力管桩垂直度偏差不得超过 0.5%。

统计本工程 240 根水泥土复合管桩施工效率（包括水泥土桩施工和管桩施工）为 1.45m/h～7.64m/h，平均为 4.84m/h。该地区同等长度钻孔灌注桩采用正循环法施工时的效率为 2.0m/h～2.6m/h；采用潜水钻机施工时的效率为 5.0m/h～6.7m/h。由此可见，水泥土复合管桩组合式桩机施工效率与同地区钻孔灌注桩施工效率相当，随着施工机械性能优化以及工人熟练程度提高，施工效率会得到进一步提高。

7.1.5 质量检验

按设计要求，对施工完成后的工程桩以及在这两栋住宅楼内非工程桩位施工的试桩进行单桩竖向抗压承载力静载荷检测。试验时首先在水泥土复合管桩桩头铺设 20mm～30mm 厚中粗砂找平层，然后再铺设直径 1000mm 的刚性承压板施加竖向荷载。工程桩检测数量每栋楼各 3 根，桩施工图编号分别为 1-9 号、1-58 号、1-88 号、4-11 号、4-73 号、4-104 号，单桩竖向抗压极限承载力检测值分别为 7700kN、7700kN、7700kN、7000kN、7700kN、7700kN。试桩检测数量每栋楼各 1 根，桩施工图编号分别为 1-105 号、4-137 号，单桩竖向抗压极限承载力检测值分别为 9519kN、7220kN。以上所有水泥土复合管桩的竖向荷载-沉降（Q-s）曲线如图 7-5 所示，它们的单桩竖向抗压极限承载力检测值均大于 7000kN 的设计要求。

工程桩桩身完整性检验采用低应变法，检测桩数不应少于总桩数的 20%，且不得少于 10 根，且每根柱下承台的检测桩数不应少于 1 根。图 7-6 为水泥土复合管桩中的管桩桩身完整性低应变法检测时域信号曲线，桩身无明显缺陷反射波，桩身完整性类别为 I 类。

聊城月亮湾 1 号、4 号住宅楼基坑开挖至设计标高后，水泥土复合管桩成型情况如图 7-7 所示，对水泥土复合管桩的桩数、桩位偏差、桩径、桩顶标高进行检验。在实测成桩直径时，以管桩外沿为基准，实测管桩外侧水泥土的有效宽度

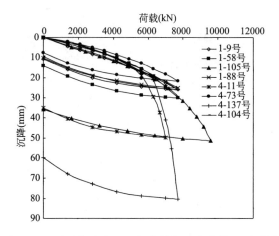

图 7-5 聊城月亮湾水泥土复合管桩竖向荷载-沉降曲线

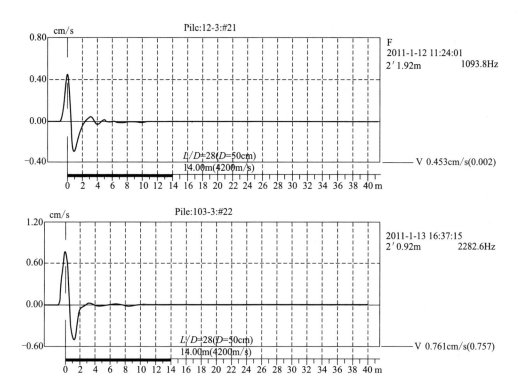

图 7-6 低应变法检测时域信号曲线

均大于 250mm，说明水泥土复合管桩的成桩直径均满足 1000mm 的设计要求。水泥土复合管桩的桩位偏差通过量测管桩的桩位偏差进行控制。实测桩位偏差均不大于 100mm，在现行行业标准《水泥土复合管桩基础技术规程》JGJ/T 330—2014[2] 规定的桩位允许偏差范围内。

225

图 7-7 水泥土复合管桩成型情况

自 2011 年 5 月聊城月亮湾 1 号、4 号住宅楼主体结构施工即开始沉降观测，共布置 18 个沉降观测点。截至 2014 年 10 月 12 日，这两栋住宅楼均已交付使用，各观测点的沉降量及相邻观测点倾斜变形值如图 7-8、图 7-9 所示。1 号住宅楼沉降量为 9.40mm～29.07mm，平均沉降量为 19.66mm，相邻观测点倾斜为 0.07‰～1.19‰；4 号住宅楼沉降量为 15.43mm～33.35mm，平均沉降量为 23.04mm，相邻观测点倾斜为 0.05‰～0.78‰。聊城月亮湾 1 号、4 号住宅楼的

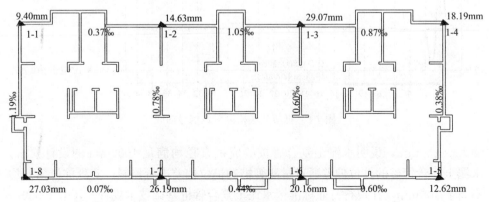

图 7-8 聊城月亮湾 1 号住宅楼沉降观测

沉降量与倾斜均小于《建筑桩基技术规范》JGJ 94—2008[3] 规定的建筑桩基沉降变形允许值。

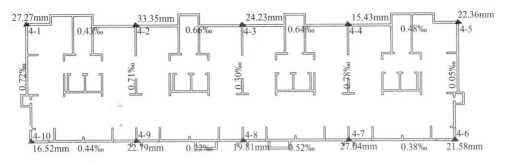

图 7-9 聊城月亮湾 4 号住宅楼沉降观测

7.2 聊城大学城东苑工程

7.2.1 工程概况

聊城大学城东苑工程 8 号、11 号、14 号、16 号、18 号、21 号、22 号楼位于山东省聊城市长江路与华山路交叉口西南角，均为地上 28 层、地下 3 层，±0.000 对应绝对标高 40.000m，剪力墙结构，结构使用年限 50 年，抗震设防烈度为 7 度，采用桩筏基础，地基基础设计等级为甲级，建筑桩基设计等级为甲级。各楼座平面尺寸如表 7-2 所示。

楼座平面尺寸 表 7-2

楼　　号	平面尺寸(m²)
8 号	43.1×16.3
11 号	51.4×17.1
14 号	51.4×17.1
16 号	51.4×17.1
18 号	48.3×15.7
21 号	52.5×16.3
22 号	52.5×16.9

7.2.2 工程地质与水文地质条件

场地地貌单元属于鲁西黄河冲积平原，原为耕地及拆迁场地，场地较平坦，地面绝对标高约 32.500m，相对标高约－7.500m，勘察揭露深度范围内地基土属第四系全新统沉积物，根据岩性和物理力学性质可分为 10 层，现自上而下分述如下：

①层耕土：杂色，松散，主要为生活垃圾及植物根系，场区普遍分布，厚度 0.30m～0.80m，平均 0.54m。层底埋深：0.30m～0.80m，平均 0.54m。

②层粉土：黄褐色，中密，稍湿到很湿，韧性低、摇振反应中等，场区普遍分布，厚度 1.50m～3.40m，平均 2.47m。层底埋深：2.00m～4.00m，平均 3.00m。

③层粉质黏土：灰褐色，可塑，干强度中等、韧性中等，场区普遍分布，厚度 0.40m～1.70m，平均 0.86m。层底埋深：3.40m～4.80m，平均 3.87m。

④层粉土：黄褐色—灰褐色，中密，湿，摇振反应中等，干强度低，韧性低，场区普遍分布，厚度 0.40m～4.40m，平均 2.55m。层底埋深：3.90m～8.20m，平均 6.42m。

⑤层粉砂：黄褐色—灰褐色，饱和，中密—密实，含石英、云母片，场区普遍分布，厚度 2.70m～7.10m，平均 4.70m。层底埋深：10.50m～12.30m，平均 11.12m。

⑥层粉质黏土：灰褐色，可塑，干强度中等，韧性中等，稍有光泽，局部有粉土夹层，场区普遍分布，厚度 1.50m～2.90m，平均 2.22m。层底埋深：12.70m～14.20m，平均 13.35m。

⑦层粉细砂：黄褐色，饱和，中密—密实，含石英、云母片，顶部有薄层粉土，场区普遍分布，厚度 19.60m～23.20m，平均 21.62m。层底埋深：33.50m～36.50m，平均 34.97m。

⑧层粉土夹粉质黏土：以粉土为主，局部夹杂少量粉质黏土。粉土，黄褐色，很湿，密实，摇振反应中等。粉质黏土，褐色，可塑，稍有光泽，干强度高，韧性高。场区普遍分布，厚度 6.20m～9.50m，平均 7.40m。层底埋深：41.40m～43.50m，平均 42.37m。

⑨层粉质黏土：褐色，硬塑，干强度高，韧性高，稍有光泽，含铁锰结核，场区普遍分布，厚度 6.80m～11.70m，平均 8.56m。层底埋深：50.00m～54.60m，平均 50.93m。

⑩层细砂：褐色，饱和，密实，含石英、云母片。该层未穿透。

本工程场地典型地层剖面及各层土物理力学指标如图 7-10、表 7-3 所示。

勘区内的地下水按埋藏条件为第四系孔隙潜水，含水层主要为粉土、粉砂土，地下水埋深约 6.00m，年变化幅度为 1.00m～2.00m 左右。地下水的主要补给来源为大气降水，主要排泄方式为地表蒸发、人工抽取。地下水对混凝土结构为微腐蚀性，对混凝土结构中的钢筋为微腐蚀性。

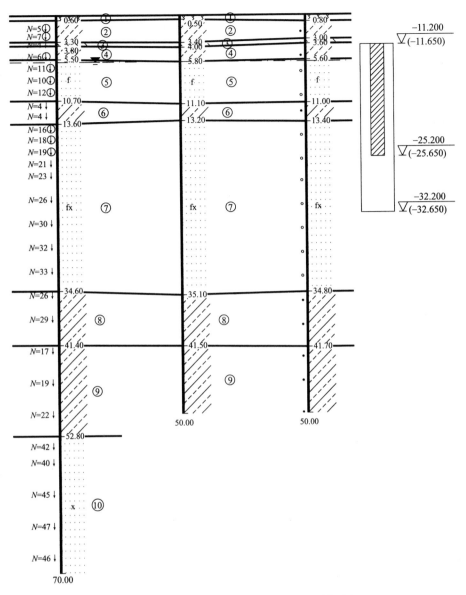

图 7-10 聊城大学城东苑工程典型地层剖面图

聊城大学城东苑工程地基土物理力学指标　　　　　表 7-3

土层	w (%)	γ (kN/m³)	e	w_L (%)	w_P (%)	C (kPa)	φ (°)	N (击)	E_s (MPa)
②粉土	27.7	18.5	0.824	—	—	6.6	31.4	5.2	7.2
③粉质黏土	32.6	17.9	0.978	36.9	23.3	23.1	12.9	3.5	4.5
④粉土	28.5	18.8	0.808	—	—	5.8	31.4	7.1	7.3

续表

土层	w (%)	γ (kN/m³)	e	w_L (%)	w_P (%)	C (kPa)	φ (°)	N (击)	E_s (MPa)
⑤粉砂	—	—	—	—	—	—	—	13.9	22.0
⑥粉质黏土	33.6	18.2	0.953	37.9	24.1	23.9	12.9	4.1	4.6
⑦粉细砂	—	—	—	—	—	—	—	24.9	22.0
⑧粉土夹粉质黏土	27.9	19.4	0.748	40.1	26.7	13.2	21.9	17.7	8.9
⑨粉质黏土	29.4	19.2	0.793	39.6	26.5	31.2	12.0	14.1	7.5
⑩细砂	—	—	—	—	—	—	—	33.9	22.0

7.2.3 设计

水泥土复合管桩设计时，外围水泥土桩直径 1000mm，桩长 21.0m。采用普通硅酸盐水泥，强度等级 42.5，平均掺入量为 500kg/m³，水灰比 1.0，与桩身水泥土配比相同的室内水泥土试块（边长为 70.7mm 的立方体）在标准养护条件下 28d 龄期的立方体抗压强度平均值不得小于 6MPa。水泥土桩中植入的管桩型号为 PHC 500 AB 100，桩长 14m，管桩两端用厚度不小于 1mm 的铁皮封闭。基坑开挖至设计标高后，在管桩内腔通长填入 C40 以上的微膨胀混凝土。

水泥土复合管桩桩顶标高为管桩外边缘与筏板底面交点处的标高加 100mm。聊城大学城东苑工程 8 号、11 号、14 号、16 号、18 号楼的桩顶标高为 −11.200m，桩底标高为 −32.200m；21 号、22 号楼的桩顶标高为 −11.650m，桩底标高为 −32.650m。水泥土复合管桩在本工程典型地层剖面中的位置如图 7-10 所示，图中括号内标高为 21 号、22 号楼，其他标高为 8 号、11 号、14 号、16 号、18 号楼。从图 7-10 中可看出水泥土复合管桩的桩端进入⑦层粉细砂的长度约 11m，其中管桩进入⑦层粉细砂的长度约 4m。设计要求工程桩单桩竖向抗压极限承载力标准值为 6400kN，相应单桩竖向抗压承载力特征值为 3200kN。

聊城大学城东苑工程 7 栋楼共布置 784 根水泥土复合管桩，其中 8 号楼 100 根、11 号楼 114 根、14 号楼 115 根、16 号楼 115 根、18 号楼 106 根、21 号楼 117 根、22 号楼 117 根，最小桩间距 2.5m，桩位布置如图 7-11 所示。

桩基施工时，应先施工为设计与施工提供依据的试桩，以确定合理的施工参数。在 8 号、14 号、16 号、18 号楼座内非工程桩位处各布置 1 根试桩，设计要求单桩竖向抗压静载试验时，均应加载至桩的承载极限状态甚至破坏。根据试桩的施工情况及单桩静载荷试验结果调整后方可进行其余基桩施工。工程桩单桩竖向抗压承载力静载验收检测时不得加载至破坏，检测桩数不应少于同条件下总桩数的 1‰，且不应少于 3 根。对于 8 号、14 号、16 号、18 号楼，每栋楼工程桩静载验收检测数量为 2 根。为便于单桩承载力静载检测，所有静载试验桩的外围

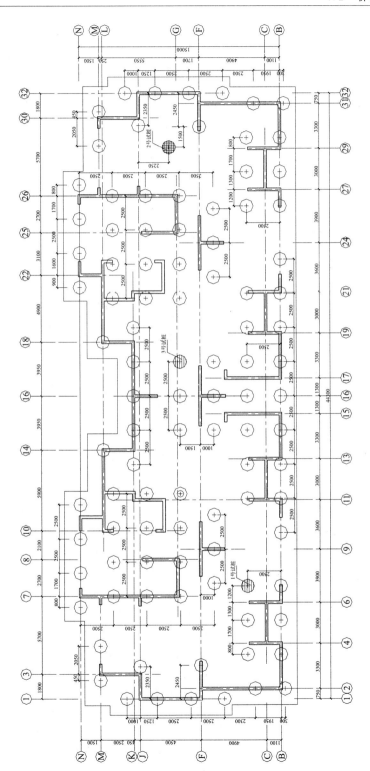

(a) 8号楼

图 7-11 聊城大学城东苑工程桩位布置图(一)

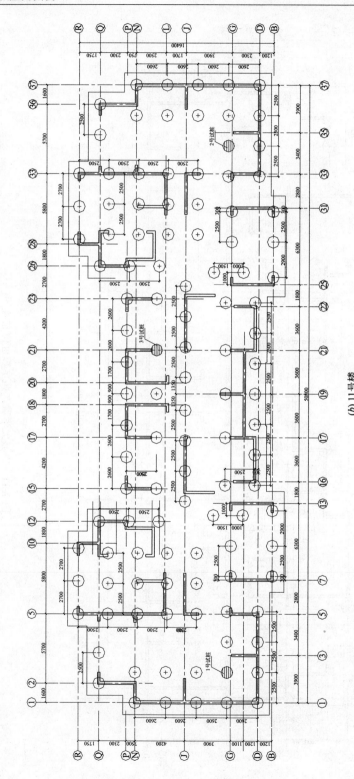

(b) 11号楼

图 7-11 聊城大学城东苑工程桩位布置图(二)

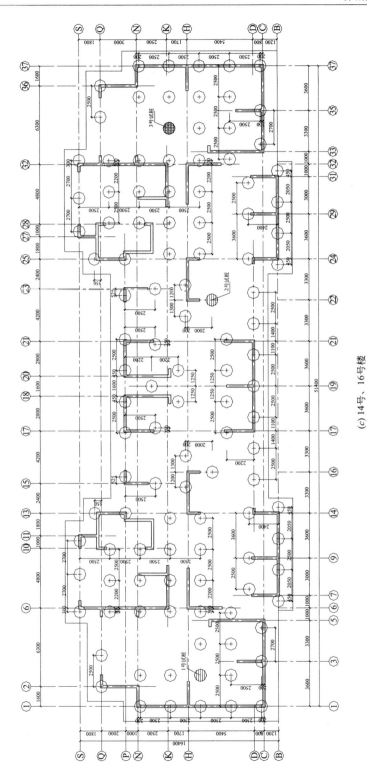

(c)14号、16号楼

图 7-11 聊城大学城东苑工程桩位布置图（三）

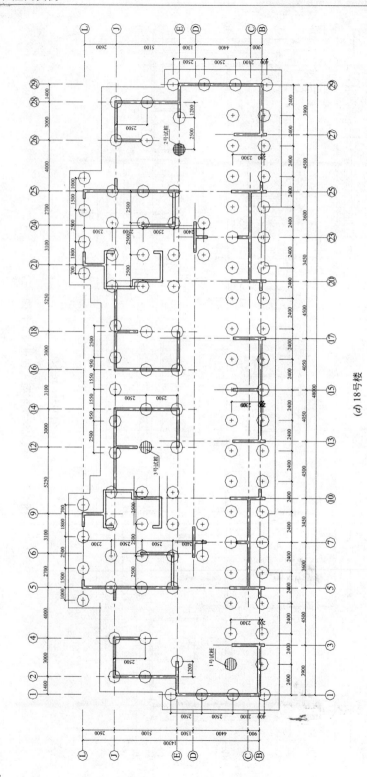

(d) 18号楼

图 7-11 聊城大学城东苑工程桩位布置图（四）

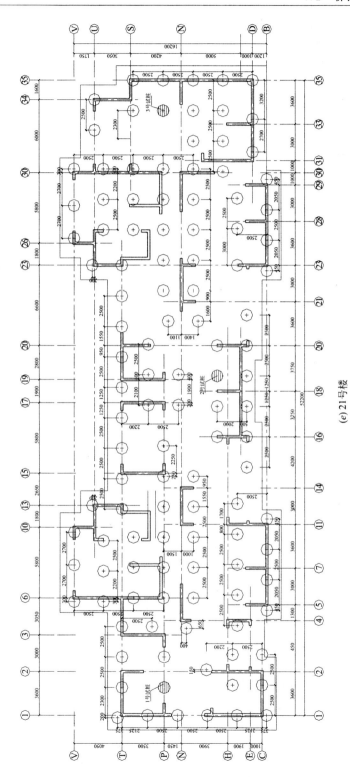

(e) 21号楼

图 7-11 聊城大学城东苑工程桩位布置图（五）

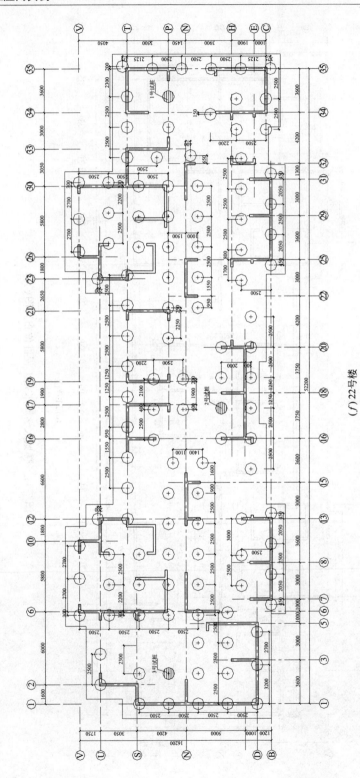

（f）22号楼

图 7-11 聊城大学城东苑工程桩位布置图（六）

水泥土桩桩长 24m，管桩桩长 17m，桩顶标高比原设计标高提高了 3m，桩底标高保持不变。设计要求静载试验桩单桩竖向抗压极限承载力标准值为 7300kN，相应单桩竖向抗压承载力特征值为 3650kN。

筏板厚度 1100mm，混凝土强度等级为 C35，筏板下设置强度等级为 C15 的混凝土垫层，厚度 100mm。水泥土复合管桩与筏板采用管桩嵌入筏板 100mm、管桩填芯混凝土中埋设锚固钢筋的方式连接。

7.2.4 施工

本工程水泥土复合管桩施工采用组合式桩机和整体式桩机。组合式桩机包括两台水泥土桩施工机械、一台管桩施工机械，其中水泥土桩施工机械为改造型桩机，如图 5-1 (a) 所示，管桩施工机械为 ZYJ680 型静压桩机。整体式桩机为两台 XJUD108 型桩机，具备完成水泥土桩施工和将管桩同心植入水泥土桩两种功能，如图 5-2 所示。相关施工设备型号与用途如表 7-4 所示。

施工设备型号与用途　　　　　　　　　表 7-4

序号	设备名称	设备型号	单位	数量	用途
1	水泥土桩施工机械	改造型	台	2	
2	整体式桩机	XJUD108	台	2	
3	注浆泵	GZB100	台	2	水泥土桩施工
4	注浆泵	XPB-90EX	台	2	
5	空气压缩机	LGY-7.5/13	台	4	
6	立式搅拌筒	$\phi150\times120$	台	8	制备水泥浆
7	静力压桩机	ZYJ680	台	1	管桩施工
8	CO_2 保护焊机	NBC-500	台	1	

根据工程施工条件及设计文件，本工程施工重点及难点在于确保水泥土复合管桩的桩身质量及单桩承载力满足设计要求。为此，项目部根据工艺性试验制定了水泥土复合管桩的施工工艺参数及其质量控制措施，现简述如下：

水泥土复合管桩基本施工流程：水泥土桩施工→封闭管桩两端→植入管桩施工。本工程管桩植入水泥土采用静压与振动两种施工工艺。水泥土桩施工采用下沉—提升—下沉—提升两个循环以及局部复喷复搅工艺。为了保证成桩直径及水泥土搅拌均匀，在钻进下沉、提升及复搅复喷过程中均采用高压力、大流量喷浆。根据工艺性试验结果，初步确定水泥土桩施工参数为：水灰比为 1.0，水泥掺入量平均为 500kg/m³，喷浆压力 16MPa ～ 24MPa，气压 0.85MPa ～ 1.05MPa，提速 30cm/min～40cm/min，转速 23r/min。在工程桩施工过程中应根据地层条件及施工经验优化施工参数。

（1）水泥土桩施工质量控制

水泥土桩施工质量控制包括水泥质量检验、水泥掺量、桩径、垂直度等。

每批次水泥经检验合格后方能使用，且不得使用受潮结块的水泥。

钻头下沉与提升速度、浆泵流量、设备故障等均会影响水泥掺量，一般情况下多导致水泥掺量增多。每天开工与结束前，调试设备至最佳状态，施工期间注意异常现象并及时维修处理。

严格按照工艺性试验确定的参数进行施工，在较硬土层或桩下部可采用提高喷浆压力或降低提升速度的措施，保证成桩直径能达到设计要求。

水泥土桩桩位放线偏差不得大于 1cm，施工偏差不得大于 3cm，垂直度偏差不得超过 1.0%。水泥土桩施工时，可采用桩机自带垂直度控制仪和设置线坠两种方式控制其垂直度。线坠控制方式为：距离施工桩位 10m～20m 处，在相互垂直的两个方向设置两个线坠，通过控制水泥土桩机桩架的垂直度间接控制水泥土桩垂直度。水泥土桩施工全过程应安排专人监测桩架垂直度，并随时调整。

（2）管桩植入施工质量控制

管桩施工质量控制包括垂直度、桩位、植桩时间间隔等。

管桩植入前，一方面利用桩机自带垂直度仪控制，对于组合式桩机，则为静压桩机的水准泡；另一方面，采用线坠控制，底端偏差距离不得超过 5cm～7cm。在管桩植入前 3m 时，需实时监测控制垂直度，并随时调整。

对于 XJUD108 型整体式机械，通过旋转桩架 90°进行管桩定位；对于组合式机械，管桩植入前采用全站仪进行二次定位。

设计要求管桩宜在水泥土桩施工完成后 2h 内植入，影响植桩时间间隔的因素包括管桩对中调直、接桩、沉桩等。对于整体式机械，通过旋转桩架定位管桩并开始植入施工，操作方便，能够保证植桩时间间隔满足设计要求，但应注意加快喂桩速度。对于组合式机械，水泥土桩机后退式施工，静压桩机紧跟着进行管桩植入。水泥土桩施工完成前，应完成管桩植入准备工作，包括封底、吊桩、支全站仪等。水泥土桩机退出施工桩位后，立即挪动静压桩机定位压入管桩。水泥土桩成桩与管桩植入配合时，由专人指挥协调。

工程桩中使用的管桩为单节管桩，无接桩时间影响；试桩中使用的管桩为两节管桩，应在保证接桩质量的前提下加快接桩速度，减少管桩植入时间间隔。

7.2.5 质量检验

按设计要求，对聊城大学城东苑工程 8 号、14 号、16 号、18 号楼座内非工程桩位施工的试桩以及施工完成后的工程桩进行单桩竖向抗压承载力静载荷检测，各试验桩的竖向荷载-沉降（Q-s）曲线如图 7-12 所示，试验结果详见表 7-5。

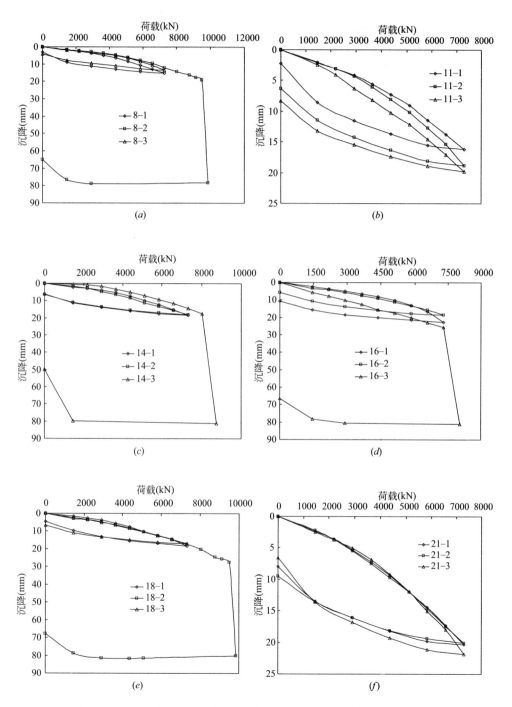

图 7-12　聊城大学城东苑工程水泥土复合管桩竖向荷载-沉降曲线（一）

（a）8 号楼；（b）11 号楼；（c）14 号楼；（d）16 号楼；（e）18 号楼；（f）21 号楼

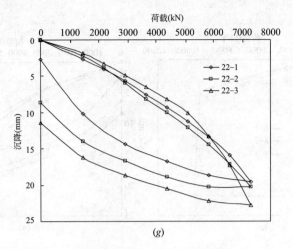

图 7-12　聊城大学城东苑工程水泥土复合管桩竖向荷载-沉降曲线（二）

（g）22 号楼

聊城大学城东苑工程水泥土复合管桩静载试验结果　　　　表 7-5

楼号	试验桩编号	单桩竖向抗压极限承载力（kN）	基桩类型及试验后状态
8 号楼	8-1	7300	工程桩，完好
	8-2	9490	试桩，已加载至破坏
	8-3	7300	工程桩，完好
11 号楼	11-1	7300	工程桩，完好
	11-2	7300	工程桩，完好
	11-3	7300	工程桩，完好
14 号楼	14-1	7300	工程桩，完好
	14-2	7300	工程桩，完好
	14-3	8030	试桩，已加载至破坏
16 号楼	16-1	7300	工程桩，完好
	16-2	7300	工程桩，完好
	16-3	7300	试桩，已加载至破坏
18 号楼	18-1	7300	工程桩，完好
	18-2	9490	试桩，已加载至破坏
	18-3	7300	工程桩，完好
21 号楼	21-1	7300	工程桩，完好
	21-2	7300	工程桩，完好
	21-3	7300	工程桩，完好
22 号楼	22-1	7300	工程桩，完好
	22-2	7300	工程桩，完好
	22-3	7300	工程桩，完好

以上所有静载试验桩的单桩竖向抗压极限承载力为 7300kN～9490kN，均满足 7300kN 的设计要求。做破坏性试验桩均为桩身材料破坏，说明桩周土阻力提供承载力大于桩身材料强度提供承载力。

工程桩验收采用低应变法对水泥土复合管桩中的管桩进行桩身完整性检验，如图 7-13 所示，无明显缺陷反射波，桩身完整性类别为Ⅰ类。

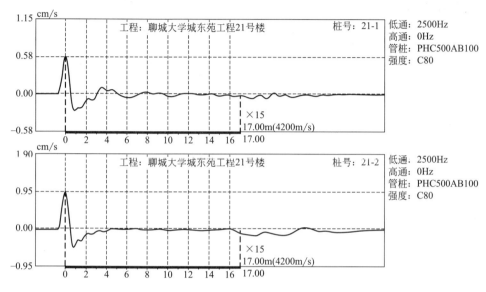

图 7-13　低应变法检测时域信号曲线

基坑开挖至设计标高后，水泥土复合管桩成型情况如图 7-14 所示。以管桩外沿为基准，实测管桩外侧水泥土的有效宽度均大于 250mm，说明水泥土复合

图 7-14　水泥土复合管桩成型情况

管桩的成桩直径均满足 1000mm 的设计要求。实测桩位偏差均不大于 100mm，在现行行业标准《水泥土复合管桩基础技术规程》JGJ/T 330—2014[2] 规定的桩位允许偏差范围内。

截至 2015 年 11 月，聊城大学城东苑工程各栋楼沉降观测结果如表 7-6 所示，累计沉降量与倾斜均小于《建筑桩基技术规范》JGJ 94—2008[3] 规定的建筑桩基沉降变形允许值。

聊城大学城东苑工程各栋楼沉降观测结果   表 7-6

楼号	已施工层数	观测周期	累计沉降（mm）
8 号	18	1 年零 1 个月	13.97～15.20
11 号	20	1 年零 1 个月	15.31～16.21
14 号	20	1 年零 1 个月	15.42～16.59
16 号	20	1 年零 1 个月	14.86～16.36
18 号	15	10 个月	11.71～13.33
21 号	15	10 个月	11.39～13.00
22 号	22	1 年零 4 个月	19.16～20.64

7.3 金柱绿城工程

7.3.1 工程概况

金柱绿城工程 24 号、28 号、30 号楼位于山东省聊城市兴华路与恒昌商业街交叉口，均为主体地上 30 层，另有屋顶机房层 1 层，主楼地下 2 层，±0.000 对应绝对标高 33.450m，剪力墙结构，结构使用年限 50 年，抗震设防烈度为 7 度，采用桩筏基础，地基基础设计等级为甲级，建筑桩基设计等级为甲级。各楼座平面尺寸均为 50.3m×18.8m。

7.3.2 工程地质与水文地质条件

场地所处地貌单元属于鲁西黄河冲积平原，场地较平坦，地面绝对标高约 31.950m，自然地面标高约 −1.500m，勘察揭露深度范围内地基土属第四系全新统沉积物，根据岩性和物理力学性质可分为 12 层，现自上而下分述如下：

① 层杂填土：杂色，主要由建筑垃圾组成，场区普遍分布，厚度 1.30m～1.80m，平均 1.52m。层底埋深：1.30m～1.80m，平均 1.52m。

② 层粉质黏土：褐色，可塑，中等韧性，中等干强度，局部有粉土夹层，场区普遍分布，厚度 0.70m～2.70m，平均 1.56m。层底埋深：2.40m～4.20m，平均 3.09m。

③ 层粉土：黄褐色，稍密，很湿，摇振反应迅速，局部夹薄层粉质黏土，

场区普遍分布，厚度1.70m～3.90m，平均2.89m。层底埋深：4.90m～6.70m，平均5.98m。

④层粉质黏土：灰褐色，可塑，中等干强度，中等韧性，局部有粉土夹层，场区普遍分布，厚度0.50m～8.30m，平均2.85m。层底埋深：6.30m～14.60m，平均8.82m。

⑤层粉土：黄褐色，饱和，稍密，很湿，摇振反应迅速，局部夹薄层粉质黏土，场区普遍分布，厚度0.70m～4.60m，平均2.23m。层底埋深：8.80m～16.40m，平均11.05m。

⑥层粉质黏土：灰褐色，可塑，中等干强度，中等韧性，场区普遍分布，厚度0.60m～8.20m，平均3.08m。层底埋深：10.00m～22.00m，平均14.13m。

⑦层粉细砂：黄褐色，饱和，密实，含石英，长石，下部颗粒较细近似粉土，场区普遍分布，厚度3.20m～32.30m，平均17.68m。层底埋深：17.00m～45.30m，平均32.93m。

⑦₁层粉质黏土：灰褐色，硬塑，高干强度，高韧性，场区普遍分布，厚度0.90m～4.30m，平均2.27m。层底埋深：29.70m～32.40m，平均30.62m。

⑧层粉质黏土：灰褐色，可塑，高干强度，高韧性，局部有粉土夹层，场区普遍分布，厚度2.60m～4.10m，平均3.34m。层底埋深：47.50m～48.40m，平均47.94m。

⑨层粉细砂：黄褐色，饱和，密实，含石英、长石，场区普遍分布，厚度1.90m～7.00m，平均3.32m。层底埋深：50.00m～55.30m，平均51.27m。

⑩层粉质黏土：褐色，可塑，高干强度，高韧性，场区普遍分布，厚度3.80m～4.70m，平均4.43m。层底埋深：57.40m～58.50m，平均58.15m。

⑪层粉土：褐黄色，湿，密实，低韧性，低干强度，摇振反应中等，场区普遍分布，厚度1.90m～3.20m，平均2.82m。层底埋深：60.40m～61.50m，平均60.97m。

⑫层粉质黏土：灰褐色，坚硬，稍有光泽，高干强度，高韧性，含砂姜，未穿透。

本工程场地典型地层剖面及各层土物理力学指标如图7-15、表7-7所示。

勘区内的地下水按埋藏条件为第四系孔隙潜水，含水层主要为粉土、粉细砂层，勘探期间，地下水埋深约3.00m，地下水年变化幅度为1.00m～2.00m左右。地下水主要以大气降水为主要补给来源，以地表蒸发、人工抽取为排泄方式。综合评价地下水和土对混凝土结构为微腐蚀性，对混凝土结构中的钢筋为微腐蚀性。

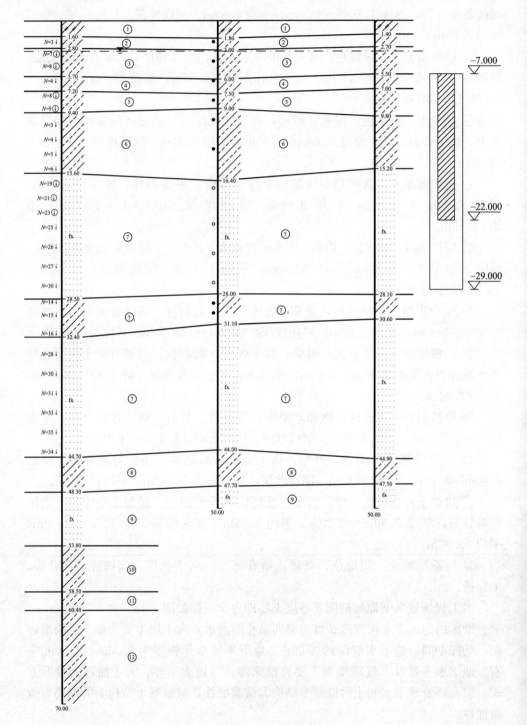

图 7-15 金柱绿城工程典型地层剖面图

金柱绿城工程地基土物理力学指标　　　　　　　　　表 7-7

土层	w (%)	γ (kN/m³)	e	w_L (%)	w_P (%)	C (kPa)	φ (°)	N (击)	E_s (MPa)
②粉质黏土	34.8	17.9	1.014	38.5	25.7	22.8	13.0	3.0	4.6
③粉土	29.1	18.7	0.827	—	—	4.9	31.8	6.4	7.3
④粉质黏土	35.0	18.1	0.984	38.9	25.7	25.1	13.0	3.8	4.6
⑤粉土	30.9	18.9	0.830	—	—	5.4	31.4	7.7	7.7
⑥粉质黏土	34.3	18.2	0.962	38.2	25.7	25.2	12.7	4.3	4.8
⑦粉细砂	—	—	—	—	—	—	—	25.9	22.0
⑦₁粉质黏土	33.5	18.4	0.928	40.1	26.5	28.4	12.5	15.0	6.4
⑧粉质黏土	30.2	19.1	0.813	40.2	27.4	30.7	12.2	20.2	7.3
⑨粉细砂	—	—	—	—	—	—	—	35.4	22.0
⑩粉质黏土	29.3	19.3	0.786	39.8	26.7	31.1	12.0	21.7	7.6
⑪粉土	21.9	20.4	0.579	—	—	12.2	30.4	30.2	11.1
⑫粉质黏土	28.6	19.4	0.765	41.0	26.4	32.7	11.1	21.1	8.2

7.3.3　设计

水泥土复合管桩设计时，外围水泥土桩直径 1000mm，桩长 21.0m。采用普通硅酸盐水泥，强度等级 42.5，平均掺入量为 500kg/m³，水灰比 1.0，与桩身水泥土配比相同的室内水泥土试块（边长为 70.7mm 的立方体）在标准养护条件下 28d 龄期的立方体抗压强度平均值不得小于 6MPa。水泥土桩中植入的管桩规格为 PHC 500 AB 100，桩长 15m。管桩两端用厚度不小于 1mm 的铁皮封闭。基坑开挖至设计标高后，在管桩内腔通长填入 C40 以上的微膨胀混凝土。

水泥土复合管桩桩顶标高为管桩外边缘与筏板底面交点处的标高加 50mm。金柱绿城工程 24 号、28 号、30 号楼的桩顶标高为 −7.000m，桩底标高为 −28.000m。水泥土复合管桩桩端进入⑦层粉细砂的长度约 12m，其中管桩进入⑦层粉细砂的长度约 5m，在本工程典型地层剖面中的位置如图 7-15 所示。设计要求工程桩单桩竖向抗压极限承载力标准值为 6800kN，相应单桩竖向抗压承载力特征值为 3400kN。

每栋楼均布置 114 根水泥土复合管桩，最小桩间距 2.5m，桩位布置如图 7-16 所示。桩基施工时，应先施工为设计与施工提供依据的试桩，以确定合理的施工参数。根据试桩的施工情况及单桩静载荷试验结果调整后方可进行其余基桩施工。每栋楼各布置了 3 根试桩，位置详见图 7-16。由于地下水位高于设计桩顶标高，为便于单桩承载力检测，试桩桩顶标高变更为 −3.500m，桩底标高仍为 −28.000m，外围水泥土桩桩长 24.5m，管桩桩长 19m。设计要求静载试验桩单桩竖向抗压极限承载力标准值为 7600kN，相应单桩竖向抗压承载力特征值为 3800kN。各试桩均考虑作为工作桩使用，静载试验时不得加荷至破坏。

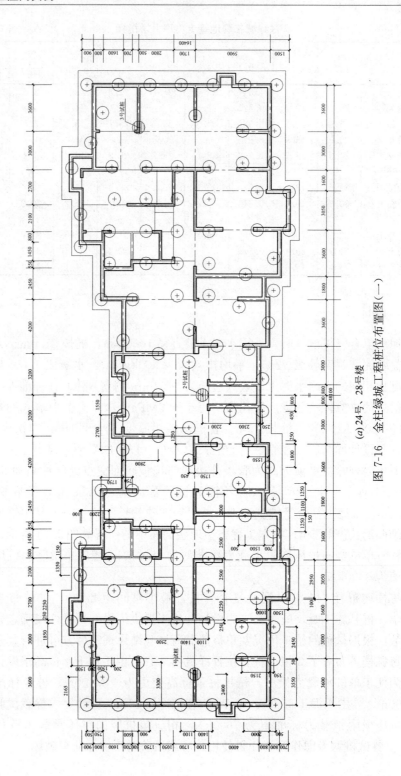

(a) 24号、28号楼

图 7-16 金柱绿城工程桩位布置图(一)

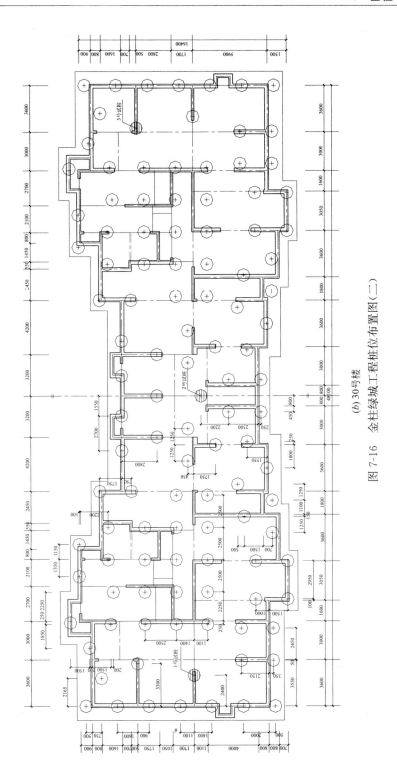

(b) 30号楼

图 7-16 金柱绿城工程桩位布置图（二）

筏板厚度1100mm，混凝土强度等级为C35，筏板下设置强度等级为C15的混凝土垫层，厚度100mm。水泥土复合管桩与筏板采用管桩嵌入筏板50mm、管桩填芯混凝土中埋设锚固钢筋的方式连接。

7.3.4　施工

本工程水泥土复合管桩施工采用两台XJUD108型整体式桩机，每台桩机均具备完成水泥土桩施工和将管桩同心植入水泥土桩两种功能，如图5-2所示。相关施工设备型号与数量如表7-8所示。

施工设备型号与数量　　　　　　　　　　　　　　表 7-8

序号	设备名称	设备型号	单位	数量
1	整体式桩机	XJUD108	台	2
2	注浆泵	XPB-90EX	台	2
3	空气压缩机	LGY-7.5/13	台	2
4	立式搅拌筒	$\phi 150 \times 120$	台	4

采用XJUD108型整体式桩机时，水泥土复合管桩施工工艺流程应按图5-11进行。与采用组合式桩机施工相比，在水泥土桩施工完毕后，将桩架旋转90°即可完成管桩定位，管桩植入水泥土采用振动施工工艺。

水泥土桩施工采用下沉—提升—下沉—提升两个循环以及局部复喷复搅工艺。根据工艺性试验结果，初步确定水泥土桩施工参数为：水灰比为1.0，水泥掺入量平均为$500kg/m^3$，喷浆压力18MPa～24MPa，气压1.2MPa，提速30cm/min～40cm/min，转速21r/min。在工程桩施工过程中应根据地层条件及施工经验优化施工参数。

水泥土桩施工时应符合下列技术要求：

（1）水泥土桩施工参数应根据工艺性试验确定，并在施工中严格加以控制；

（2）水泥浆应过筛后使用，其搅拌时间不应少于2min，自制备至用完的时间不应超过2h；

（3）施工中钻杆垂直度允许偏差应为1‰；

（4）严密注意地层变化情况，及时调整水泥浆压力、提速等施工参数；

（5）停浆面高出桩顶设计标高不应小于1.0m，桩径、有效桩长不应小于设计值；

（6）在每根桩施工过程中必须进行水泥用量、桩位偏差、桩长、垂直度等指标的测量控制，确保满足设计及相关规范要求；

（7）必须按隐蔽工程要求做好施工记录。

水泥土桩施工完毕后应及时在其中植入管桩，并应符合下列技术要求：

（1）管桩施工前应清除水泥土桩施工后的桩顶返浆；

（2）管桩垂直度允许偏差应为0.5‰；

（3）管桩定位允许偏差应为 10mm；

（4）管桩植入水泥土桩中时应采取必要的监控预防措施；

（5）管桩桩顶标高允许偏差应为±50mm。

在水泥土复合管桩施工时如遇到异常情况，技术人员应及时通知浆泵与桩机操作人员停机，并通知设备维修人员进行维修。有条件时必须先将钻头提出地面，严禁钻头埋于地下时修理设备。当出现问题需要较长时间停机时，必须清洗干净浆泵、输浆管等。具体处理措施可参照本书第 5.5 节。

7.3.5　质量检验

按设计要求，对金柱绿城工程 24 号、28 号、30 号楼的试桩进行单桩竖向抗压承载力静载荷检测，每栋楼检测数量各 3 根。各试验桩的竖向荷载-沉降（Q-s）曲线如图 7-17 所示，试验结果详见表 7-9。

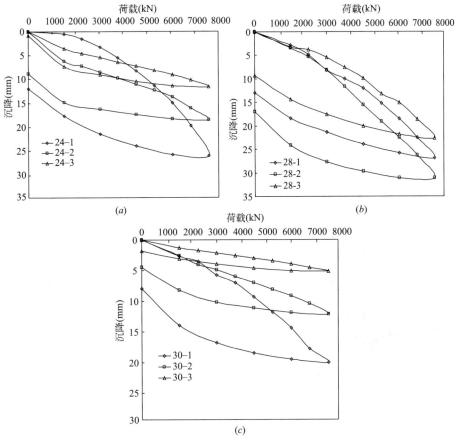

图 7-17　金柱绿城工程水泥土复合管桩竖向荷载-沉降曲线

（a）24 号楼；（b）28 号楼；（c）30 号楼

金柱绿城工程水泥土复合管桩静载试验结果　　　　表 7-9

楼号	试验桩编号	单桩竖向抗压极限承载力(kN)	对应沉降(mm)
24 号楼	24-1	7600	26.08
	24-2	7600	18.46
	24-3	7600	11.64
28 号楼	28-1	7600	26.87
	28-2	7600	31.12
	28-3	7600	22.64
30 号楼	30-1	7600	20.06
	30-2	7600	12.14
	30-3	7600	5.14

以上所有静载试验桩均加荷至设计要求的最大加载量，沉降达到稳定条件，未达到桩的承载极限状态，单桩竖向抗压极限承载力为 7600kN，满足相应的设计要求。静载试验结束后，各试桩均可作为工作桩继续使用。

28d 龄期时，采用钻芯法对水泥土复合管桩中的水泥土质量进行检验。图 7-18 为试验编号 24-56 桩现场水泥土芯样，在距桩顶 10m～13m、18m～20m 及桩底部位取出芯样略有破碎；其他位置芯样连续、较完整，水泥土成型质量较好，单个芯样在 20cm 以上居多。

图 7-18　24-56 桩现场水泥土芯样

图 7-19 为试验编号 24-9 桩现场水泥土芯样，在距桩顶 12m～16m，18m～19m 及桩底部位取出芯样略有破碎；其他位置芯样较完整、连续，单个芯样在

20cm 以上居多。

图 7-19   24-9 桩现场水泥土芯样

7.4 临邑翡翠城工程

7.4.1 工程概况

临邑翡翠城工程 3 号、4 号、8 号、9 号楼位于山东省德州市临邑县恒源路与花园大街交叉口，均为地上 23 层、地下 2 层，桩基设计±0.000 标高相当于勘察报告高程 21.700m，剪力墙结构，结构使用年限 50 年，抗震设防烈度为 7 度，采用桩筏基础，地基基础设计等级为甲级，建筑桩基设计等级为甲级。各楼座平面尺寸如表 7-10 所示。

楼座平面尺寸   表 7-10

楼号	平面尺寸(m²)
3 号	69.1×15.5
4 号	70.1×15.5
8 号	43.8×12.8
9 号	35.0×15.7

7.4.2 工程地质与水文地质条件

场地地貌单元属于黄河冲积平原的一部分，场地原为空地，自然地面高程介于 19.96m～21.07m 之间，相对标高约－1.74m～－0.63m，地形略有起伏，最大高差为 1.11m。勘察揭露深度范围内地基土属第四系全新统土层，按其成因类型、岩性及工程地质特性可分为 13 层，现自上而下分述如下：

①$_1$层素填土：杂色，以粉土为主，松散，不均匀，新近回填，场区普遍分布，厚度 0.90m～1.60m，平均 1.20m；层底标高：19.35m～20.17m，平均 19.74m；层底埋深：0.90m～1.60m，平均 1.20m。

①层耕土：褐黄色，稍密，湿，以粉土为主，可见植物根系及虫孔，场区普遍分布，厚度 0.30m～1.00m，平均 0.54m；层底标高：19.39m～20.48m，平均 19.98m；层底埋深：0.30m～1.00m，平均 0.54m。

②层粉土：褐黄色，稍密，湿，含黄色锈染、灰色条纹，低干强度、低韧性，摇振反应迅速，局部夹粉质黏土薄层，场区普遍分布，厚度 1.30m～4.00m，平均 2.32m；层底标高：16.18m～18.68m，平均 17.64m；层底埋深：2.10m～4.50m，平均 2.92m。

③层粉质黏土：黄褐色，可塑，稍有光滑，含黄色锈染，中等干强度、中等韧性，场区普遍分布，厚度 1.20m～4.30m，平均 2.93m；层底标高：13.44m～16.09m，平均 14.71m；层底埋深：4.60m～7.10m，平均 5.85m。

④层粉土：褐黄色，中密，湿，含黄色锈染、灰色条纹，低干强度、低韧性，摇振反应迅速，场区普遍分布，厚度 0.90m～4.30m，平均 2.97m；层底标高：10.13m～13.69m，平均 11.73m；层底埋深：7.00m～10.40m，平均 8.83m。

⑤层粉质黏土：黄褐色，可塑，稍有光滑，含黄色锈染、灰色条纹，中等干强度、中等韧性，场区普遍分布，厚度 1.40m～4.60m，平均 2.45m；层底标高：7.44m～11.69m，平均 9.28m；层底埋深：9.00m～13.40m，平均 11.27m。

⑥层粉土：黄褐色，中密，湿，含黄色锈染，低干强度、低韧性，摇振反应迅速，场区普遍分布，厚度 0.60m～4.90m，平均 2.23m；层底标高：4.55m～9.79m，平均 7.06m；层底埋深：10.90m～15.90m，平均 13.50m。

⑦层粉质黏土：棕褐—灰褐色，可塑，稍有光滑，含黄色锈染、灰色条形，中等干强度、中等韧性，场区普遍分布，厚度 0.80m～4.60m，平均 1.92m；层底标高：1.92m～7.99m，平均 5.12m；层底埋深：12.70m～18.50m，平均 15.44m。

⑧₁层粉砂：灰黄色—灰褐色，中密，饱和，以石英、长石、云母为主，级配差，分选性好，局部夹黏团，场区普遍分布，厚度 4.00m～11.60m，平均8.69m；层底标高：−5.63m～−0.32m，平均−3.58m；层底埋深：21.00m～26.00m，平均24.14m。

⑧₂层粉砂：灰黄色，密实，饱和，以石英、长石、云母为主，级配差，分选性好，磨圆度高，场区普遍分布，厚度 6.90m～14.00m，平均9.80m；层底标高：−15.11m～−11.62m，平均−13.38m；层底埋深：32.30m～35.50m，平均33.94m。

⑨ 层粉质黏土：棕褐色，可塑—硬塑，稍有光滑，含锈斑，中等干强度、中等韧性，夹粉土薄层，场区普遍分布，厚度1.90m～6.50m，平均3.60m；层底标高：−18.62m～−14.61m，平均−16.98m；层底埋深：35.60m～39.30m，平均37.54m。

⑩ 层粉土：黄褐色，密实，湿，含黄色锈染，局部砂感强，低干强度、低韧性，摇振反应迅速，场区普遍分布，厚度1.30m～4.80m，平均2.97m；层底标高：−21.73m～−17.71m，平均−19.94m；层底埋深：38.70m～42.80m，平均40.50m。

⑪ 层黏土：棕褐色，可塑—硬塑，稍有光滑，含锈斑，中等干强度、中等韧性，场区普遍分布，厚度 3.60m～8.70m，平均5.92m；层底标高：−27.64m～−24.22m，平均−25.86m；层底埋深：44.80m～48.70m，平均46.42m。

⑫ 层粉土：黄褐—灰褐色，密实，湿，含黄色锈染、灰色条纹，低干强度、低韧性，摇振反应迅速，场区普遍分布，厚度2.30m～6.80m，平均4.27m；层底标高：−31.55m～−28.82m，平均−30.21m；层底埋深：49.40m～52.10m，平均50.75m。

⑬ 层粉质黏土：棕褐色，硬塑，稍有光滑，含锈斑，中等干强度、中等韧性。该层未穿透。

本工程场地典型地层剖面及各层土物理力学指标如图 7-20、表 7-11 所示。

场地地下水主要为孔隙潜水、微承压，含水层为粉土层及粉砂层，黏性土为相对隔水层。地下水主要由地表水、大气降水补给，地下水水量较丰富。勘察期间为平水期，实测稳定水位埋深3.90m～5.00m，地下水年变化幅度为1.50m左右。地下水对混凝土结构具弱腐蚀性，对混凝土结构中的钢筋在长期浸水情况下具微腐蚀性，在干湿交替的情况下具弱腐蚀性。场区浅层土对混凝土结构具微腐蚀性，对混凝土结构中的钢筋具微腐蚀性。

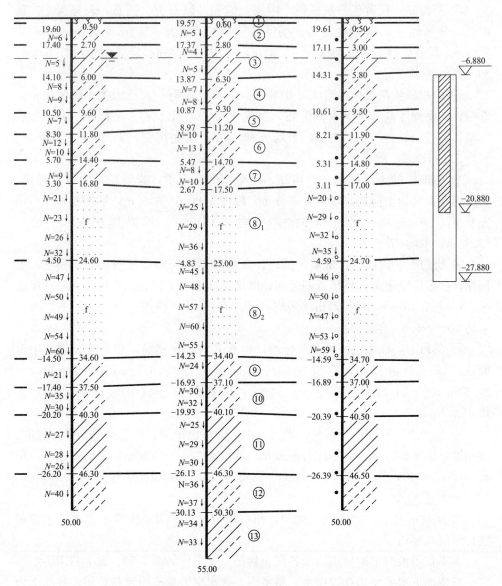

图 7-20 临邑翡翠城工程典型地层剖面图

临邑翡翠城工程地基土物理力学指标　　　　　　　　　　　　　　　表 7-11

土层	w (%)	γ (kN/m³)	e	w_L (%)	w_P (%)	C (kPa)	φ (°)	N (击)	E_s (MPa)
②粉土	27.1	18.6	0.805	26.5	17.8	9.9	24.8	5.7	7.2
③粉质黏土	31.0	18.5	0.891	36.2	21.0	26.3	11.0	4.5	4.5
④粉土	25.0	19.2	0.725	25.1	17.3	10.3	26.7	7.5	8.8

土层	w (%)	γ (kN/m³)	e	w_L (%)	w_P (%)	C (kPa)	φ (°)	N (击)	E_s (MPa)
⑤粉质黏土	28.4	19.0	0.808	35.7	20.8	29.6	12.8	6.6	5.2
⑥粉土	23.4	19.4	0.678	24.6	17.1	9.7	27.5	11.7	10.9
⑦粉质黏土	27.4	19.2	0.775	35.9	20.9	31.4	13.8	8.6	5.6
⑧₁粉砂	—	20.0	—	—	—	8.5	30.0	26.2	20.0
⑧₂粉砂	—	21.0	—	—	—	7.0	32.0	51.1	30.0
⑨粉质黏土	25.8	19.5	0.731	36.0	20.9	34.6	15.0	21.4	6.6
⑩粉土	22.0	19.7	0.635	24.5	16.9	9.9	28.5	29.7	13.0
⑪黏土	27.2	19.3	0.771	41.7	23.2	40.0	15.8	26.5	7.1
⑫粉土	21.2	19.9	0.608	24.3	16.8	10.3	28.4	34.8	14.2
⑬粉质黏土	23.2	19.8	0.666	35.7	21.0	36.2	16.7	31.2	7.7

7.4.3 设计

水泥土复合管桩设计时，外围水泥土桩直径 800mm，桩长 21.0m。采用掺入抗硫酸盐外加剂的普通硅酸盐水泥，强度等级 42.5，平均掺入量为 500kg/m³，水灰比 1.0，与桩身水泥土配比相同的室内水泥土试块（边长为 70.7mm 的立方体）在标准养护条件下 28d 龄期的立方体抗压强度平均值不得小于 5MPa。水泥土桩中植入管桩规格为 PHC 400 AB 95，桩长 14m。管桩两端用厚度不小于 1mm 的铁皮封闭。基坑开挖至设计标高后，管桩填芯采用 C40 以上的微膨胀混凝土，填芯长度 3.0m。

水泥土复合管桩的桩顶标高为筏板底面的标高加 50mm。临邑翡翠城工程 3 号、4 号、8 号、9 号楼的桩顶标高为 −6.880m，桩底标高为 −27.880m。水泥土复合管桩桩端进入⑧层粉砂的长度约 10.0m，其中管桩进入⑧₁ 层粉砂的长度约 3.5m，在本工程典型地层剖面中的位置如图 7-20 所示。设计要求单桩竖向抗压极限承载力标准值为 5000kN。

临邑翡翠城工程 3 号、4 号、8 号、9 号楼共布置 467 根水泥土复合管桩，其中 3 号楼 150 根、4 号楼 150 根、8 号楼 90 根、9 号楼 77 根，最小桩间距 2.5m，桩位布置如图 7-21 所示。

工程桩施工前应仔细阅读勘察报告等地质资料，桩基施工时，应先施工为设计与施工提供依据的试桩，以确定合理的施工参数。根据试桩的施工情况及单桩静载荷试验结果调整后方可进行其余基桩施工。

筏板厚度 900mm，混凝土强度等级为 C35，筏板下设置强度等级为 C15 的混凝土垫层，厚度 100mm。水泥土复合管桩与筏板采用管桩嵌入筏板 50mm、管桩填芯混凝土中埋设锚固钢筋的方式连接。

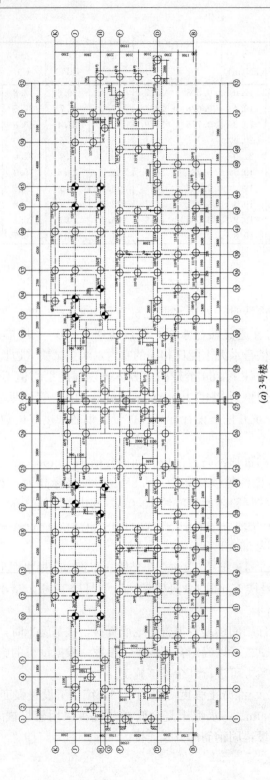

图 7-21 临邑翡翠城工程桩位布置图(一)

(a) 3 号楼

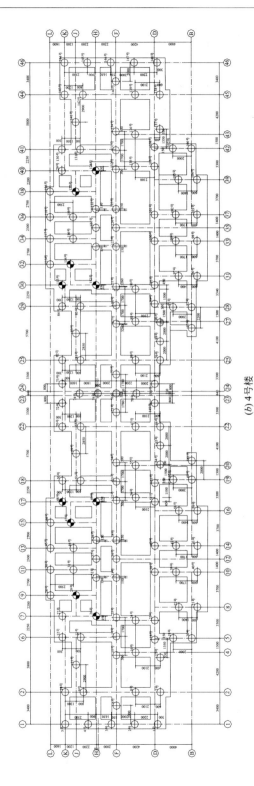

(b) 4号楼

图 7-21 临邑翡翠城工程桩位布置图（二）

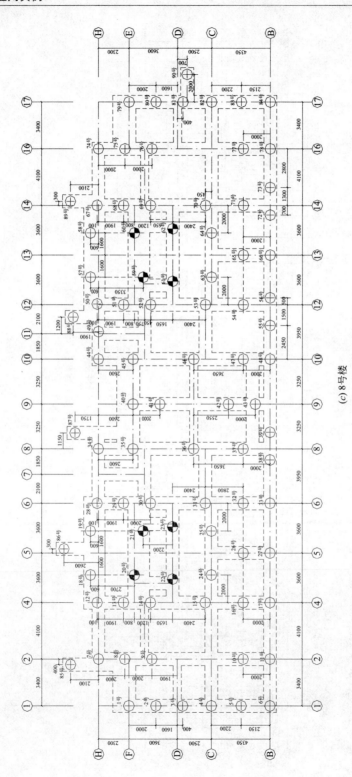

图 7-21 临邑翡翠城工程桩位布置图（三）

(c) 8 号楼

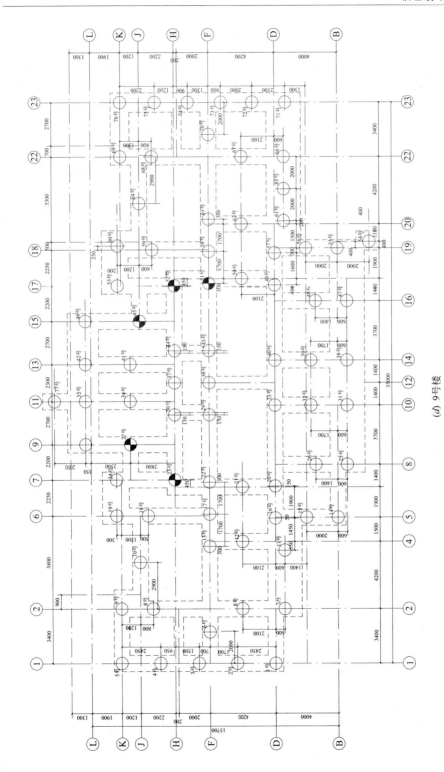

(d) 9号楼

图 7-21 临邑翡翠城工程桩位布置图（四）

7.4.4 施工

本工程水泥土复合管桩施工采用组合式桩机和整体式桩机。组合式桩机包括一台水泥土桩施工机械、一台管桩施工机械，其中水泥土桩施工机械为改造型桩机，如图 5-1（a）所示，管桩施工机械为 ZYJ680 型静压桩机。整体式桩机为两台 XJUD108 型桩机，如图 5-2 所示。相关施工设备型号与用途如表 7-12 所示。

施工设备型号与用途　　　　　　　　表 7-12

序号	设备名称	设备型号	单位	数量	用途
1	水泥土桩施工机械	改造型	台	1	
2	整体式桩机	XJUD108	台	2	水泥土桩施工
3	注浆泵	XPB-90EX	台	3	
4	空气压缩机	LGY-7.5/13	台	3	
5	立式搅拌筒	$\phi150\times120$	台	6	制备水泥浆
6	静力压桩机	ZYJ680	台	1	管桩施工
7	CO_2 保护焊机	NBC-500	台	1	

水泥土复合管桩施工时，不同的桩基施工机械，分别采用相应的工艺流程。采用改造型组合式桩机时，按图 5-10 进行；采用整体式桩机时，则按图 5-11 进行。两者在水泥土桩施工工艺及参数上基本相同，区别在于植入管桩时的定位方法及施工工艺上。XJUD108 型整体式桩机施工时，在水泥土桩施工完毕后，将桩架旋转 90°即可完成管桩定位，管桩植入水泥土采用振动施工工艺。组合式桩机施工时，管桩需要二次定位，植入水泥土采用静压施工工艺。

水泥土桩施工采用下沉—提升一个循环以及局部复喷复搅工艺。为了保证桩身搅拌均匀、减小返浆量，在钻进下沉过程中采用低压力、小流量喷浆，避免喷嘴堵塞；提升与复搅复喷过程中采用高压、大流量喷浆，控制成桩直径及水泥土搅拌均匀程度。根据工艺性试验结果，初步确定水泥土桩施工参数为：水灰比为 1.0，水泥掺入量平均为 $500kg/m^3$，喷浆压力 27MPa，气压 1.07MPa，提速 30cm/min～40cm/min，转速 21r/min。在工程桩施工过程中应根据地层条件及施工经验优化施工参数。

技术人员应按如下要点控制水泥土复合管桩施工质量：

（1）测量放线

放样允许偏差不得大于 10mm；初始放线时，桩位处设置标志。

（2）水泥土桩机就位、调平

水泥土桩机就位时，必须再次复核桩位；调平采用机械自带水准泡、线坠等；同时检查输气管、输浆管连接是否严密等。

（3）制备水泥浆

水泥浆应经过二级过滤后方可使用；给工人做好技术交底，明确水泥用量、水灰比控制方法及投料时机，并让工人记录清楚，应经常检查。每根桩测试水泥浆比重不少于 3 次。

（4）钻进下沉

钻进下沉前，必须确保桩位处无妨碍钻进的大块石头或建筑垃圾；钻进下沉前，必须检查喷嘴是否工作正常。

（5）高喷搅拌提升

必须确认钻头下沉至设计桩底标高后再提升；提升前，必须通知泥浆泵操作人员将浆液压力提高至设计值；提升时，经常检查提速，并做好记录。

（6）复喷复搅

设计桩顶处应进行复喷复搅，复喷复搅长度应根据完成一次下沉—提升循环后剩余的水泥浆量计算确定。

（7）管桩定位

整体式机械施工，旋转桩架，并用全站仪复核定位是否准确，用水准泡和线坠调整管桩垂直度。组合桩机施工，需用全站仪进行管桩二次定位。

（8）植入管桩

植桩前必须将管桩两端用铁皮封闭，要求封严密，不得漏浆；植桩时允许少量水泥土挤出；应采取措施保证管桩植入时的垂直度。

7.4.5 质量检验

按设计及现行行业标准《水泥土复合管桩基础技术规程》JGJ/T 330—2014[2] 的要求，施工完成后的工程桩应采用单桩竖向抗压静载试验进行竖向承载力的检验。检测桩数不应少于同条件下总桩数的 1%，且不应少于 3 根；当总桩数少于 50 根时，不应少于 2 根。对临邑翡翠城工程 3 号、4 号、8 号、9 号楼水泥土复合管桩，每栋楼检测数量各 3 根，检测时桩顶标高与设计桩顶标高一致。各试验桩的竖向荷载-沉降（Q-s）曲线如图 7-22 所示，试验结果详见表 7-13。

以上所有静载试验桩均加荷至设计要求的最大加载量，沉降达到稳定条件，未达到桩的承载极限状态，单桩竖向抗压极限承载力为 5000kN，满足相应的设计要求。

基坑开挖至设计标高后，水泥土复合管桩成型情况如图 7-23 所示，对水泥土复合管桩的桩数、桩位偏差、桩径、桩顶标高进行检验。以管桩外沿为基准，实测水泥土的有效宽度均大于 200mm，说明水泥土复合管桩有效桩径均满足设计要求的 800mm。实测桩位偏差均不大于 100mm，在现行行业标准《水泥土复合管桩基础技术规程》JGJ/T 330—2014[2] 规定的桩位允许偏差范围内。

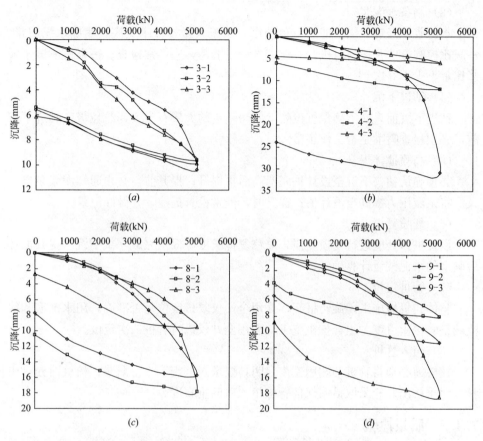

图 7-22 临邑翡翠城工程水泥土复合管桩竖向荷载-沉降曲线

（a）3 号楼；（b）4 号楼；（c）8 号楼；（d）9 号楼

临邑翡翠城工程水泥土复合管桩静载试验结果　　　　　　　表 7-13

楼号	试验桩编号	单桩竖向抗压极限承载力(kN)	对应沉降(mm)
3 号楼	3-1	5000	10.39
	3-2	5000	9.61
	3-3	5000	9.88
4 号楼	4-1	5000	30.79
	4-2	5000	11.99
	4-3	5000	6.56
8 号楼	8-1	5000	15.70
	8-2	5000	17.81
	8-3	5000	9.51

楼号	试验桩编号	单桩竖向抗压极限承载力(kN)	对应沉降(mm)
9号楼	9-1	5000	11.40
	9-2	5000	8.02
	9-3	5000	18.46

图 7-23　水泥土复合管桩成型情况

参 考 文 献

[1]　JGJ 106—2014.建筑基桩检测技术规范 [S].

[2]　JGJ/T 330—2014.水泥土复合管桩基础技术规程 [S].

[3]　JGJ 94—2008.建筑桩基技术规范 [S].

后　记

自 2003 年起，作者开始关注水泥土插芯组合桩技术的发展，发现既有组合桩桩径一般为 500mm～600mm，水泥土桩一般由深层搅拌法或高压旋喷法施工，存在承载力偏低、芯桩为非标准桩、造价高、多用于复合地基等局限性。为了满足软弱土地基中小高层、高层建筑对桩基承载力的要求，提高水泥土插芯组合桩性价比，作者提出了融合高喷桩、深层搅拌桩和应用量大、面广的管桩等三种技术优点的组合桩研发思路，即首先由高喷法融合深层搅拌法施工大直径水泥土桩，然后在水泥土桩中同心植入管桩。

下面从课题研究、工程建设标准制定、施工机械研制、研究成果等几个方面逐一展开。

（1）课题研究

2008 年 10 月成立课题组，开始对水泥土插芯组合桩技术进行研究，并将其命名为管桩水泥土复合基桩技术。随后列入住房和城乡建设部 2010 年科学技术项目计划《管桩水泥土复合基桩技术研究与应用》（2010-K3-24）。

正确的理论指导往往能使实践事半功倍。首先开展了近半年时间的数值模拟分析，从承载机理、匹配关系等方面对复合桩技术作了理论研究，为足尺模型试验方案设计提供了依据。随后开展了 20 组足尺模型试验，试验场地选择在属于典型软弱土地层的山东省济南市黄河北岸。从最初的场地勘察、施工机械研制、高喷搅拌法成桩试验、桩身内力测试系统制作，到后期的桩身完整性检验、承载力检验、内力测试等，冬去春来，历时 1 年方完成足尺模型试验，发明了"管桩水泥土复合基桩"新桩型。2010 年下半年，研究成果在山东聊城月亮湾项目 23 层住宅楼工程得到成功应用并进行了原型观测，摸索出一套行之有效的施工方法，形成了一项国家级工法《管桩水泥土复合基桩施工工法》（GJEJGF05—2010）、一项省级工法《管桩水泥土复合基桩施工工法》（LEGF-27—2010）和两项发明专利《填芯管桩水泥土复合基桩及施工方法》（ZL 2010 1 0189668.7）、《填芯管桩水泥土复合基桩的施工方法》（ZL 2011 1 0090697.2）。期间穿插进行了若干室内大比尺剪切模型试验，以研究管桩和水泥土共同工作机理。2011 年 1 月通过了由叶可明院士等人参加的课题鉴定，研究成果达到国际领先水平。

（2）工程建设标准制定

2010 年 11 月，由笔者牵头，联合山东省沿黄河流域相关地市的设计、施工、质量监督等单位正式启动地方标准编制工作。历时近 1 年，至 2011 年 10 月 1 日山东省工程建设标准《管桩水泥土复合基桩技术规程》DBJ 14—080—2011 正式颁布实施。

为了在该技术应用中贯彻执行国家的技术经济政策，统一其设计、施工、验收的技术要求和方法，做到安全适用、技术先进、经济合理、确保质量，推动建筑节能技术发展，完善我国该领域工程建设标准体系，于 2012 年初启动了工程建设行业标准的编制工作。笔者任编制组组长，广东省建筑科学研究院、中建八局一公司、山东同圆设计集团有限公司、天津大学建筑设计研究院等单位参编。

为避免"管桩水泥土复合基桩"在内涵上的歧义，将其改名为"水泥土复合管桩"。在既有成果基础上，进一步研究了水泥土复合管桩水平承载、竖向抗拔工作性状研究，承载力和沉降计算，施工工法，质量检验和工程验收方法。《水泥土复合管桩基础技术规程》于 2013 年 7 月通过了住建部组织的标准审查，研究成果填补了国内外水泥土复合管桩基础技术标准的空白，并于 2014 年 10 月 1 日正式颁布实施。

（3）施工机械研制

工欲善其事，必先利其器。一项桩基技术的先进性和生命力很大程度上体现和依赖于施工机械。

研究之初，水泥土复合管桩由一台改造后的三点式打桩机和一台静压桩机组合施工，称之为组合式施工机械，其中改造后的三点式打桩机能够实现高喷搅拌法施工大直径水泥土桩，静压桩机在水泥土桩中同心植入管桩。该组合式施工机械已在山东省聊城月亮湾工程中成功应用。

第一代施工机械虽然实现了工法要求的基本功能，但设备笨重，管桩施工时需要二次定位，施工效率低。根据国家级和省级工法要求，在第一代施工机械基础上，开发了第二代施工机械——全液压整体式施工机械，并形成一项桩工机械发明专利《旋喷沉桩多功能桩机》（ZL 2011 1 0095388.4）。该机械将水泥土桩施工和管桩植入功能整合在一套桩架之上，省去了管桩施工时的二次定位，提高了施工效率，已在山东省聊城大学城东苑、金柱绿城、临邑翡翠城等工程中成功应用。

第二代施工机械在施工水泥土桩时，仍存在扭矩小、施工效率低、地层适应性差、未采用自动化监控技术等缺点。针对第二代施工机械在施工水泥土桩时存在的上述缺点，开发了第三代施工机械。第三代施工机械采用了中空大扭矩动力头，降低了桩架高度、增加了桩机稳定性，扩展了地层适用范围，相比第二代施工机械施工效率提高了近一倍，并采用了最新的扭矩、转速、提升下沉速度、深度等自动化监控技术，已在山东省德州曹村棚户区、济南力高澜湖郡等工程中成功应用。

（4）研究成果

截至 2015 年，水泥土复合管桩技术已取得包括桩型、施工技术和施工机械在内的三项发明专利授权，形成一项国家级工法、一项省级工法，发布实施一项工程建设行业标准、一项山东省地标，先后获得了山东省科技进步二等奖、华夏建设科学技术二等奖等近十项奖励。该技术已在数十项工程中得到成功应用，并取得良好的经济与社会效益。

发明专利：

填芯管桩水泥土复合基桩及施工方法，ZL 2010 1 0189668.7；

填芯管桩水泥土复合基桩的施工方法，ZL 2011 1 0090697.2；

旋喷沉桩多功能桩机，ZL 2011 1 0095388.4；

施工工法：

管桩水泥土复合基桩施工工法，GJEJGF05—2010（国家级）；

管桩水泥土复合基桩施工工法，LEGF-27—2010（山东省级）；

工程建设标准：

水泥土复合管桩基础技术规程，JGJ/T330—2014（行业标准）；

管桩水泥土复合基桩技术规程，DBJ 14—080—2011（山东省标准）；

科技奖励：

山东省科技进步奖二等奖，2012 年度；

华夏建设科学技术奖二等奖，2012 年度；

中国施工企业管理协会科学技术奖一等奖，2011 年度；

山东省自然科学学术创新二等奖，2014 年度；

山东建设技术创新优秀成果一等奖，2014 年度；

山东省建筑业技术创新奖一等奖，2011 年度、2012 年度；

济南市十佳科技创新项目，2011 年度。

（5）结语

作为一项新技术，水泥土复合管桩技术的发展历史仅有短短几年时间，在施工机械、检测验收等诸多方面还有待持续改进。随着工程应用资料的积累以及桩工机械制造、检测技术等相关领域的发展，相信水泥土复合管桩技术必将日趋成熟。

人们对自然界的认识是一个充满艰辛和挑战、永无止境的过程，希望有更多岩土工作者投入到持续开发水泥土桩中插芯的组合型复合桩技术的工作中去。